从规划设计到建设管理
——绿色城区开发设计指南

上海市绿色建筑协会
华东建筑设计研究总院
编　著

中国建筑工业出版社

图书在版编目（CIP）数据

从规划设计到建设管理——绿色城区开发设计指南 / 上海市绿色建筑协会，华东建筑设计研究总院编著．—北京：中国建筑工业出版社，2018.11
ISBN 978-7-112-22887-4

Ⅰ.①从… Ⅱ.①上… ②华… Ⅲ.①城市规划-中国-指南 Ⅳ.①TU984. 2-62

中国版本图书馆 CIP 数据核字（2018）第 239718 号

责任编辑：滕云飞　徐　纺
责任校对：王雪竹

从规划设计到建设管理——绿色城区开发设计指南
上海市绿色建筑协会
华东建筑设计研究总院　编著
*
中国建筑工业出版社出版、发行（北京海淀三里河路9号）
各地新华书店、建筑书店经销
北京光大印艺文化发展有限公司制版
上海盛通时代印刷有限公司印刷
*
开本：787×1092毫米　1/16　印张：17　字数：301千字
2019年3月第一版　2019年3月第一次印刷
定价：70.00元
ISBN 978-7-112-22887-4
（32983）

编委会

PREFACE
序

党的十八大以来，党中央着力打造中国绿色化发展道路，推进“集约、智能、绿色、低碳”的新型城镇化建设，将生态文明建设纳入中国特色社会主义“五位一体”总体布局中，并提出了创新、协调、绿色、开放、共享的“五大发展理念”。正如习近平总书记在2018年全国生态环境保护大会中所说，“绿色发展是构建高质量现代化经济体系的必然要求”，“推进资源全面节约和循环利用，实现生产系统和生活系统循环链接，倡导简约适度、绿色低碳的生活方式”是我国未来经济和社会发展的总体方向。

2018年1月30日，上海市工程建设规范《绿色生态城区评价标准》正式发布，该标准是我国第一部地方性绿色生态城区的评价标准。绿色生态城区是生态文明建设思想在城市开发中的具体化，是绿色经济发展模式和生态化发展理念在城市规划和建设中的落实，体现了上海城镇化特点及趋势。上海市委、市政府历来重视绿色生态城区建设工作，注重发挥规划设计的先导和调控作用，加强各类规划的建设落实，并不断完善规划体系、管理体制和运作机制。

绿色生态城区的开发建设同样离不开精细化的城市管理。2018年1月在上海市委、市政府召开的加强城市管理精细化工作推进大会上，市委书记李强指出提高城市管理的精细化水平，必须下绣花功夫，要以绣花般的细心、耐心和卓越心，使城市更有温度、更富魅力、更具吸引力，创造更美好的城市、更美好的生活。作为一座具有相当规模的国际化大都市，对照卓越全球城市和社会主义现代化国际大都市的战略定位，对照国际知名标杆城市的管理标准、对标市民群众美好生活需要，上海未来的发展应着眼于管理上的“精耕细作”。

《从规划设计到建设管理——绿色城区开发设计指南》一书是由上海市绿色建筑协会牵头，华东建筑设计研究总院参与编写。该书在大量项目实践的基础上总结出来一套应对绿色生态城区及其他综合复杂区域的开发设计方法，将后期建设管理的理念前置，融入前期的规划设计，以管理促发展，向管理要效益，是对城市精细化管理的一次有益探索，同时也是规划设计行业领域的一次创新实践。城市建设品质好坏，离不开对于规划设计、建设实施、管理运营等各阶段细节的把握，在规划设计前期就把精细化管理要求一一明确，加强各阶段、各要素的统筹协调，形成合力，精准发力探索绿色城区精细化开发建设管理的创新模式。相信本书的编辑出版，将为上海乃至全国绿色城区的开发建设实践提供弥足珍贵的理论指导、操作引领和实施借鉴作用。

黄融

上海市人民政府副秘书长

2018 年 12 月 20 日

CONTENTS
目　录

1

绪论

1 绪论

1.1 我国区域开发建设的宏观背景

改革开放以来，我国的社会经济总量保持了长达近 40 年的高速增长，综合国力显著提升，人民生活日益富足。我国的城市建设也在这期间经历了一个高速的城市化发展期。不论从速度还是规模上，都是人类历史上前所未有的。[1] 从 1978 年到 2016 年这几十年间，建制镇数量由 2176 个增加到了 20883 个，城市的数量由 190 个增加到了 657 个，其中直辖市 4 个，副省级城市 15 个，地级市 278 个，县级市 360 个；100~300 万人口规模的城市数量达到 121 个，300~500 万人口规模的城市 13 个，500 万以上人口的城市 13 个，常住人口城镇化率已经达到 57.4%。

这一时期（即城市人口比例从 30% 上升至 70% 的时期）一般是决定城市生产力效能和社会各阶层宜居度的关键时期，这一时期一旦完成，人口增长率会大大放缓，既有城市区域对新的移民和新的城市改造的承接力将锐减，城市基础设施的投资和运营成本将陡增，建成区的规模和环境将大体接近其终极形态。我国目前正处于这个关键的发展机遇期，同时也遇到了很多这一时期、这一阶段所特有的问题，城市化前期（即城市化水平在 30% 以下）、粗放型的开发建设模式、规划理论方法、管理决策机制已无法适应当前的需求，精准认识、驾驭当前区域开发中的规划建设和实施管理对造就公平包容、高效能、可持续的城市生产生活环境具有重大而深远的意义。[2]

1.1.1 政策要求

党的十九大、十八届五中全会和中央城市工作会议对我国今后一段时期的城市发展、区域建设提出了新的要求和任务：城市的建设发展首先应以人民为中心，以市民最关心的问题为导向，共建共治共享，建设让人民满意的城市；其次城市规划发展应践行“创新、协调、绿色、开放、共享”

---

1 周茂琅. 浅析我国城市规划的现状及发展趋势 [J]. 商情（教育经济研究），2008（07）：186–187.

2 傅克诚等. 综述集约型城市三要素紧凑度、便捷度、安全度 [M]. 上海：上海大学出版社，2016.

的五大发展理念；最后应促进城市发展管理的效益提升，提高城市管理能力和现代化水平。

贯彻落实十九大精神，同时也为解决城市发展中的各种矛盾提供了崭新的思路——“以人民为中心”是区域开发的核心目标，五大发展理念是区域开发的基本原则，提高城市管理效益是区域开发的根本落脚点。以管理促发展，向管理要效益，将原本过程导向型的区域开发建设转变为结果导向型，从实现高效能的城市管理的角度出发，对现阶段的规划设计提出具体要求，明确规划设计各阶段的职责内容，无疑将大大提高区域开发的效能，践行基本原则，实现核心目标。

2017年4月1日，中共中央、国务院决定设立国家级新区——雄安新区。雄安新区惊艳面世，万众瞩目。设立河北雄安新区，是以习近平同志为核心的党中央深入推进京津冀协同发展作出的一项重大决策部署，是继深圳经济特区和上海浦东新区之后又一具有全国意义的新区，是重大的历史性战略选择，是千年大计、国家大事。[3]

雄安新区的规划和建设全面贯彻党的十九大精神，以习近平新时代中国特色社会主义思想为指导，坚持世界眼光、国际标准、中国特色、高点定位，贯彻高质量发展要求，创造“雄安质量”。因此雄安从区域开发层面改革规划机制，从规划管理模式入手，通过同步规划建设数字城市，搭建数字规划平台，实现规划与管理的一体化、“规划－运管－评估”的闭环化，引领规划改革。习总书记在实地考察雄安新区时明确指出，雄安的规划建设模式应创建成为城市管理新样板。雄安新区更是新时代中国经济社会转型下区域高质量开发的全国样板。

1.1.2 经济环境

2013年12月10日习近平总书记在中央经济工作会议上的讲话首次提出“新常态”：“我们注重处理好经济社会发展各类问题，既防范增长速度滑出底线，又理性对待高速增长转向中高速增长的新常态；既强调改善民生工作，又实事求是调整一些过度承诺；既高度关注产能过剩、地方债务、房地产市场、影子银行、群体性事件等风险点，又采取有效措施化解区域性和系统性金融风险，防范局部性问题演变成全局性风险”。[4]

---

[3] 《河北雄安新区规划纲要》

[4] 张占斌．中国经济新常态的六大特征及理念．光明网－经济频道 http: //economy.gmw.cn/2016-01/11/content_18447411.htm， 2016-01-11

新常态下的中国经济呈现出增长速度由高速向中高速转换、发展方式由规模速度型粗放增长向质量效率型集约增长转变、产业结构由中低端向中高端转换、增长动力由要素驱动向创新驱动转换、资源配置由市场起基础性作用向起决定性作用转换、经济福祉由非均衡型向包容共享型转换这六大特征。[5]

中国在过去很长一段时期内的经济增长，主要来自于投资，GDP 的构成中，投资和净出口以及政府支出占了绝大部分。新常态下的中国经济转型主要目标在于扭转现有局面，让消费承接一部分投资产生的国内生产宗旨，充分发挥民间投资力量，鼓励消费，大力发展服务业。而投资的比重将进一步降低，以经济托底和保增长为主要目的，逐步聚焦于基础设施方面，充分利用最后的人口红利。[6]

同时，中国经济发展更讲究开放性，随着两个走出去的战略形成（即人民币国际化、企业走出去），“自贸区”和“一带一路”的建设成为了中国本土开放和向国际拓展的两条主线。自贸区范围不断扩大，“一带一路”也已经与 50 多个国家达成共识，市场广阔。

当下中国的经济环境，决定了我国区域开发的急迫与谨慎共存的矛盾现状。经济下行的压力，使得政府对于整片区域的开发建设更为谨慎，仅 2016 年一年，地方规划预算消减 1/3 到 1/2，然而经济转型以及对外开放又对土地以及区域建成环境品质有着极大的需求。这两者之间的矛盾，决定了当前经济环境下的区域开发更注重开发的质量，原来贪大求全、遍地开花的模式已经不再适应目前的大环境，高标准规划、高质量建设、高效能管理成为越来越多区域开发的基本要求和共同目标。

1.1.3 行业发展

伴随中国近四十年的快速城镇化的推进，我国的建筑规划设计行业发展迅速，目前我国建筑设计企业数量较为稳定，截至 2015 年，总体保持在 5000 家左右，受下游房地产开发行业集中度提升的影响，最近几年建筑设计企业数量有下降的趋势，行业集中度相应提升。我国建筑设计行业从业人员保持较快的增长速度，从 2007 年的 25.25 万人上升至 2015 年的 99.72 万人，年复合增长率达 18.73%。建筑设计企业营业收入逐年上升，

---

[5] 张占斌 . 中国经济新常态的六大特征及理念 . 光明网－经济频道 http: //economy.gmw.cn/2016-01/11/content_18447411.htm， 2016-01-11

[6] “一带一路”与经济新常态的出路 .http: //blog.sina.com.cn/s/blog_62085b810102wyut.html

从 2008 年的 686 亿元提升至 2015 年的 4948 亿元，年复合增长率高达 32.61%。[7]

随着我国经济社会转型发展的不断深入，其对整个规划设计行业也带来了极大的冲击，行业变革势在必行。从目前看，未来规划设计会更多地关注以下四个方面[8]：

（1）技术手段和数字智能。运用人工智能技术，通过“大数据”对城市发展规律进行深层次挖掘，并在此基础上进行人口、用地、公共服务、城市空间形态等多场景智能推演。数字智能规划方法与技术对区域发展，尤其是规划设计管理带来创新发展模式。

（2）公共政策和规划管理。规划设计不再仅仅是技术设计，利益高度多元化当下，规划注定会面对更为复杂的社会博弈，从规划管理出发，制定合理的公共政策，引导各阶段规划设计，必然成为今后区域规划的重要工作内容。

（3）空间质量和建设品质。注重人与自然的和谐，注重绿色低碳，注重文化传承，构建更有品质的区域人居空间。高标准的规划设计、以规划先行已经得到了广泛共识，但如何使各规划理念完整落地的方式方法和保证机制的缺失，却成了高品质空间环境建设发展的最大绊脚石。

（4）以人为本和关注各方利益。规划理念愈发强调人性化，注重人的尺度，解决社会生活问题；强调公众参与，注重各方利益的协调，避免项目落地困难。

1.2 我国绿色城区建设概况

1.2.1 主要特征

近年来，我国绿色城区建设的热情高涨。习近平总书记指出：“我们既要绿水青山，也要金山银山。宁要绿水青山，不要金山银山，而且绿水青山就是金山银山。” 党的十八大报告将生态文明建设列入“五位一体”的总体布局，提出“建设美丽中国”的要求。十八届三中全会进一步明确了要深化生态文明体制改革，加快建立生态文明制度的基本要求。十九大

---

[7] 2017 年中国建筑设计行业发展现状分析及未来发展前景预测 . http: //www.chyxx.com/industry/201712/598096.html

[8] 2016 年城市规划行业分析 . https: //wenku.baidu.com/view/a691c31c0c22590103029d75.html

更是将生态文明建设写入报告。此举充分表明我国已经把生态文明建设放在了突出地位，也意味着我国生态文明水平的提升和进步。

绿色城区的本质是将可持续开发的理念运用于区域开发建设中，绿色建筑是由单体向规模化发展的重要实施载体，其通过科学统筹规划、低碳有序建设、创新精细管理等诸多手段，实现创新、生态、宜居的发展目标，建设空间布局合理、公共服务功能完善、生态环境品质提升、资源利用集约节约、运营管理智慧高效、地域文化特色鲜明的，人、城市及自然和谐共生的城区。

因此，绿色城区的建设除了存在与一般区域开发相同的特点外，更具有以下两大独有特质（见表 1–1）：

（1）在时间和要素上，绿色城区开发强调规划、建设、管理的统一。绿色城区不同于绿色建筑，更强调区域层面的落实，其涉及的周期更长，涉及的要素更复杂，因此从前期策划规划阶段的整合，到具体设计建设阶段的审查，再到后期运营管理阶段的监督都直接影响了绿色城区建设实施的最终效果。

（2）在空间和主体上，绿色城区开发强调协调、技术、运维的统一。绿色城区的实施过程中涉及的范围更广、涉及的主体更多，因此其不同于传统的规划设计，只用对技术进行把控，绿色城区的开发更需要协调各利益主体、实施主体，需要把控红线内外各规划、与编制单位进行技术对接，需要明确职责权利、建立运维机制。

上海市《绿色生态城区评价标准》涉及的专项、范围、阶段、主体　　表 1–1

	涉及专项多	涉及范围全	涉及阶段全	涉及主体多
1 选址与土地利用	控规（用地功能布局）、城市设计、公共服务设施专项、地下空间专项、绿化景观专项	红线内、红线外；地上、地下	规划设计；审批管理	规土、绿容、建交、教育、民政
2 绿色交通与建筑	道路交通专项、绿色交通专项、绿色建筑专项、BIM 专线	红线内、红线外；建筑用地、非建筑用地	规划设计；审批管理；建设施工；运营管理；实施评估	规土、建交、交警
3 生态建设与环境保护	绿化景观专项、海绵城市专项、雨水专项、环卫专线、水系专项、生态保护专项	红线内、红线外；建筑用地、非建筑用地	规划设计；审批管理；建设施工；运营管理；实施评估	规土、绿容、建交、水务
4 低碳能源与资源	分布式能源专项、绿色建筑专项、生态环境专项	红线内、红线外	规划设计；审批管理；运营管理；实施评估	规土、建交

续表

	涉及专项多	涉及范围全	涉及阶段全	涉及主体多
5 智慧管理与人文	控规（用地功能布局）、智慧城市专项、生态环保专项	红线内、红线外；建筑用地、非建筑用地	规划设计；运营管理；实施评估	建交、经信、水务、环保、街道、房管、民政
6 产业与绿色经济	产业专项		规划设计；审批管理；运营管理；实施评估	商务、发改、经信
7 提高与创新	综合管廊、通信、产业、城市设计、供水、水系、生态	红线内、红线外；建筑用地、非建筑用地	规划设计；运营管理	建交、商务、发改、经信、水务

1.2.2 实施现状

住建部推进绿色生态城区分两个阶段：第一阶段在 2011 年前，通过国际合作、签订部省、部市合作协议的方式（深圳市、无锡市、河北省、上海市），推进了中新天津生态城、唐山湾生态城等 12 个生态城试点工作。

第二阶段结合生态城市试点情况，为规范工作提出《低碳生态试点城镇申报暂行办法》，推进低碳生态城市试点。2012 年 9 月，住建部进一步加强对低碳生态试点城镇的支持力度，对低碳生态试点城镇和绿色生态城区工作进行了整合。并于 2012 年 10 月、11 月先后批准了长沙梅溪湖新城、昆明呈贡新区、重庆悦来生态城、池州天堂湖生态城、贵阳中天未来方舟生态城等 5 个新城区为绿色生态示范城区。2013 年住建部继续先后两批批注了 13 个城区为绿色生态示范城区。2014 年共有两批 27 个城区申请，目前待审批。

在国家政策及资金激励下，各地积极展开绿色生态城区及绿色建筑规模化建设实践。到目前为止，全国已有上百个名目繁多、种类不同、大小各异的绿色生态城区项目。

目前，国内绿色生态城市规划建设已经取得了一定进展，从研究制定绿色生态指标体系、发布建设标准或导则阶段转入全面实施的关键时期。然而，对城市如何进行绿色生态规划，对绿色生态相关专项规划如何管理，如何落实还处于摸索和研究阶段。

1.3 编写目标与意义

作为指导现阶段区域可持续开发建设的落地性实施指导手册，本书充分考虑当前区域开发建设的宏观背景以及绿色城区的实施现状，从实际需求和实践出发，建立一套区域开发建设的创新理论体系研究，探索适用于新区开发和既有城区规划建设和规划管理的开发管控模式，以管理引导设计、设计融合管理，明确开发建设全过程中不同类型和规模的利益主体的职责权力。

绿色城区开发建设周期较长，涉及的专业领域又极为宽泛，其中牵扯的政府部门、设计咨询机构、投融资部门都会从各个层面、各个专业系统提出区域建设管控要求，其复杂程度、综合程度日益突出。因此，全书将在传统设计导则的基础上，从时间的全过程、空间的多维度提出以绿色城区开发建设落地实施为目的的菜单化创新要素，并通过设计引导、规划整合、审批控制、机制建立、智慧管理等方面探究各要素的分类控制要求，为多类型的实操项目提供策略导向和方法指南，为区域的可持续建设提供新思路。

本着“指导性、实用性、先进性”的原则，本书牢牢抓住引导绿色城区高标准、高质量、高效能的编写目的，集国内外相关领域理论和上海最新实践经验于一体，力争成为针对设计师、建设者、政府和开发企业等全链条参与主体的工作实践指南。

1.4 全书结构与亮点

作为绿色城区开发的理论体系研究成果、建设技术参考书与实践操作指南，本书遵循“绪论 – 操作准备 – 理论体系 – 操作指南 – 实践检验 – 总结展望”的结构脉络进行编写。其中，作为“操作准备”的第 2 章就对我国绿色城区开发的发展特征、我国现阶段中观层面规划设计发展趋势进行了简要阐述，并对区域开发在具体实施中凸显的、与规划设计之间脱节矛盾的问题进行系统归纳和梳理，同时力求在辨析矛盾根源的过程中探求解决问题的思路；第 3 章“模式对策”为全书的内容核心，旨在明确“以落地实施、管控高效、制度创新为导向”是绿色城区开发的主线，围绕这条主线提出绿色城区开发“七原则”的理论基础，并以此构建综合设计管控体系，从法定规划优化、专项规划整合、开发建设导则、管控方式创新、体制机制建立五个方面，形成区域开发全流程操作模式；第 4、5、6、7、8 章“操作指南”承接前述内容，是对“模式对策”内容的具体化和操作流程的展开，用五个章节的篇幅分别针对绿色城区开发建设的各阶段、各要素，详尽阐述工作的主要任务、操作重点和实施路径；第 9 章“实践案例”则在实际实施层面选取了上海近两年来已经或正在开发和实施的绿色城区开发建设项目作为实践案例，在对其迄今为止的开发操作阶段进行综述的同时，着重对各案例实际运用的模式工具及其效果进行分析与评价；最后，第 10 章通过对全书内容进行归纳，总结绿色城区开发问题及其对策、提出操作模式对策与规划具体实施路径、以实践案例对规划整合操作模式进行有效性验证，并对我国以绿色城区为代表的综合性区域开发建设的未来与挑战进行展望，作为全书的收尾。

本书以目前国内外综合性区域开发建设的理论和实践为基础，又结合了国内绿色城区开发建设的阶段性、步骤性强的实际，在全书核心操作指南部分引入了“开发时间树”的概念，分步骤对各管控要素、职责要求进行分解，改变了以往“静态化”的目的性指标难以在“动态化”设计和管理工作中“及时”落地的情形，有利于读者和区域规划、管理、建设及运营实际主体在实际工作中找准自身定位、理解指标内容和明确阶段任务。

1.5 指南的使用

1.5.1 读者的分类

因本指南是针对区域可持续开发建设全流程建设引导而特别编写的，其中涉及了政府部门、设计机构、一二级开发商，而这些特定的使用群体也将同时成为本指南的核心读者群。此外，关心区域开发建设的社会各界人士、专业院校师生、广大离退休干部和热心市民，也在本书的读者中占有重要的位置。尽管如此，本书的编写架构仍将以下列四类读者群体的关注和诉求为出发点。

政府管理部门：区域开发建设所在地的一级行政管理机构是该区域建设实施的管理者，其下属职能部门同时也是城区开发建设和管理的管理主体，负责设计委托、规划审批、城区运管等政府职责，其管辖领域涵盖规划、土地、建交、发改、经信、工商、绿容、教育、交管、水务等，直接或间接参与了城区开发的全部阶段，这类政府或代政府型企业人员为本书的第一类读者；

规划设计机构：拥有法定规划和非法定规划编制资格，有机会参与区域开发建设各类规划编制的一切规划设计与咨询机构的规划设计师以及未来将要从事相关工作的设计院校师生，构成了本书的第二类核心读者群；

开发建设企业：作为区域开发的实际建设者和组织施工方，开发建设企业的工作方式将对该区域在建设实施阶段实现规划意图，保证规划落地，形成高品质区域环境要求起到举足轻重的作用，该类企业相关工作人员构成本书第三类核心读者群；

城区属地单位：是指在区域范围内从事生产和运营的所有机构主体，包括办公管理类政府机构、生产类的各企事业单位和生活类的公共服务设施和居民小区等，作为该区域的实际使用者和利益相关者，其组成人员因而成为数量广大同时也是最社会化的第四类读者群体。

1.5.2 操作与阅读

第一类读者群体，应结合自身工作需要，对本书的第 1~3 章进行了解性阅读。在规划管理部门的工作人员应对第 4、7 章进行重点关注。此外，第 3 章的城区开发创新模式以及第 9 章对该模式的实践经验检验，应该是城区建设开发和管理相关工作人员（或代政府型的一级开发企业、平台公司人员）需要特别关注的内容，这有助于此类读者更好明确自身的开发阶段定位和掌控城区的各项开发与建设管理工作。

对第二类读者群体来说，本书的第4、5、6、8章无疑是其作为“规划设计”阶段实际主体所必须清楚和掌握的内容，这部分内容也是区域能否在实现规划意图规划理念、保证规划落地的关键。此外第2章的城区开发困境阐述，第 3 章的设计规划整合操作模式、第 7 章机制创新、第 9 章的实践案例验证等也是该读者群应重视和了解的内容。

作为区域开发中规划设计、实际建设、管理运营的主体，上述三类读者群最为关心其在区域开发建设各工作阶段的具体操作，而该部分内容集中体现于本书的第 3 和第 4、5、6、7、8 章，此外第 2 和第 9 章的问题阐述与实践案例也会成为该读者群体感兴趣的内容。

与前三类读者直接从事区域开发设计、管理和建设的工作性质相比，第四类读者群体是区域内的行业属性、知识背景呈现极大差异化的特性，其对指南的兴趣点可能并不局限于针对开发建设中某一阶段任务的特别章节，而可能呈现出对全书各个章节都进行了解性阅读的需求。

2

绿色城区
开发建设趋势与阻力

2 绿色城区开发建设趋势与阻力

2.1 绿色城区开发趋势

2.1.1 开发规模变大

绿色城区是绿色建筑由单体向规模化发展的重要载体，区域开发成了绿色城区建设的基础要求。传统规划理念下道路间距较大，单一地块面积大，因此开发建设以单地块为主。2016 年《国务院关于进一步加强城市规划建设管理工作的若干意见》明文指出“我国新建住宅要推广街区制，原则上不再建设封闭住宅小区。已建成的住宅小区和单位大院要逐步打开，实现内部道路公共化，解决交通路网布局问题，促进土地节约利用。另外要树立窄马路、密路网的城市道路布局理念，建设快速路、主次干路和支路级配合理的道路网系统”，国家政策导向下新区开发多以“小街密路”为主，单一地块开发规模过小，地块联合开发趋势明显。（见图 2-1）

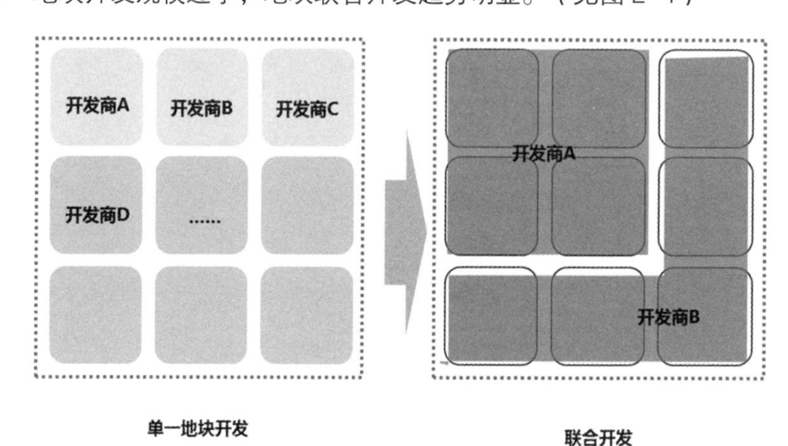

图 2-1 多地块、整片区开发趋势

地块联合开发有利于统筹考虑联合开发的各地块之间的联系以及地块红线内与红线外的关系，但与此同时也加大了开发难度。

2.1.2 品质要求变高

在过去的三十年间，中国的城市化以其规模、速度和相对有序赢得了世界认同。随着经济的不断发展，中国的城市化进入转型发展的关键时期，新型城镇化战略提出以来，城镇化进入以人为本、品质优先的转型阶段。绿色城区规划建设的重点在于从关注城市建设的速度，向关注城市发展的质量转变；从关注城市中的“物”的建设，向关注城市中的“人”的生活舒适性和幸福感转变，城乡建设已经进入了量质并重、更加重视质量提升的新阶段，城市建设越发重视城市空间建设品质。

党的十九大报告提出，要提高保障和改善民生水平，加强和创新社会治理。提升城市规划建设品质，给老百姓提供更多高品质的城市空间，是重要的民生工程。借助品质空间促进城市创新发展，也是加强和创新社会治理的重要途径。

空间品质反映了城市人群对城市空间的综合需求，其作为空间的总体质量，需要城市空间在“量”和“质”两方面满足城市各类人群的综合需要，建设要求较高。上海在建设卓越的全球城市、令人向往的创新之城、人文之城、生态之城的道路上，打造高品质的城市空间环境是至关重要的一环，这就对规划设计、实施建设提出了更高的要求。

2.1.3 开发周期变长

单体开发周期相对较短，区域多地块联合开发后开发周期会拉长，开发时间紧张，这就要求前期的规划设计和审批、建筑设计和审批以及施工图审批等步骤时间尽量压缩，若在前期阶段因缺乏对项目的整体控制而使得规划设计反复修改，会导致工程前期时间拉长，留给施工和建设的时间变短，从而无法保证建设质量。

国内超大型项目往往由于规模和工期的原因，无法保障工程品质，导致整个项目最终完成后“只可远观无法近看”。因此在开发建设过程中建立完善的统筹和进度预警制度，全局考虑，步步为营，保障规划设计的顺利推进，避免不必要的反复。

2.1.4 开发难度变高

区域联合开发直接导致地块开发的复杂性与综合性增加，表现在：（1）空间上涉及红线内与红线外，地上空间与地下空间的多维度统筹；（2）涉及的专项规划的数量增多，各专项规划在同一空间上研究的侧重点不同，缺乏相互之间的衔接考虑；（3）涉及的专业众多，对开发团队专业技术人员配置要求更高，要考虑多专业的技术协调难度；（4）涉及的利益主体更多，需要考虑更多使用主体的意愿等，这些都使得开发难度大大提升。

2.2 中观层面规划设计趋势

我国的城市规划系统建立时间较晚，改革开放后的近十几年才逐渐形成了完整的城市规划编制体系，在以《城乡规划法》为基础的我国现行城市规划编制体系基本框架中，分为总体规划和控制性详细规划两个法定规划层级。根据实际需要，在编制总体规划前可以编制城市总体规划纲要，大、中城市可以在总体规划的基础上编制分区规划，在控制性详细规划之下可编制修建性详细规划，本小章节所说的中观层面规划设计是指从总体规划阶段到修建性详细规划阶段之间的规划设计，这个阶段的规划设计起到衔接总体规划，指导修建性详细规划、建筑设计的承上启下的作用，在规划层面直接管控开发建设。（见图 2-2）

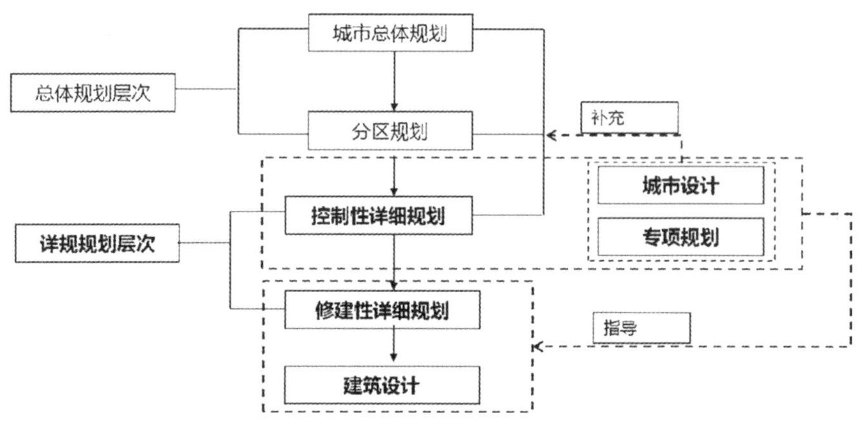

图 2-2　现行规划编制体系

2.2.1　城市设计法定化

城市设计在提升城市公共空间品质和塑造城市特色风貌上可以有效弥补当今法定规划的局限与不足。中央城市工作会议明确提出“要加强城市设计，提倡城市修补，加强控制性详细规划的公开性和强制性。要加强对城市的空间立体性、平面协调性、风貌整体性、文脉延续性等方面的规划和管控，留住城市特有的地域环境、文化”，随着对城市空间形态的重视，城市设计的重要地位越发凸显，各地城市开展了大量的城市设计工作。“通过对我国 310 个地级市、直辖市城市设计情况进行统计，约有 53% 的城市（区）在城市整体层面开展了城市设计工作，包括编制城市风貌规划、城市色彩专项规划、城市空间特色规划等。此外，部分城市结合控制性详细规划针对重要地段开展城市设计；有约 40% 的城市（区）已经建立了城市设计导则制度，其余部分城市正在研究、建立或完善；超过 40% 的城市（区）设立了城市设计编制审批制度；约 1/10 的城市（区）的城市设计实现了城市规划建设用地全覆盖，将近 1/3 的城市（区）城市设计覆盖了 1/2 以上的城市规划建设用地”[9]。

虽然我国现有城乡规划体系中尚未明确规定城市设计的地位、作用及其实施机制，《城乡规划法》中没有提及到城市设计，但在《城市规划编制办法》中要求控制性详细规划内容应包含“各地块的建筑体量、体型、色彩等城市设计指导原则”，且 2017 年住建部正式印发的《城市设计管理办法》（中华人民共和国住房和城乡建设部令第 35 号），对城市设计的相关工作进行了规范，《办法》规定“城市核心区和中心地区、体现城市历史风貌的地区、新城新区、重要街道，包括商业街、滨水地区，包括沿河、沿海、沿湖地带、山前地区、其他能够集中体现和塑造城市文化、风貌特色，具有特殊价值的地区等重点地区应编制城市设计，重点地区城市设计的内容和要求应当纳入控制性详细规划，并落实到控制性详细规划的相关指标中；重点地区的控制性详细规划未体现城市设计内容和要求的，应当及时修改完善”、“以出让方式提供国有土地使用权，以及在城市、县人民政府所在地建制镇规划区内的大型公共建筑项目，应当将城市设计要求纳入规划条件”，城市设计虽然不属于单独的法定规划内容，但逐步通过与法定规划的衔接，将其研究成果以城市设计导则的形式融入法定规划成果体系中，或建立了城市设计编制审批制度，将城市设计成果作为规划管理依据，以提高其在规划建设中的实效性。

2.2.2 专项规划数量多

根据《城市规划编制办法》第三十四条，专项规划包含了综合交通、环境保护、商业网点、医疗卫生、绿地系统、河湖水系、历史文化名城保护、地下空间、基础设施、综合防灾等多个类型。专项规划是在城乡总体规划的指导下，为有效地实施总体规划意图，对城乡空间要素系统中，系统性强、关联度大的内容或对城市长远发展具有重要影响作用的重大建设项目，从公共利益出发对其空间利用进行的系统的布局规划[10]。城市专项规划可

---

[9] 赵星烁，高中卫，杨滔，石春晖 . 城市设计与现有规划管理体系衔接研究 [J]. 城市发展研究，2017，24（07）: 25–31.

[10] 邱强 . 城乡专项规划编制特点探讨 [J]. 现代城市研究，2009，24（05）: 42–45.

以分为三类，一类是总体规划所附属的专项规划，从技术上确保城市总体规划的合理性和可行性；二是完善总体规划的专项规划，主要是社会发展过程中新观点在城市建设上的应用，新问题在城市建设上的对策和总体规划中复杂问题的系统化；三是指导城市开发的专项规划，作为控制性详细规划的补充，对城市中系统性强、关联度大的要素进行整体研究[11]。在实际编制中，城乡规划主管部门出于对控规的重视，会要求专项规划在编制时落实到控规层面的深度，直接指导控规的编制。

越来越多的建设者也意识到，城市是一个复杂的系统，由于城市规划和城市设计无法涉及开发建设的各个方面，造成很多好的规划设计由于缺乏有效的城市系统的支撑，而无法真正落地，规划意图也在后续的实施中被逐一摒弃。因此，编制多个不同领域的专项规划已经越来越被城市的建设者所接受，专项规划涉及城乡规划的方方面面，不仅涉及到的内容广，同时编制主体较为多元，除城乡规划主管部门外，其他各行业主管部门依据相关法律法规及规章也具有组织编制部门行业专项规划的权利，使得专项规划的数量众多。据不完全统计，我国经法律授权编制的规划至少有83种。例如，虹桥商务区编制了3个专项规划，临港新城编制了10个专项规划，新顾城片区编制了17个专项规划，成都金融城编制了16个专项规划，桃浦智创城编制了27个专项规划。这些专项规划可以大致分成两大类：（1）支撑规划建设的专项规划，包括了综合交通专项规划、配电网专项规划、分布式供能专项规划、供水专业规划、雨污水系统专业规划、燃气系统专业规划、水系调整规划、信息基础设施专业规划、市政综合规划、综合防灾专项规划、民防工程建设专业规划、地下空间专项等。（2）支撑规划理念的专项规划，包括了绿色生态专项、智慧城市专项、产业功能专项、综合管廊专项、BIM技术应用专项、海绵城市专项、城市风貌规划专项等。这些专项规划一同构成了落实规划设计的重要抓手。

专项规划编制类型多，但能落实到控规中的专项较少。一方面是因为专项规划编制主体多，且编制时间一般与控规同步甚至滞后，协调难度较大；另一方面是因为控制编制体系较为完善，对控制内容有明确的要求，部分专项管控内容无法纳入控规。因此会出现专项规划内容无用武之处的问题，不足以保证城市建设，甚至与控规内容相矛盾，进而使得专项规划的编制意图在规划实施阶段无法实现。

---

[11] 陈有川，李健．城市专项规划中的几个问题[J]. 大连理工大学学报（社会科学版），2000（01）：52-54.

2.2.3 近远期统筹协调

规划编制是基于最终的“理想蓝图”，这种蓝图式的规划因缺乏对现状的考虑这一缺陷使得规划在实施环节不可避免地面临被调整的需求，而导致规划成果实用性不强。近年来，为强化规划对开发建设的管控与指导意义，各地纷纷在规划层面进行创新，实现近远期统筹协调。

如北京为解决控规阶段、规划制定阶段对规划实施考虑的缺失，将城市规划工作的重点已经逐渐由规划制定向规划实施转移，为控规制定动态维护的工作机制。动态维护工作目的是将北京中心城控制性详细规划不断细化落实、总结评估、完善更新和调整修改，在规划实施阶段注意发现和总结规划编制方面的问题，并及时反馈到规划编制过程中， 对规划编制进行动态维护和修改完善，形成“实践 – 总结 – 编制 – 再实践 – 再总结 – 再编制”的模式，重在规划的落实，形成编制管理同步，做到编制管理合理衔接；上海在土地开发建设阶段，为了保障近期公共利益，规定纳入土地出让条件的内容除控规以外，还应包含土地出让前实施评估，对拟出让地块周边半径 500m 区域内的现有公共环境和公共设施进行评估，并将评估后需要补充的公共设施纳入土地出让条件，这就解决了可能因公共设施远期建设而导致近期居住人群公共利益受损的问题；在雄安的控规编制过程中，同样也提出来控规图则宜分两次编制，一次是蓝图式总体图则控制，一次是基于开发建设需求的精细化图则控制。这些趋势都表明规划设计不再是单纯的理想式规划，必须要与规划管理、建设实施相结合。

应该说在规划编制阶段充分考虑规划实施和规划管理、统筹远期目标与近期需求是当下规划设计发展的整体趋势，也是规划设计在不断的实践过程中自我完善的必然选择。

2.2.4 审批流程高效化

为保障建设工程的有效推进，各个城市着力提升工程建设项目报建审批效率。2018 年上海市人民政府办公厅关于印发《进一步深化本市社会投资项目审批改革实施办法》的通知，规定从 3 月 1 日起，上海对社会投资项目不再“一刀切”，而是按照工业项目、小型项目、其他社会投资项目分类，从取得土地到获取施工许可证，政府审批时间原则上分别不超过 15 个、35 个、48 个工作日，相比原先 105 个工作日大幅缩短。对标国际最高标准、最好水平的营商环境，通过采取“流程再造、分类审批、提前介入、告知承诺、多评合一、多图联审、同步审批、限时办结”等举措，进一步整合审批资源、提高审批效率、降低审批成本，实现社会投资项目开工之前的审批流程优化。

审批流程的高效是为了有效地帮助企业缩短开发建设周期，降低开发成本，这就要求地块从规划设计到实施建设过程中减少不必要的重复与反复，也就对前期规划设计阶段提出了更高的要求。

2.3 绿色城区开发建设的阻力与矛盾

2.3.1 来自规划设计层面的内生性阻力

目前，我国法定规划编制体系较为完善，各个层级的规划内容、设计深度有较为清晰的界定。而对于指导区域开发建设的相关专项规划的内涵、定位、编制方法、内容、深度及体系等尚未明确，编制内容和深度均没有统一的要求。各个专项规划虽侧重点不同，但由于缺乏统筹，其编制存在难以避免的内容重叠，从而产生规划设计层面的矛盾。主要体现在两大方面：一是规划本身的问题；二是规划相互之间的问题。

2.3.1.1 规划编制缺陷之一：红线内外欠缺统筹，公共空间缺少管控

现行规划控制管理内容更多集中于地块红线内的管控，以图则的形式对管控内容进行明确，极少涉及规划红线外，对道路、绿地等非经营性用地没有明确管控要求。随着人们对公共空间品质的要求越来越高，空间的人性化设计愈发重要，当下体现最为明显的就是对城市道路的设计和管控。《上海街道设计导则》中就提到应“从道路到街道”，打破红线内外的界限，从“道路红线管控”向“街道空间管控”。同时随着多地块联合开发的趋势，二级开发商会涉及市政道路和公共绿地的代建行为，为红线内外的统筹建设提供了条件，这就要求在规划设计阶段重视对红线内外的统筹考虑与控制。（见图 2–3）

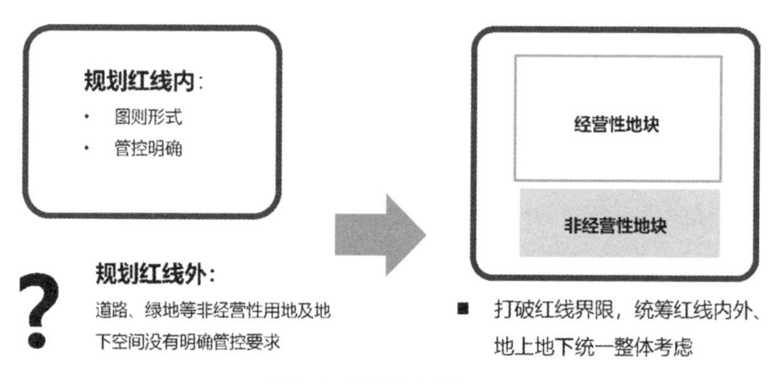

图 2–3 公共空间管控不足

以最为典型的共享单位停车位为例，共享单车作为非机动出行的主要方式之一，其停车位的主要设置在道路红线上，但共享单车停车位选点与地块内部机动车出入口、人行出入口息息相关；另一方面，对于部分人行道宽度比较窄的道路而言，共享单车设施带的设计十分重要，对人行的舒适度影响较大。因此在规划设计阶段，对红线内外的统筹考虑十分必要。（见图 2–4）

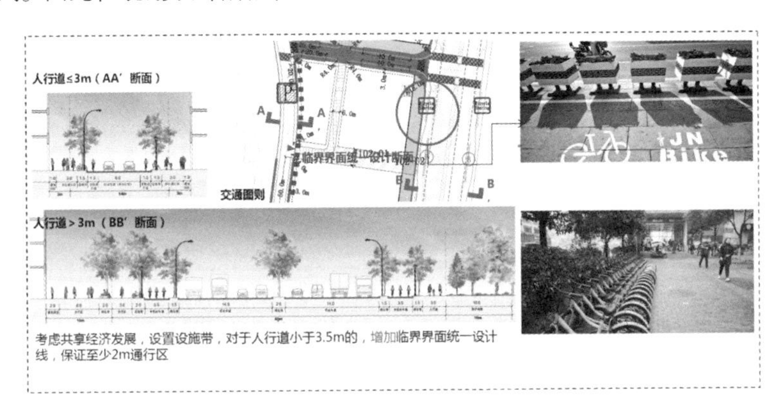

图 2–4　桃浦开发建设导则对共享单车的统筹考虑

2.3.1.2　规划编制缺陷之二：空间规划编制对多主体的利益考虑不足

规划设计与实际开发建设时间的脱节导致规划设计成果与实际利益主体需求不符合也是当前规划设计的主要问题之一。市场经济体制下，城市空间资源的导控、配置必然涉及城市政府及其行政管理机构、各类开发企业、未来目标人群乃至广大公众的利益诉求。对于不同的参与主体而言，其价值取向和利益诉求是不同的：各类开发企业作为城市开发建设活动的主要参与者与供给者，以经济利益作为主要追求目标，往往遵循“价值挖掘的最大化原则”；城市政府作为城市建设活动的推动者和城市市民利益的代表，一方面需要服务社会群众，提供与经营管理满足社会需求的公众产品，为公众提供便捷的生活方式和优越的生活环境，同时政府又承担着获取经济收益并推动城市发展的任务，需要获得开发企业的投资并将财政资金与税收收入转化作为城市基础设施建设的财政保障，因此政府在对城市土地的配置过程中需要权衡利弊，兼顾社会、环境与经济效益的协调平衡；未来目标人群作为待开发地块空间环境的直接使用者，由于群体和个人的差异性，对城市空间需求不一，使得在实际建设时考虑的因素远多于规划设计考虑的因素。如控规的编制和审批基本上限定在规划系统内容，相关部门和相关利益主体参与途径和深度不够，无法将某些矛盾在规划编制和审批阶段予以发现和解决。

在三林湾小镇的设计总控中，我们就发现控制性详细规划在编制时受限于相关规划要求和用地的约束，在三林湾小镇公共服务设施配套时采用了常规配套标准，而三林湾小镇在开发建设时居住人群定位为高收入人群，未来直接居住人群公服需求所对应的空间需求在控规中缺乏考量；在湖南金融中心开发建设中，依托城市设计进行开发建设管理，早期在城市设计出于对业态平衡的考虑，商务办公地块主要以综合写字楼的设计为主，然而在实际招商时发现，大多进驻金融中心的企业对独栋办公建筑的需求比较突出，导致城市设计导则难以落实等。

规划设计在保障公共利益的基础上，应充分考虑空间管理主体、空间建设主体以及空间使用主体的各项需求，其设计成果才能顺利落地。而现行的规划设计往往由于编制时间的问题，更加强化对未来蓝图式的打造，而忽略实际利益主体需求。

2.3.1.3 专项规划缺乏协调：专项规划类型广泛，成果之间冲突频现

专项规划数量多是当前城市开发建设追求高品质的必然趋势，而专项规划多，必然会存在一定专业壁垒，造成专项间相互冲突，甚至与管理矛盾，成果可利用性相对较差，给规划管理应用带来了困难。

1）专项规划之间的数值冲突

桃浦英雄天地涉及 27 个专项规划，在专项规划的梳理时，我们便发现无论是公共空间部分还是地块内部空间部分都存在一定数量的空间矛盾，如对于地块屋顶绿化的面积，绿色生态专项规划和海绵城市建设实施方案的数值就存在较大的误差，对于英雄钢笔厂地块地下空间是否建设以及空间建设范围在地下空间工程建设方案与控规中结论不一致等；在宝山新顾城专项规划整合规划中，就存在通信专项规划、地下空间规划与市政综合规划部分内容相矛盾、景观设计专项与风貌导则专项相矛盾、绿色生态规划与智慧城市专项相矛盾的问题，17 个专项规划中仅数值上就存在 83 处矛盾点等。

专项规划之间出现矛盾的必然性在于其编制主体、编制时间、基础资料的不统一性，而专项规划之间的矛盾会为规划的管理带来极大的困难，无法保障专项规划成果的落实，也就失去了专项规划编制的最初意图。

2）规划设计的空间冲突

在宝山新顾城的规划整合中，我们就发现规划设计在建设实施时可能面对一些空间冲突而导致后期建设的各种问题。仅以一块幼儿园用地来讲，若南侧的居住地块先行建设，按照地块限高 60m 沿地块北侧道路布局，则位于居住地块北侧的幼儿园用地在建筑设计上很难满足日照设计规范。因

此若不提前发现这一问题，且居住地块先行建设，则会造成后期幼儿园用地的难以建设。（见图 2–5）

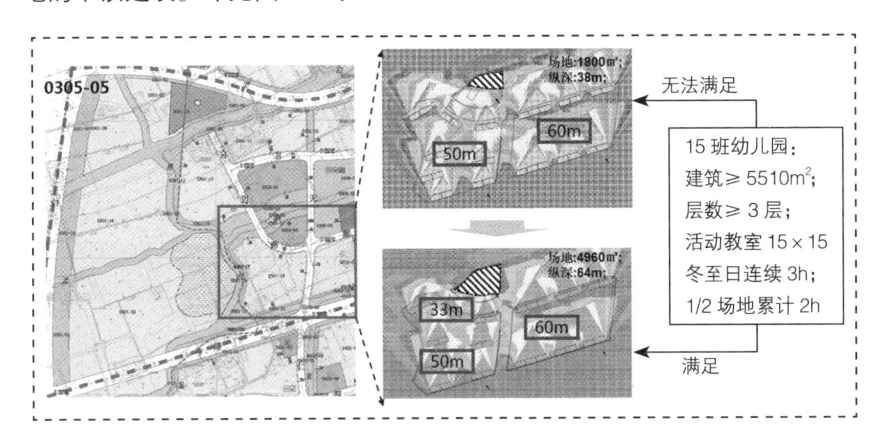

图 2–5 规划设计的空间冲突问题

各个专项规划由于编制目的、编制时间、基础数据等的限制，组织编制单位的不同，相互之间缺乏衔接，易形成数值和空间上的相互矛盾甚至与控规成果矛盾，使得规划设计成为“纸上画画，墙上挂挂”，专项规划的美好愿景与目标也难以实现。

2.3.2 来自规划管理层面的矛盾

城市规划的可落地实施性已经成为城市发展的一个重点话题，同时也成为阻碍城市规划有效指导城市建设的重要掣肘，规划管理作为规划设计落地的重要步骤，在当前体制下存在着一定的问题。

2.3.2.1 专项规划缺乏法律地位，控规作为城市建设管理的法定依据，存在一定的缺陷

专项规划数量多，内容庞杂，涉及管理部门众多，本身管理工作更为复杂，而在中观层面，仅控制性详细规划具有法律效力，根据《中华人民共和国城乡规划法》和《城市国有土地使用权出让转让规划管理办法》，国有土地使用权的出让应以控制性详细规划确定的规划设计条件作为出让合同的组成部分。由此可见，控规是政府导控城市土地开发最直接的工具。然而在指导具体开发建设时，传统控规存在以下不足：

（1）传统控规控制内容强调平面控制，基本内容以土地使用性质、用地兼容性、容积率、建筑高度、建筑密度、绿地率、基础设施和公共服务设施配套等为主，缺乏差异性三维空间引导，无法保证规划意图落实；

（2）强调未来建设目标，缺乏动态时序性。在当前城市高速发展条件下，出让地块的区位选择和外部环境条件变化迅速，使得控规编制与土地出让之间总是存在时间差。按照国家现有的规划编制体系，一个大城市需要在总体规划基础上编制各类专项规划，而后再编制控规。每一层面的规划都需要一个周期，即便各项规划编制交错组织，不包括报批时间，覆盖一轮控规的时间也需要 4~6 年，这就使得规划落地与规划编制之间存在一定的时间差，导致规划设计成果不适应现状建设条件。“实践也证明，即使是几个月前编制的控规也可能已经不适应市场变化。”

城市专项规划是在城市总体规划或分区规划指导下，为了更有效地实施规划意图而对城市要素中系统性强、关联度大的内容或对城市整体、长期发展影响巨大的建设项目，从公众利益出发对其空间利用所进行的系统研究，专项规划作为控制性详细规划内容的强有力补充，虽然研究较多，但由于编制成果为非法定规划，规划的编制主体、程序、实施途径与方法以及规划效力等方面都未得到法律的明确授权，不具备法律上的约束力和强制执行力，没有直接监管部门，除去部分可以写入控规的指标外，其他相关成果陷入一种“名不正言不顺”的困境，规划在实施过程中缺乏法定力，仅能发挥部分指导作用，难以落实。在实际操作过程中，专项规划一直未受到规划管理部门的重视。在规划管理部门的审批管理过程中往往忽视专项规划的落地实施问题[12]。

2.3.2.2 涉及管理部门多，难以协调，责任主体不清晰

管理部门协调是规划设计落地至关重要的一个环节，也是十分困难的一个环节。区域开发建设涉及土地利用和空间布局、交通系统、资源利用、生态建设、节能减排等方面，涉及管理部门包含发改委、规土局、建管委、交委、绿容局、科委、商务委、水务局、体育局、交警等多个职能部门，各个部门有自身的利益诉求，在当前行政体系下，无论在方案审议、图纸审批、验收与后续管理等环节都是分权制，编制管理协调难度极大，同时对于地块品质提升型控制的部分指标，还存在管理主体不清晰的情况，导致虽然规划编制了，但无部门监管、开发商不实施的现象。

2.3.2.3 规划设计没有动态更新的管理机制

规划管理相比较规划设计，更着重考虑“实际建设需求”，当前大多

[12] 崔博 . 城市专项规划编制、管理与实施问题研究——以厦门市海沧区环卫专项规划为例 [J]. 城市发展研究，2013，21（08）：12-14+20.

数规划设计成果缺乏动态维护。相对于规划界对规划编制技术、规则等内容研究的重视，规划数据建库及动态更新机制则重视不够。而实时更新的规划数据库是城市规划工作中一项非常重要的基础性工作，对提高规划编制质量与效率，辅助规划管理决策有着极为重要的作用。

动态更新管理机制的缺乏造成规划内容与建设现状不匹配，规划设计成果无法用于规划管理工作中，导致规划编制后无法对建设起到很好的保障和引导作用，难以指导城区开发建设。

2.4 规划系统缺陷及其成因解读

专项规划作为在建设管控层面对控规的补充，却由于技术和管理体制等现实的约束，无法有效落实，无法将所编制的规划设计成果作为有效的规划管控文件，指导具体的开发建设。从规划设计和管理上来讲，主要涉及三个方面的原因：一是城市规划编制体系在中观层面缺乏“规划整合”的步骤，规划整合的目的在于提取各个规划设计中的可控要素，并解决各个规划设计之间的冲突与矛盾；二是各个管理部门缺乏包含各个专项规划管控要素、直接可用于指导开发建设、可实施性高的管控文件，即本文所说的开发建设导则，开发建设导则包含控规图则管控内容但不限于控规管控内容；三是开发建设导则缺乏相应的管控机制。

2.4.1 技术上：开发建设相关规划需要整合，但相关技术手段与方法仍然缺乏

在控制性详细规划的编制过程中，往往还会编制一系列的专项规划来落实总体规划。由于规划编制技术体系较为复杂，这些专项规划之间往往互相缺乏协调。规划设计成果要运用到规划管理必须要有明确的管控指标与管控内容。而实际上：（1）部分专项规划成果并不会形成一套管控体系，规划内容没有进行提炼，规划管理无法使用；（2）专项规划分属不同的部门编制，而不同部门之间由于利益诉求的不同和协调机制的缺乏导致城市规划总体发展的意图会被各种局部的合理性“肢解”和各类规划编制时序不同等原因，导致规划成果之间相互冲突，主要表现在上、下位规划之间、综合规划与专项规划之间以及相邻地区规划之间存在着不同程度的矛盾，也就是通常所说的“规划打架”。

因此为了更好地落实城市总体规划、贯彻城市总体发展的意图、协

调各专项规划更好完成编制工作、有效解决各专项规划之间、专项规划与已有相关之间“规划打架”问题，为控规编制和管理提供指导和依据，有必要进行专项规划的整合规划。规划整合是一项庞大的系统工程，需要强有力的组织领导和精干的专业技术团队，进行长期持续的跟踪与跟进。必须从人员组织保障、技术标准建设、全过程管理、经费保证等方面进行全面考虑，建立相关工作机制，保障规划整合的顺利推进及后续的动态维护。

目前对于专项规划的整合规划仍然在实践与摸索当中，并没有广泛推广，专项规划整合的技术手段与方法也还在不断的实践当中。

2.4.2 管理上：规划实施需编制管控开发与建设的导则，明确开发主体与要素

目前土地出让的规划条件以控制性详细规划图则为准，控规内容受规划局管理，责任主体清晰。而当相关的专项规划内容要纳入土地出让条件时就会面临指标体系管理主体、开发主体不清晰的问题。规划指标无对应部门管理，即使将指标纳入开发建设控制内容，但开发商仍然可能出于利益考虑而不采用。因此规划管理缺乏一份责任主体明确、控制要素清晰的用于直接指导并管控开发建设的导则。

专项规划整合规划目的在于落实各个专项规划的美好愿景与规划意图，是面向实施建设的规划设计，这就要求专项规划整合规划在成果编制时，理清各个指标的管控主体、实施主体，在土地出让时明确各级开发商的建设责任。

2.4.3 体制上：专项规划整合成果被跨部门认可和实施，需要管理体制进行创新

将专项规划整合成果运用到规划管理本身具有一定的创新性，需要创新性的管控机制来支撑。特别是在当前行政体系下，如何实现跨部门之间的合作，使不同专业部门在共同政策目标下协作与协调需要不断地创新性尝试。

“三分靠规划、七分靠管理”，高质量的城市建设离不开高标准的管理水平。专项规划本身面临着责任主体“缺位”的问题，因此对开发建设导则管控机制的创新性研究就十分重要。

2.5 小结

本章节简要概述了我国区域区开发建设情况及其趋势特点，并从区域开发建设的现实及其与现有城市规划系统的矛盾入手，深入剖析了规划从设计到规划层面的系统性不足，其根源在于缺乏整合开发建设相关规划的技术手段与方法、未形成有直接指导作用的开发建设导则以及缺乏创新性的规划管控机制等。

3

绿色城区
开发建设模式与对策

3 绿色城区开发建设模式与对策

基于上一章分析对比不难发现，当下各类规划设计，包括控制性详细规划、城市设计以及各类专项规划、专业规划，在实际编制中一般所采用的方式方法、管控手段、体制机制无法完全满足未来绿色城区开发的需求，无法对后期的建设实施起到实质性的落地管控，无法保证相关的控制内容得到有效的监管审查。因此，目前各地对区域进行绿色开发时，都会遇到一个很大的困惑——即请了世界最知名的设计机构、咨询机构，从各个维度、各个专业对区域的可持续发展进行了全方位的解读，编制了世界级的规划内容，但在推进和落实这些规划的过程中出现了一些需要重视和解决的问题，主要是：规划内容深度不一，质量参差不齐；规划之间衔接不够；规划论证往往流于形式，可操作性不强；对规划编制必要性研究不够，带来规划数量偏多的问题。这就造成大部分的规划设计都被束之高阁，其规划理念无法完整实现；甚至控规指标的调整成了土地出让、开发建设的常态，这既对建成区域的空间环境品质造成极大的影响，“规划设计一个样，实际建设却又是另一个样”，差之毫厘谬之千里；同时这也是对公共资源的浪费，导致大量的用于规划设计编制费用的公共财政投入石沉大海。

如何保证规划设计的落地性、实施性，实现区域开发的系统化?

如何保证建设运维的高效率、高品质，实现区域管理的精细化?

为解决这些问题，推进区域开发建设，保障管理与运营，确保专项规划指标体系和技术方案落地，本书结合多个项目的实践经验，创新性的提出区域开发的“规划设计总控”的模式，从建设实施、管理控制的角度为切入点，实现对开发建设的全流程进行总体把控。

3.1 国际经验分析

3.1.1 德国

德国城市规划体系分为联邦、州、地方三个层面，其中用于直接指导开发建设的是地方层面的土地使用规划（F-Plan）和建造规划（B-Plan），建造规划是建设项目审批的依据，管控要素包含三大类：建筑利用的类型和程度——许可建设的用地类型及地块建设开发强度，包括基地面积率、楼层面积率、建筑体积率、楼层数、建筑设施高度等；建筑的许可范围——是由建造限制线或建造线围合而成的闭合多边形，即建造窗口，来源于城市设计形态规划；地方交通用地——公共交通用地的控制指标，包含机动车道路、步行和自行车道、停车位等[13]。

建造规划管控的深度和内容是建立在与开发主体协商的基础上的。具体而言，开发主体的介入包括两个阶段：一是建造规划编制前介入，通过参与建造规划，使规划融合多方利益诉求；二是建筑规划编制后介入，通过遴选期，就建造方案与政府进行协商，可能会进行建造规划的调整，意见达成一致后进行土地的正式出让和建筑许可申请，让开发商与政府与对话的权利，保障项目的市场可行性。

德国最具典型的开发建设项目便是汉堡港口新城的开发[14]。汉堡港口新城是欧洲规模最大的城市更新项目之一。开发过程中，地方政府通过规划和土地开发程序来保障城市开发的结果符合最初愿景。项目由汉堡港口新城有限公司负责开发，该公司隶属汉堡地方政府，负责管理“城市和港口政府专用基金”，其中包括港口新城区内由政府划拨的地产。

3.1.1.1 渐进式规划编制与开发项目紧密衔接

汉堡港口新城并非整体编制整个地区的建造规划，而是在开发过程中，结合开发分期和具体项目分批编制，并在整体上呈现从西往东、从北往南覆盖的格局。目前港口新城在编以及编制完成的规划包括1~15号建造规划，这些规划的面积一般只有数公顷至十几公顷，以“补丁”的形式对城市设计总图进行渐进式覆盖。

3.1.1.2 利用“规划交接期”促进规划和建设需求紧密对接

通过设置“规划交接期”，使规划与实际建设项目有足够时间进行对接，形成令双方（开发者和城市）都满意的最优开发方案。

在这个交接期中，开发者必须和城市管理部门一起进行整个过程：从组织地块设计方案竞标、方案讨论、编制建造规划到最终取得建筑许可。（见图3-1）

---

[13] 殷成志，熊燕，杨东峰．中德城市详细规划开发调控比较研究 [J]. 城市发展研究，2010，17（09）：102-107+126.

[14] 张溱等．城市更新中的规划创新——汉堡港口新城规划编制与项目建设的衔接与互动 [J]. 上海城市规划，2015（06）.

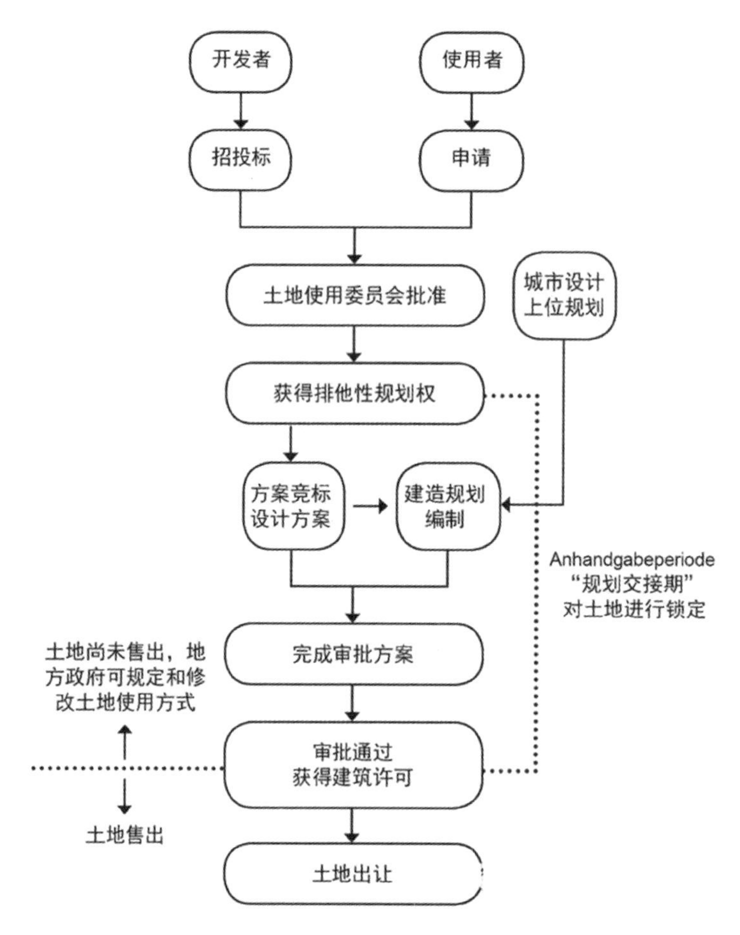

图 3-1 汉堡港口新城规划与建设的对接流程

3.1.1.3 以建造规划为工具的精细化形态管控

符合总体城市设计设想的建筑设计方案，是“规划交接期”的核心成果。建造规划将设计成果中与城市公共利益密切相关的部分，转译成为一系列细致的管控要素，通过规划本身的法定化，获得管控效力，确保方案得以贯彻实施。在这个过程中，建造规划体现出对建筑形态和空间环境有力的管控能力。

3.1.1.4 强化公共空间建设的协调和管理机制

重视公共空间设计，部分项目由城市设计单位进行设计。参与德国汉堡港城市设计的公司也参与了后期的景观设计，使其公共空间的设计与原本城市设计的愿景非常接近。（见图 3-2）

图 3-2 公共空间建设

3.1.2 美国

美国的区划法规是建设项目审批的主要依据，是美国土地使用控制的基本手段。区划的基本原则是地方政府把其辖属的土地在地图上分成很多地区，根据每一分区的特定土地用途或经允许的混合土地用途制定法规，内容一般包含地块许可的用途、地块规模、建筑密度、建筑容量、建筑高度、建筑退界线和停车要求等，附属的标准可以涵盖建筑设计、标志、采光及更广的区域[15]。

一般情况下，开发商必须严格按照分区法规咨询，若涉及对法规的调整，则需要通过土地使用审议程序审批，但需要较长的时间，不能及时按照市场需求改变，因此为了提高规划用地的灵活性，在区划的发展中也产生了一系列的改良措施，如簇群式区划与规划单元整体开发、特别区区划奖励、开发权利转让等。

单元整体开发为开发商进行合理的空间布局提供了更多的灵活性，在规划单元整体开发区域内，规划者不需要人为划分经过规划设计的地块用途，而开发商可以提供几种符合控制导则的规划方案，为指定地块的整体开发创造条件。在规划单元整体开发中，要求主要道路必须按照原有的规划，次要道路和支路则可与新建筑物一起进行整体规划。重新规划的道路比格子网道路和逐一建筑基地单独开发的方式更能体现与自然景观的结合，建筑物

[15] 范润生 . 传统区划与区划改良——浅谈美国城市开发控制机制的核心内容 [J]. 规划师，2002（02）: 70–72+92.

形态也可比较灵活；奖励区划对于同一个区划主题，不用直接的花费，而是通过区划的变化获得公共利益的方式，实施奖励区划。无论是在特殊地区还是在整个城市范围内，如果开发商同意提供一些公共利益的时候，他就可以获得额外建筑面积或建筑密度的奖励。这种公共利益的主题可能是公共广场、快速交通系统出入口节点，也可能是穿越整个街区的步行道或走廊。开发商可自由选择采用区划奖励方式还是遵守依据法定财产权制订的区划。因此，通过区划奖励鼓励开发商进行交易的目的是为了获得更多的公共利益；开发权利转让主要是 20 世纪 60 年代初基于纽约市历史建筑的保护而提出的。它是指在符合区划法规的基础上，城市范围内的地块拥有者可将其土地尚未开发利用的“权利”转移到一定范围之内的其他土地上。这些开发控制机制的建立是为了更加客观地反映适应市场的较好的土地使用形式。

除此之外，为提高项目管理的灵活性，在规划审批上也提供了途径。如纽约市设置了特殊的许可政策，对因客观情况或历史保护需求而无法满足区划法规的项目，如果需要改变现有分区法规中的建筑功能、体量与停车规范，可以申请特殊许可，由规划委员行使自由裁量权，经统一土地使用审议程序，即可为特定项目办理建设许可。

3.1.3 英国

英国的发展规划文件是审批规划许可申请的主要依据，包含核心战略、规划图和行动规划。英国的设计内容均通过目标政策的方式进行控制，而非具体的指标要求，亦没有管控图则。

设计管控的主要手段是设计评审，这一环节包含在建设项目许可审批的过程中。审查内容包括建筑和环境的协调性及建筑形态设计。当审批过程中遇到规划相关政策文件未涉及的问题时，开发控制主要依靠规划官员的专业知识和技术能力，由此形成英国规划系统自由裁量的特征。

审批的结果一般有三种：许可、有条件许可和不许可。其中有条件许可是指在开发方接受一定附加条件情况下给予的开发许可，这些附加条件往往包括公共空间和设施的开发等公益性开发要求。除了上述的有条件许可之外，规划协定的方式也越来越多的出现在开发审查程序中，所谓规划协定，是指地方政府与土地开发方之间就开发方式、内容的调整等自愿签订的一种具有法律效力的协定。

一般情况下，日常的开发申请由地方政府的规划官员负责审批，如居民房屋拓建或商铺变更用途等，一些重大项目，如新建大型住宅区、大型商业建筑等则需要通过议会集体表决。议会有权从规划官员手中调取他们所处理的有争议的小型规划项目，并在议会的例行会议上讨论并投票表决。特例是中央政府使用“介入权”将地方开发项目上调到中央规划部门审批，该申请的决策权同时上调中央。另外，英国政府通过成立国家层面的专业设计审查机构为开发项目提供建议，有效确保设计品质。其角色是“非法定顾问”，可独立执行设计审查，享有一定程度否决权，但最终决定权在地方规划管理部门。

3.1.4 法国

法国的城市规划体系可以分为地方城市规划与协议开发区规划。其中，地方城市规划通过法定条文的形式，对空间布局、建筑立面和建筑高度等城市设计要素进行管控，确保城市建筑与空间环境的总体协调和有序，协议开发区规划则以城市设计工作为核心，将城市设计方案的主要内容转化为法定管控要素和管控文件，协议开发区规划可以对地方城市规划案提出修改建议，使法定规划的相关条款能够与之契合。

下面以拉法尔市高铁地区开发规划为例[16]，探讨法国区域开发在规划设计中的经验。

3.1.4.1 地区总规划师责任制

在城市建设过程中，涉及的利益主体多，往往存在多方的博弈，不仅包含知识的博弈，还包含权利和资本的博弈。在这些博弈中，如果仅仅依靠规划管理部门是非常有限的，若有一个类型的决策机构——地区总规划师或规划委员会，能提供给政府或者开发商一个桥梁，协助规划管理部门对规划设计进行全过程管控，协助管理部门对各种工程项目提供技术审查等服务，可以有效地保障规划设计意图的实现。

拉法尔市高铁地区开发过程中，每一个公共机构、开发商或私人业主，在购买协议开发区内的土地进行开发建设时，都需要签署一份落实城市设计管控内容的文件，通常情况下，制定协议开发区规划的规划师也是该地区的总规划师，拥有审核建筑方案的签字决定权，建筑师在完成设计方案后，不仅需要得到市政府的建设许可，还需要总规划师认可该设计方案符合规划，才能够进行建设施工。

3.1.4.2 以城市设计为工作平台，实现精细化管理

协议开发区规划不仅仅提供了一份城市设计方案，更关键的是为不同

[16] 顾宗培，王宏杰，贾刘强．法国城市设计法定管控路径及其借鉴 [J]. 规划师，2018，34（07）：33-40.

层级政府、集体、开发商、私人业主、建筑师、景观设计师和周边居民等所有与开发建设相关的人提供了一个可以相互理解和充分协商的可视化平台。规划师的角色也不仅是设计者，还是对上位规划的反馈者对已经建设项目的管控者，更是中间的协调者，在法国与当地规划师的交流中，他们表示近一半的工作都是与各方的协商，从而推进城市设计的落实，实现精细化管理。

3.1.5 小结

区域可持续开发的复杂性使得各国在规划设计、管理以及机制上进行创新，同样上海临港新城在开发建设中也进行了创新性尝试，如专门引进了一家设计机构，从城市规划编制完成之后，一直协助政府做城市设计的管理。从核提风貌设计要求开始，第三方技术服务团队就参与开发商跟管理部门的沟通：在方案编制时，负责与建设单位沟通；到方案评审时，出具评估报告，从第三方的角度去评估该方案是否达到城市设计的初衷；配合必要的模型分析，直观展现现有方案与原来城市设计方案之间的差距或优化，提供给管理部门做决策参考（见图 3-3）。通过这样的方式，城市设计得以真正落实，甚至可能得到优化；在规划编制中将总体规划与现有城镇发展进行了有机的融合，总体上把握住了主要矛盾，创新性地开展了控制要素规划。确保在下位规划未能全部编制完成时新城整体重大基础设施要素的预控，保证了新城初期建设的协调一致。此外，编制中摆脱了传统上的习惯做法。放弃了过去对城市开发最大利益价值的追求，着力突破难点，追求创新，使新城的规划编制工作取得了开拓性进展。2008 年开展的规划实施评估工作对临港规划实施三年以上的控详规划进行了全面评估，形成规划编制、管理、实施部门高效协作机制，确保新城各类规划有序实施建设。采用多研究方法，对临港新城建设成熟度最高的主城区、重装备产业区和物流园区展开规划实施评估工作，进一步提高了规划编制的科学性、系统性和前瞻性，确保临港规划实施有序推进。

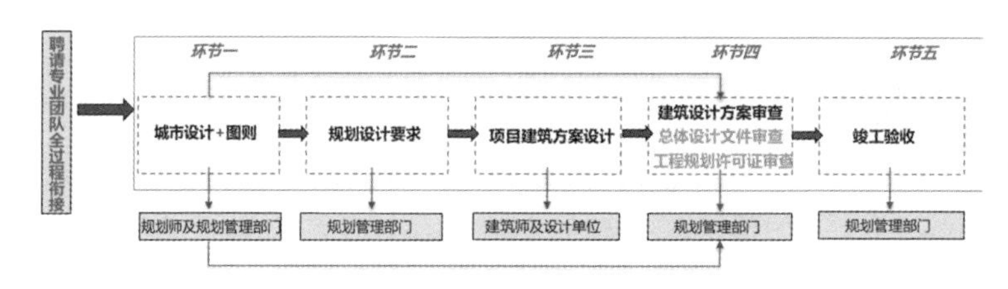

图 3-3 专业团队全过程衔接流程

基于上述的分析，在开发建设上的经验可以总结为以下几点（见图 3-4）：

时序上，渐进式规划结合城市开发建设进程。对控制性详细规划进行渐进式分层编制。作为第一层次，针对整单元形成框架性规划，明确地区发展基本框架，形成不可突破的原则、指标和事项，如交通系统、市政和公共设施、开发强度适用等；作为第二层次，则根据实际开发需求，结合开发主体和土地开发进程，编制更为详细的开发建设导则，确定开发容量、业态配比和空间管控以及其他专项规划的具体指标和规定；以此对开发区域进行有层次的、渐进式的覆盖。

管理上，第三方技术管理平台协调。实现第三方技术管理平台协调和渐进式控规编制，需要对现行土地出让制度进行优化。从城市建设实际需求出发，应设置第三方的技术管理平台，对区域开发建设进行整体把控，对意向开发商建立技术审查机制，增加意向开发主体确定和土地正式出让两个环节之间的时间，使规划交接协调成为可能，在开发主体进行建设方案深化的同时展开局部深化编制，增加地方政府的开发控制力和可实施性，同时降低开发主体的开发成本。

专业上，进行精细化、全专业的管控。在控规基础上对于局部进行深化，形成开发建设导则。由于开发主体的介入和开发计划的明确，使更为精细化的设计管控成为可能。在编制开发建设导则的过程中，应考虑设立相应程序，对接建管，以及引入各类专业联合设计，进行图则的校核、审查、勘误等工作，加强与建设项目的衔接，维护法定图则的权威性。

空间上，强调对于公共空间的设计管理要求。一个区域品质的好坏，一定程度上取决于这个区域公共空间的建设能力和建设水平，以及对于公

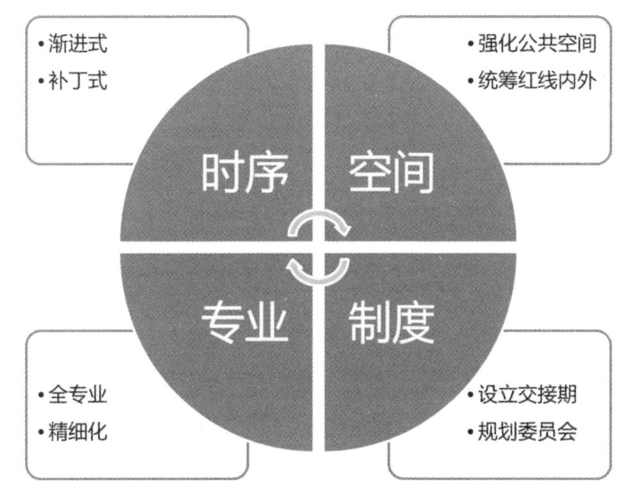

图 3-4　开发建设案例总结

共空间建设运营的管理力度。应加强对于公共空间的管控，通过具体控制导则的要求，既明确公共空间的建设要求，同时对于地块开发建设的周边条件进行梳理，实现红线内外的建设要求统一，实施建设可行性的统一。

3.2 规划设计总控

3.2.1 规划设计总控界定

基于前面国内外的案例研究，本书提出“规划设计总控”的创新理念。

规划设计总控是指打造从前期策划规划、建筑设计工程建设实施阶段以及后续运营维护使用阶段的项目开发全生命周期的技术、协调、管理三位一体设计总控模式，对其进行全过程管控和技术托底。（见图 3-5）

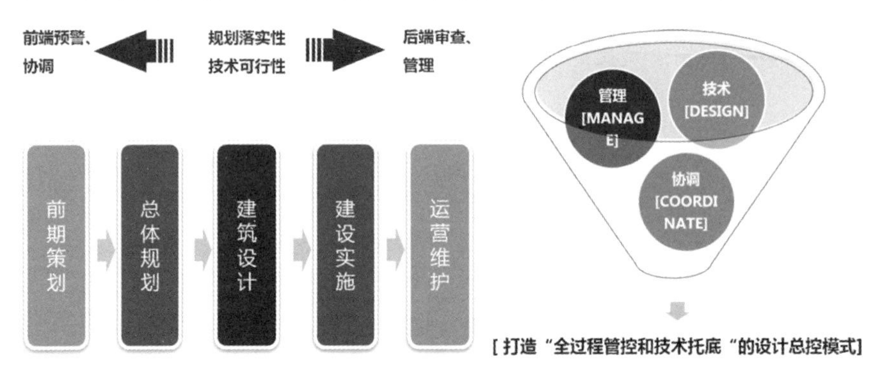

图 3-5　规划设计总控模式示意图

因此，规划设计总控从涉及的内容上应该包括三个维度——

从技术上而言，目前中观层面用以指导建设实施的各类规划，包括控制性详细规划、城市设计、各类专项规划，都欠缺对于后期具体建设实施的考虑，相互冲突矛盾，无法有效指导规划理念及规划目标的落实，造成规划阶段与建设实施阶段的脱节。

规划设计总控应为区域开发的全生命周期提供技术支撑、技术预警。规划设计总控核心工作之一，就是联系两个阶段，从后期建设实施的角度，对前期的策划规划、方案设计等提出管控要求，将落地的目标贯穿区域开发的全过程，实现各类规划的可实施性。（见图 3-6）

从协调上而言，目前的区域开发的建设主体都有一个明确的权责边界，即一级开发商完成土地的七通一平，实现生地变熟地，完成土地出让，至

图 3-6 规划设计总控解读示意

于土地出让之后的所有内容，一级开发商就不再延伸；二级开发商通过土地招拍挂得到土地的使用权，并根据土地出让合同的要求进行开发，其建设实施更多只能局限在自己用地红线范围内，对于周边区域的开发协调、对建设时序的前后统筹都难以触及；政府各职能部门有各自明确的监管范围；设计单位更多只顾及本阶段、本专业的设计。因此，在区域开发建设中，各开发建设主体之间很容易因为过于明晰的工作界面，造成内容、时序上出现隔阂，信息矛盾不对称。

规划设计总控着重强调贯穿于区域开发的全生命周期协调，衔接政府部门、一级开发商与二级开发商、设计单位，从专业技术角度和事务管理角度，对区域开发全过程中的技术内容审查、开发流程把控等进行全方位的协调。同时，通过智慧城市平台的搭建，实现规划设计的智能辅助决策，保证技术协调过程的科学性。（见图 3-7）

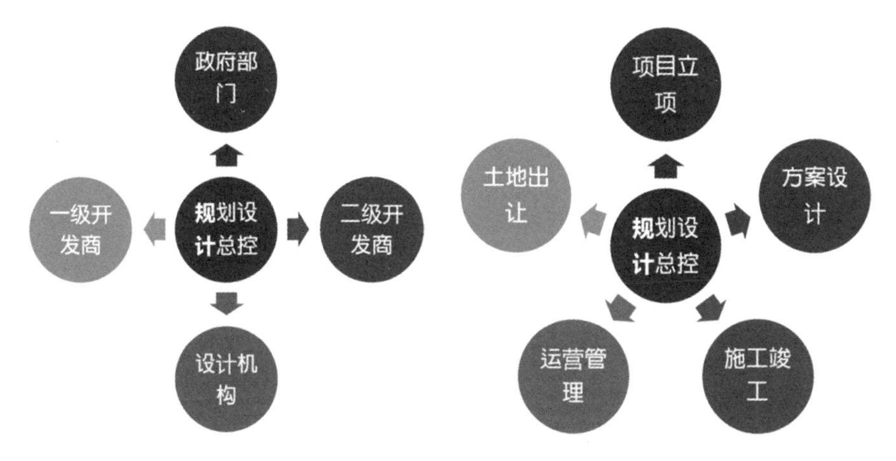

图 3-7 规划设计总控的全生命周期

从管理上而言，目前的规划设计极少考虑后期运维管理，造成了部分规划中提出的控制要求“没人管、没法管”的尴尬，同时考虑到大部分编制的规划设计不具备法律效率和法律地位，因此这些规划设计内容在后期的实施阶段都面临难以操作的困境。而区域开发本身特质又决定了其对于总体工程进度要求、工程品质要求极高，在当下审批改革简化流程的背景下，前期规划设计与后期实施管理之间的协调优化就显得极为重要。

规划设计总控应在规划设计中，明确各规划管控要素在建设实施过程中的审批流程，各阶段的责任主体、监管内容，强调管理前置，城市管理提前介入规划设计，从提高城市后期管控的效率出发，实现区域精细化管理的目标。（见图 3–8）

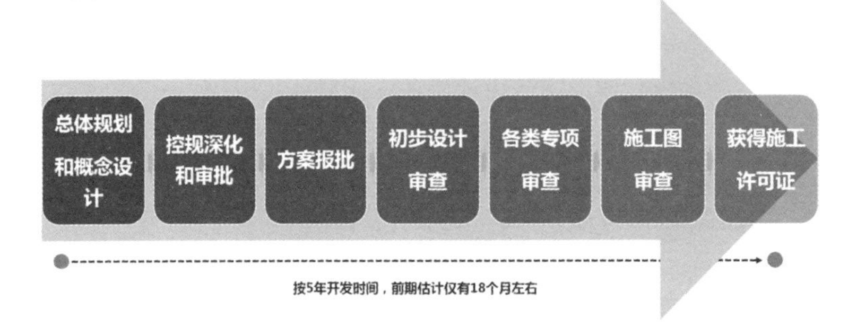

图 3–8　开发周期的要求

3.2.2　规划设计总控目的

规划设计总控的根本目的，是保障各类规划设计的高标准落实，实现区域开发建设的高效能管理。而落实区域开发建设的实施路径又涉及实施纬度、实施系统、实施阶段和实施主体等多方面。因此，现阶段区域开发的特征决定了其需要对传统的规划建设进行创新优化，从建设实施、管理运营角度出发，保证区域开发的落地性，管理的高效性，实现区域开发建设从规划设计向设管结合转变，从空间形态向系统整合转变，从静态蓝图向全程协作转变的三大目标。（见图 3–9）

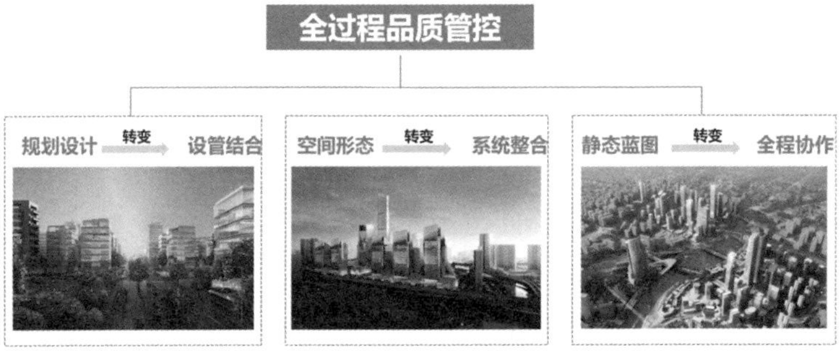

全过程品质管控

规划设计 转变 设管结合

空间形态 转变 系统整合

静态蓝图 转变 全程协作

图 3–9　规划设计总控三大目标

具体地说，规划设计总控的目的包括以下几点：

（1）建立完整的体质机制，实现规划设计向设管结合转变。规划设计总控是一项涉及面广、政策性和技术性强的工作。要提高其科学性和合理性，一方面要求专业结构完整、能力强素质高的第三方技术团队的支撑；另一方面，也需要通过加强规划设计总控的实施管控，指导、监督各类规划编制、建设方案实施工作，建立必要的编制机制和实施机制，切实提高导则的科学合理性、可行性和可操作性。

（2）协调和解决规划编制中的重大矛盾，实现空间形态向系统整合转变。规划设计总控需对各类规划设计进行统筹安排和调整，其中不仅仅涉及用地及空间形态，势必会更多牵扯各方权益的调整和制约，是一项系统性的工作，需要极强的技术支撑、创新的管理手段。编制专项规划应广泛听取各方面的意见，对于不同意见，宜通过协商解决。

（3）保障各类规划技术指标体系落地和具体建设项目实施，实现静态蓝图向全程协作转变。保障各类规划及开发建设导则中整合的各类控制要求及控制的要素，以及国家上海相关政策、法律、法规和方针的贯彻执行。为保障规划及导则编制和实施，必须在其编制过程中，动态更新及整合各类专项规划，增补修正最新的政策、法规、设计理念，加强实施方案的实时论证，通过强化管理以期实现。

3.2.3 规划设计总控任务

规划设计总控承担了衔接规划设计与实施管理的重要一环。在纵向的时间轴上，规划设计总控起到了对于规划设计落地前的技术预警、技术托底，以及建设时对于规划设计要求合规性的技术审查。在横向上，规划设计总控从建设实施、区域管理的角度对规划设计进行增补整合，建立管控兼职，实现规划设计的落实。（见图 3-10）

规划设计总控对保障区域开发统筹协调发展起到至关重要的作用。本书所说的“规划设计总控”任务具体包含以下三点：“一张图”规划整合、智慧技术平台搭建、精细化建设管理。

（1）明确规划编制的方法、途径、流程、成果形式。主要任务包括按照规定程序编制和落实各类规划，参考有关城市规划管理的法律、法规、规章和具体规定等，对城区开发建设中的各项规划落实，进行统一控制，建立规划编制、整合的模式，结合管理运行机制，改进工作方法等，实现实施层面的多规合一。

（2）明确规划实施的全流程智慧平台、技术平台。主要任务包括规划实施过程中的事务管理、技术支撑和智慧运维。从事务管理上，组织编制规划方案，衔接相关部门，组织专家论证，并根据开发周期及实施进度，确定编制机制及编制内容等。从技术支撑上，实现建设实施过程中的及时预警以及工程技术的论证托底，同时对后期方案设计进行技术审查以及技术协调。从智慧运维上，协助搭建智慧运营管理平台，明确技术要求，实现规划要求核提、规划建筑审查、设计方案比选、智能实施监测等。

（3）明确规划管理的职责、机制。主要任务包括机制支撑。将规划设计总控中的各管控要素向控规反馈并纳入土地出让指标管理，并建立编制、实施、管理机制，明确具体建设项目规划审查管理、各指标的职责监管主体等。针对已纳入控制性详细规划的内容，按照控规审批流程报批实施；如控制性详细规划未纳入的内容，建立相应的管理机制，可将重点指标纳入土地出让条件和规划设计要点指导实施。

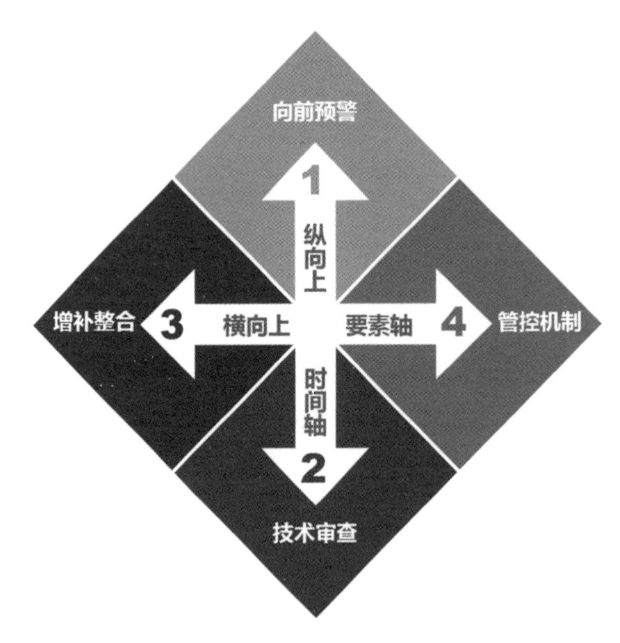

图 3-10 规划设计总控作用

3.3 规划设计总控的“七大原则”

3.3.1 应对的核心问题

3.3.1.1 宏观与微观

区域开发建设包括两个层面，一个是对区域宏观或中观层次上总量指标或目标的控制，另一层面则是对具体地块、具体项目的建设要求进行微观层次上的管理，即从总体目标到分解落实之间的关系。微观管理的环境是复杂多变的，要处理好宏观管理和微观管理之间的关系需要注意做好以下工作：第一是由点到面，从重点到一般，在编制开发建设导则时，要特别注重区域宏观层面上总体发展目标的落实；第二是要注意各规划之间的相互衔接协调。规划之间的衔接协调是保障规划科学性、有效性的必要环节，包括各个专项子系统之间的相互衔接协调，充分结合各规划制定的空间和时间要求，统筹考虑，做到有机嵌合，相互照应，相得益彰。

3.3.1.2 近期与远期

区域开发建设是一个“动态”、“连续”、“弹性”、“滚动”的过程，通过“规划实施→反馈→修订→实施……”的路径螺旋上升发展，即需要明确近期建设与规划的远期目标之间的关系。既要着眼长远，又要立足当前。所谓着眼长远，就是按照总体规划和控制性详细规划要求，从大的方面抓好规划范围、方向、内容和深度，确保上位规划的逐步落实；立足当前，就是按照自然客观规律，结合具体城市区域的现实发展水平、技术条件等，以及基地周边建设实施现状，筛选适时适地的技术指标，灵活处理实施过程中出现的各种矛盾，安排好每一项具体工程。处理好这对关系，一是要注意不断变化的外部因素，准确把握好区域发展动向，二是确定近期规划方案时，要广泛听取各方面的意见，争取规划管理和实施得到各方面的理解和支持。

3.3.1.3 刚性与弹性

区域开发建设是一个长期渐进的历史进程，也是一个在工作实践中不断发现问题、解决问题的过程，即实现控制要素、指标体系的刚性管控与弹性引导的辨证统一。所谓刚性即强调专项规划的控制作用，对区域开发建设起到至关重要作用的要素，必须强制执行。但在规划设计实施过程中，随着现实条件的变化，原有技术方案有可能与建设进程不相适应，因此定期评估、适时修订应属于规划体系中不可或缺的组成部分。这就要求以规划设计为指导的地块控制指标必须拥有一定的动态弹性。

3.3.1.4 建设者与管理者

规划设计总控涉及开发建设过程的各个方面，牵涉的主体及利益关系也相对复杂，需要协调处理相关关系，即明确建设者、使用者、一二级开发商、政府部门的利益关系、职责要求。

确定一级开发商在公共部分的建设建议，引导一级开发商公共部分如何高效建设，规划意图如何完整实现。

规定二级开发商在地块内部的建设要求，深化全生命周期的管控规划条件要求，及地块周边基础条件。

明确管理部门规划控制管理职责，确定各部分管理监督的职责权限及运维管控的机制方式。

3.3.1.5 红线内与红线外

区域开发建设既涉及地块内的开发建设，同时更注重与地块外公共空间的开发。开发建设导则需要在比传统规划管控更多地管控地块内建设要求基础上，明确红线外的建设控制要求，即实现开发建设的红线内外统筹。对于红线外，应明确其规划设计要点，确定其规划控制要求，以“一张图”的理念，对其进行统一的建设引导。同时开发建设导则更应着重统筹红线内外之间的临界界面，统筹规划、统筹协调、统筹建设、统筹管理，建立相应的编制实施机制，保证规划设计意图的落实。

3.3.2 原则一：多专项整合

规划设计总控需要建立多维度、多层次和多学科协同的规划模型，形成一个包括多个方面协同集成的复合系统，研究区域开发建设中建筑、景观、道路、市政、自然资源等各系统相互协同发展的机制，实现从宏观到微观的全面把控，将各规划理念统筹整合融入到城市规划建设中所涉及的产业、规划、建筑、交通、水资源、景观、市政等各项子领域，避免专业壁垒造成的规划矛盾。（见图 3-11）

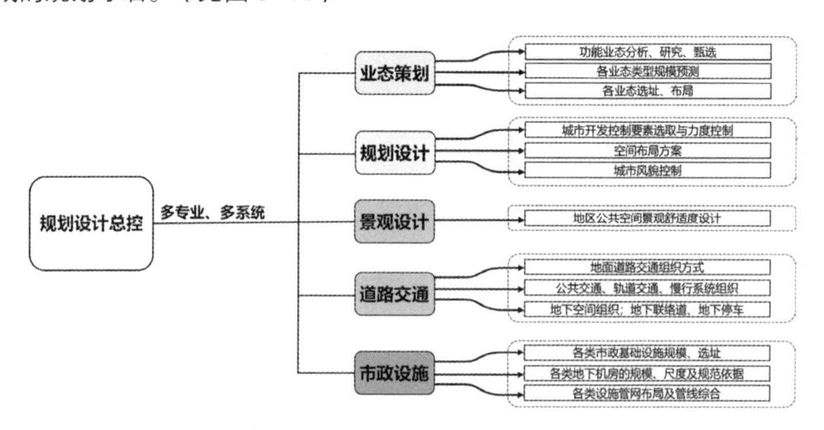

图 3-11 多专项整合原则

3.3.3 原则二：多利益协调

规划设计总控需要由政府、开发商、研究机构、市民的全程参与，在整个过程中，多方利益主体对规划设计方案均具有纵向反馈效应，影响方案最终成果。

政府是引导与监管区域规划与建设的主体机构，包括制定激励政策、措施体系和管理机制。同时，政府与开发商又是区域开发的主要建设机构，包括市政基础设施建设、运营与维护等。在整个过程中应积极构建公众参与渠道，及时反馈公众相关意见与感受，对区域开发规划建设全过程进行理性的评估与不断地修正调整，为该区域的后续开发建设和推广积累宝贵的经验与数据。（见图 3-12）

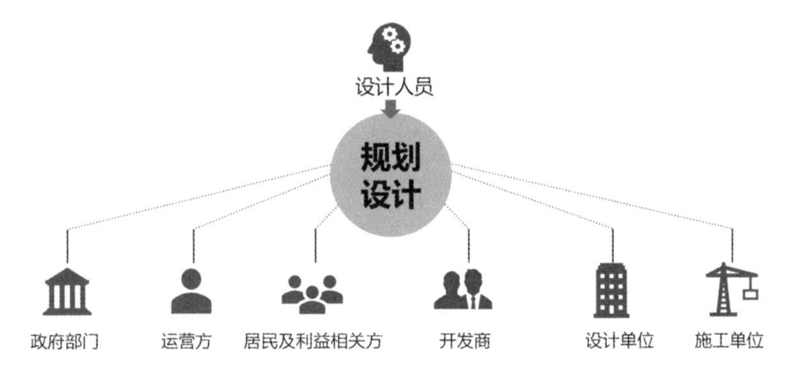

图 3-12 多利益协调原则

3.3.4 原则三：多维度统筹

规划设计总控需要不仅涉及地块红线内的出让要求，对于红线外公共空间以及地上地下的统筹管控提出了更高的管控要求。传统的规划设计、规划管控更多地重视用地红线内的土地出让，而对公共空间建设品质的管控相对较弱的弊端，缺乏必要的引导，规划设计总控应坚持多维度统筹，实现红线内外的统一，地上地下的统一。（见图 3-13）

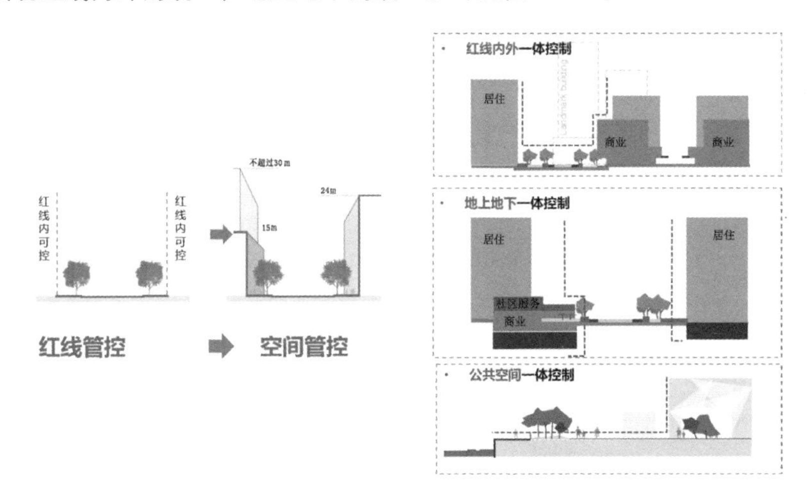

图 3-13 多维度统筹原则

3.3.5 原则四：全过程参与

规划设计总控需要以项目的“规划 – 建设 – 运维”流程为主线，有利于规划设计的全过程全系统实施。加强土地出让环节对相关规划指标的控制。从规划管理的法定依据，即从控制性详细规划切入，结合后期的管理流程，对开发建设的全流程形成总体把控，将管控要素纳入规划条件、规划设计、工程设计、施工图审查、工程监理、质量监督和工程验收的监管体系，切实做到指标相关内容同步设计、同步施工、同步验收。（见图 3–14）

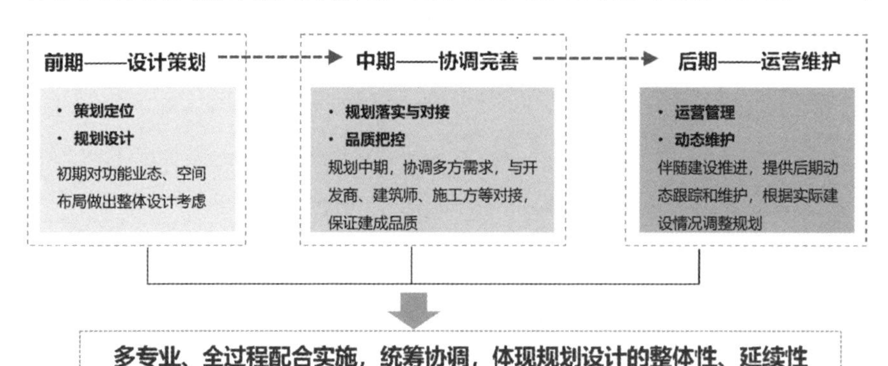

图 3–14 全过程参与原则

3.3.6 原则五：动态化调整

我国目前大部分规划设计案例还比较偏重“设计”，编制的成果往往是需要进行整体开发才可能得以实现终极形态蓝图。大范围的区域开发项目在短期内无法实现，规划设计总控希望根据实际土地出让情况和项目建设情况，及时应对现状建设情况的改变，调整修正各规划内容，具有针对性地提出补充的管控要求，由蓝图式向全过程动态化调整转变，建立动态调整的体制机制，提高规划设计的弹性，有助于增强规划设计的落地实施性，降低建设实施的经济成本、时间成本。（见图 3–15）

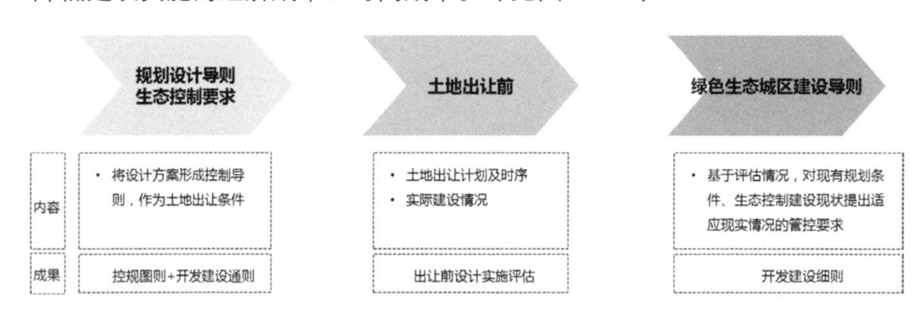

图 3–15 动态化调整原则

3.3.7 原则六：综合化咨询

由于区域开发建设强调了全系统、全主体、全纬度、全过程等特征，建设落实难度大，工程托底的要求极高。规划设计总控应通过第三方专业公司的“设计管理平台”服务，以项目群管理理论为基础，针对区域开发下的土地出让、规划建设、开发时序、统筹协调等核心问题，整合规划、建筑、市政等多方设计资源，协助业主厘清思路、制订计划、有序招标、统一设计、分期建设，提供全天候（现场和后台结合）、全设计生命周期（战略研究、发展策划、规划设计、建筑设计、景观方案、施工控制一体化）、全方位（技术支撑和事务性工作结合）的技术定制服务。（见图 3–16）

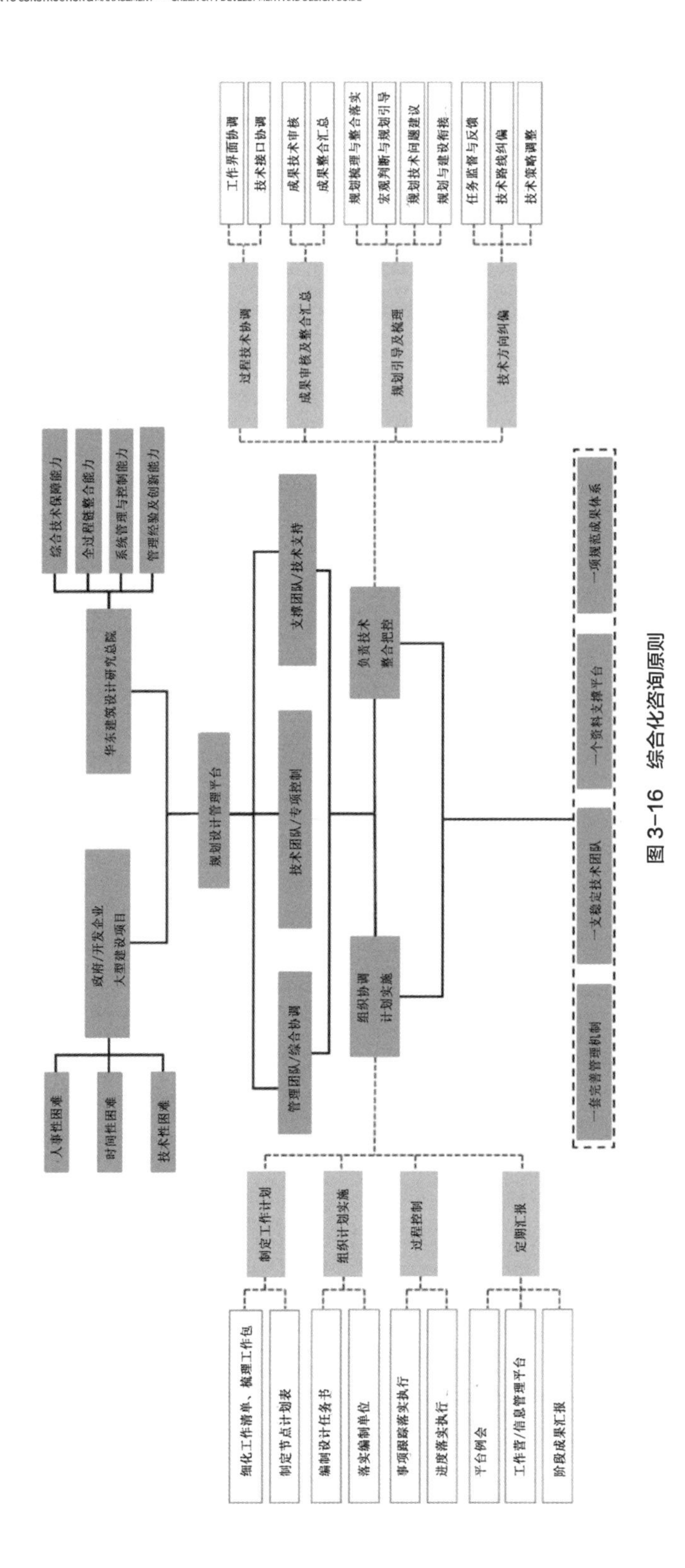

图 3-16 综合化咨询原则

3.3.8 原则七：多部门协作

规划设计总控需要明确各部门的职责及管理权限要求，保证各管控要素有规划要求，更有监管落实。由于区域开发建设涉及专业多，造成涉及的职能部门数量也多，除了传统意义上的规划建设指标管控所涉及的规土局、建管委等之外，涉及了多项创新的管理指标，其对应的管控部门、各建设阶段需要管控的内容，需要在规划设计阶段进行明确，实现城市管理的前置。（见图 3–17）

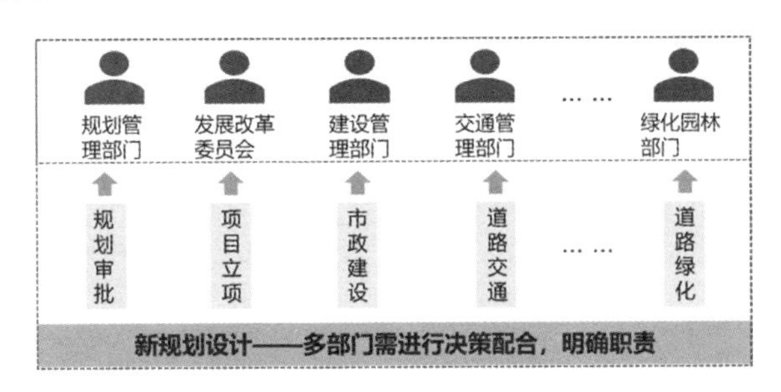

图 3–17 多部门协作原则

3.4 规划设计总控模式实施架构

如前面章节所述，作为本书创新提出的区域开发的核心手段——规划设计总控，通过对“技术 – 协调 – 管理”三个维度的统筹，最终实现区域开发中规划设计的落地性、城市管控的精细化。

因此，基于我国现行的设计体系及管控机制，在明确规划设计总控需要管控的内容、目标和原则的前提下，本书进一步提出“五步走”的规划设计总控模式，通过分步走的形式，确定各阶段实施途径，分解规划设计总控的各项内容。

3.4.1 规划设计总控模式

通过多个项目规划实践的经验总结，本书将规划设计总控模式分为五大步骤，即管控简化及设计协调、专项增补及规划整合、开发控制及建设落实、技术平台及智慧营运、管控流程及机制建立。

其中前三步管控简化及设计协调、专项增补及规划整合、开发控制及建设落实从建设实施角度，对各规划设计提出管控要求，整合方法、成果形式；后两步技术平台及智慧营运、管控流程及机制建立分别从管理方式和体制机制角度，支撑各规划设计的建设实施，创新精细化管理的方式方法。（见图3–18）

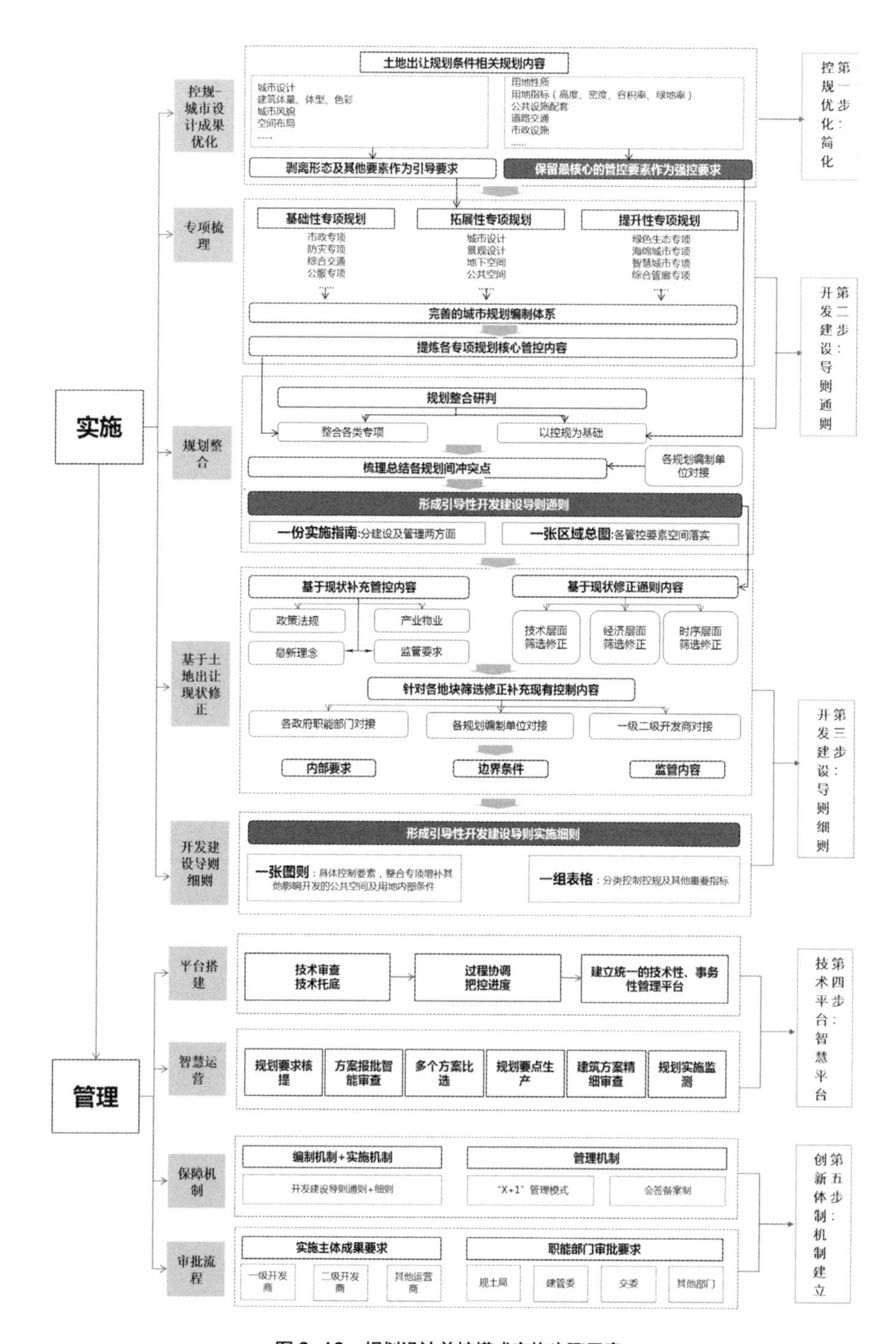

图 3-18 规划设计总控模式实施步骤示意

3.4.2 管控简化及设计协调——现状优化

管控简化：分析梳理现行土地出让中规划条件的组成；对现行的控规内容进行简化，保留最基本、最核心、最体现公共利益的管控要素作为规划设计总控下的控规成果；剥离其他管控内容，包括空间形态、城市设计相关要求等，作为引导性的管控要素，与其他专项一并整合入开发建设导则通则，最后通过开发建设导则实施细则，具体确定各要素的管控力度。

设计协调：城市设计不再仅仅关注空间形态，为实现规划设计的需要，总控下的城市设计的核心任务应是在区域开发前期对各利益方进行设计协调，优化调整相应的政策及顶层设计，保证设计的可行性。

3.4.3 专项梳理及规划整合——空间层面

专项梳理：基于区域开发建设的理念和最终目标，协助业主梳理并编制为落实规划建设目标需要增补的专项类型；结合其他专项规划、城市设计等，提炼规划控制的核心内容，建立完善的区域开发建设的支撑体系。

规划整合：以优化后的控规为基础，梳理各项规划的问题和矛盾，在各项规划编制单位反馈意见的基础上，筛选并整合所有专项规划核心控制内容，建立开发建设导则通则，形成“一份实施指南＋一张区域总图”的成果形式，作为基础性的管控要素内容。

3.4.4 开发控制及建设落实——时间层面

控制内容的修正：基于土地出让计划，对周边建设实施现状进行评估，从技术层面、经济层面、时序层面对用地内部和公共空间的控制内容进行合理性的修正；

管控内容的补充：基于土地出让计划，结合当时的相关政策法规、产业物业等最新要求，对地块控制指标体系进行必要性的补充；

开发建设导则实施细则：基于土地出让计划，实现待开发地块的一张图管控，以“通则＋实施细则”的方式，编制开发建设导则实施细则成果，包含一张图则及一组表格，作为规划管理的直接依据。

3.4.5 管控流程及机制建立——体制机制

编制机制：制定开发建设导则的编制机制，根据现行制度的基础条件，分别明确开发建设导则通则和细则的具体编制方法、编制内容、编制时间、成果认定手段等；

实施机制：制定开发建设导则的实施机制，确定通则 / 细则的具体操作流程，法定化途径，对于开发建设精细化管控的方法；

管理机制：落实规划设计总控的具体管理部门，明确其职责和权限，同时落实指标体系每一个总控要素的责任监管主体，确定其各实施阶段的管控内容和管控要求。

3.4.6 技术平台及智慧营运——技术手段

技术平台：由第三方专业机构介入，形成技术管理平台，从区域开发建设的事务性管理，到建设实施的技术审查、技术托底、技术协调，实现全过程管理监控；

智慧运营：以基础地理信息、规划审批信息和用地现状信息为基础，以控制性详细规划为核心，系统整合各层次、各项专项规划成果，建设具备动态更新机制的信息共享管理平台，实现信息查询、空间与数据指标的对应、实时纠错等各项功能。

3.5 规划设计总控适用类型

规划设计总控根据区域开发建设管控的主体不同，其委托主体可以分为一级开发商、政府部门、一级开发商 + 政府部门等三大类，不同的委托主体，由于其职责权限的制约，进行规划设计总控的内容也不尽相同。

根据区域开发类型的不同，规划设计总控可以分为新区开发及整片区转型、旧城更新及风貌提升、小城镇建设及乡村振兴等三种不同开发类型，三种不同类型的开发建设，由于其基础条件、现状条件、建设目的不同，各有侧重，应通过对各类区域开发的不同管控要求，实现管控的精细化，以此提升区域空间建设品质。

3.5.1 委托主体——一级开发商

由一级开发商作为规划设计总控的委托主体。一级开发商一般是由政府或其授权委托，其主要职责在于对一定区域土地进行统一的征地、拆迁、安置、补偿，并进行适当的市政配套设施建设，使该区域范围内的土地达到“三通一平”、“五通一平”或“七通一平”的建设条件（熟地），再对熟地进行有偿出让或转让的过程。但一级开发商由于不是政府管理部门，一般不具备规划、建设管控的权限，因此其规划设计总控的内容主要集中在建设实施的把控以及对于公共空间规划设计的引导。

以湖南长沙高铁西城规划设计总控项目为例，其他委托主体为长沙先导投资控股集团有限公司，其主要工作内容包括：

A、作为主要协调主体，协调红线内外，对接二级开发商、设计单位、职能部门，打破两层皮的传统开发模式，实现统筹设计。包括定期组织协调对接会，协调各开发主体（中国铁路总公司、二级开发商）、各管理主体（三个行政辖区的职能部门、湘江新区管委会）、各设计单位（华东院、市政院、铁四院、欧博迈亚、长勘院等），建立工作台账及对接协调的流程机制，并不定期的开展集中式的工作营，实现高效协作。

B、针对开发建设过程中预见的各类设计、工程问题，开展专项研究，并对各专项规划进行整合，规避冲突矛盾，实现空间层面的“一张图”。针对长沙高铁西城的开发中特殊性，如生态地形的基础特征，提出了竖向、土方、水系、管综等专项研究；如高铁交通枢纽节点，提出了站前区域、站房设计、道路交通等专项研究；如商务办公核心区域，提出了产业业态、公共空间、慢行系统等专项研究。总控单位参与完成部分专项规划、整体把控其余专项成果内容，并完成对各专项规划整合及空间落实。

C、在“一张图”的基础上，编制开发建设导则（主要以公共空间开发建设作为管控内容），对相关管控要素的具体落实进行技术托底。长沙高铁西城项目编制了公共空间的开发建设导则，主要针对道路、交通、竖向、市政、红线临街界面、公共广场、公共绿地、水系等进行了统一的管控要求。同时，针对建设实施过程中的工程问题，如联合开发地块中，地下空间实现大基坑的统一建设，其道路下市政管线的布局及走向如何布置等问题，进行了特别研究，对规划理念进行了技术可实施性验证。

D、搭建技术管理平台，并通过智能化的技术手段，实现智慧运营。长沙高铁西城项目建市伊始，长沙先导投资控股集团有限公司就通过招投标的形式，搭建了基于总控单位为主体的技术管理平台，通过技术性和事务性两方面入手，对区域开发项目的全过程实现整体把控，既保证技术落实的完整性，同时还保证项目推进的有序性。

3.5.2 委托主体——政府部门 / 一级开发商 + 政府部门

由政府部门或者一级开发商 + 政府部门作为规划设计总控的委托主体。其中，政府部门作为区域规划建设管控的主体，包括了区域的管理委员会、发改委、规资局、建委、交委、绿容局、交警、经信委、投资办、商务委、教育局等。该类规划设计总控一般由区域的管委会或者规土局牵头，或者由政府部门联合该片区的一级开发商共同委托对区域的开发建设进行整体把控。政府部门 + 一级开发商的委托主体，无论在规划管控还是在规划落实上，亦或是体制机制上，都能对规划落地的实施性和完整性有一定的保证。

以桃浦智创城规划设计总控项目为例，该项目由桃浦地区转型发展领导小组办公室联合桃浦智创城开发建设有限公司共同委托，其规划设计总控的主要内容包括：

A、作为主要协调主体，组织总控单位，针对各地块开发建设项目中的各个管控要素，开发专项协调会，其中包括与各专项规划编制单位、意向二级开发商以及区各职能部门、委办局，针对项目矛盾点冲突点逐一梳理，并就控制要素征询各职能部门的意见。

B、在梳理 27 个专项规划、现状建设条件、现有政策法规等基础上，结合多次协调会议精神，对各专项中存在的冲突点、开发建设中的关键控制要素进行逐一梳理，统筹红线内外，统筹地上地下，形成“区域大总图”。

C、明确地块内深化细化管控的要求以及地块外建设具体实施的引导，最终形成项目“1+1”的成果模式，即开发建设“通则 + 实施细则”成果内容。其中《通则》从地块内部建设、公共部分建设、全流程管理三方面指导桃浦智创城地区的整体开发；《实施细则》则是对各地块提出具体的全生命周期建设要求，由指标及图则组成。

D、明确规划设计总控的具体流程，健全相关体制，确定规划设计总控及开发建设导则的编制机制和实施机制，结合桃浦地区年度土地出让计划，对土地出让前现状建设条件进行评估，确定规划实施的基础条件。按土地出让时序，对相关管控要素再修正补充，并取得各政府职能部门征询回复意见后，通过开发建设导则形式，纳入土地出让合同。

E、成立以区委常委、副区长为组长，桃浦转型办、区建管委、区规土局、市绿建协会以及华东总院等组成的“桃浦智创城开发建设导则项目推进领导小组”，负责统筹规划设计总控，协调开发建设，推进项目落实。各管控要素与桃浦智慧城市综合管理云平台相结合，实现全周期智慧平台搭建，辅助相关规划的要求核提、方案报批的智能审查、多个方案的智能比选、规划要点的智能生成、建设方案的精细审查、规划实施的智能监测。

不同委托主体总控工作重点　　表 3-1

	管控简化及设计协调		专项增补及规划整合		开发控制及建设落实		管控流程及机制建立		技术平台及智慧营运	
一级开发商		√	√	√		√			√	
政府部门 / 政府部门 + 一级开发商	√	√	√	√	√	√	√	√	√	√

3.5.3 适用区域——新区开发及整片区转型

新区开发及整片区转型区域的开发建设，一般包括了土地的统一征收、拆迁、安置、补偿，通过生地变熟地后，进行有偿出让或转让。因此该类型的开发设计适用于规划设计总控模式的五大步骤。

以上海三林滨江南片地区西片区规划设计总控项目为例，其最初的菜单式服务列表包括了以下五部分内容：

A、规划验证及控规优化建议。考虑到小街区密路网的规划特征，对于建筑布局存在很大的挑战，尤其是对于居住用地；同时居住用地采用围合式的布局形式，对于居住用地的设计排布造成极大的困难，甚至可能产生在满足规划条件的情况下，无法布局的情况。因此，结合目前已经编制完成的城市设计，正在编制的控制性详细规划及其附加图则、风貌研究报告等其他专项规划进行需建筑验证及优化建议。

B、专项增补整合及技术协调。对西片区三林湾小镇前期研究成果进行分析研究、补充及整理，重点关注建筑风貌研究、街道风貌研究、小镇整体品牌策划及公共视觉艺术研究、未来生活方式探讨、三林湾小镇街道生活研究等，同时从工程建设实施考虑增加竖向土方研究、道路交通研究。专项研究过程中，根据建设现状，协助甲方组织对接各开发商、设计单位，整合各类设计诉求，协调矛盾与冲突保证各类规划设计的完整落实，需要对各个规划进行整合规划，协调各专项规划之间的专业壁垒，确定控制要求。

C、针对红线内外，在整合规划的基础上，以土地出让、规划管理、建设实施为目的，结合市政道路、产业物业、政策法规、社科人文、绿色低碳等控制内容，分地块内及公共空间，编制开发建设导则，规范转让地块的建设，指导公共区域、一级土地开发，为相关管控要素落实提供技术支撑。

D、对红线内的建设品质进行控制审查，对红线外的规划设计及技术落实进行管控。其中，鉴于地块内部弹性控制要素落实的灵活性以及公共空间外部建设条件的复杂性，后期的建筑方案的设计审查极为重要，是落实规划理念及规划目标的重要一环。而对于公共部分，其内容涉及专业专项众多，在设计阶段需进行有效的技术管控，从而减少实施过程中因专项要素间的空间关系矛盾而增加建设周期。

E、智慧平台及智慧模型搭建。建立“一张图”的规划管理——整合相关规划，实现一张图纸的实时更新，动态维护，同时对公共空间、公共设施，动态模拟及对竖向、市政关系的碰撞分析。对于后期管理运维，建立智慧运营管理及数据实时查询，通过三维立体动画效果实时展示并为后期智慧城市运维模块接入的平台架构。

3.5.4 适用区域——旧城更新及风貌提升

旧城更新及风貌提升属于对已经出让用地进行优化改造，因此规划设计总控重点在于公共空间的整合塑造，其主要内容包括设计协调、专项规划整合以及技术平台的搭建——在现状建设情况下加入涉及城市风貌的建设实施专项要求；通过导则及技术托底等手段整体把控方案的实施性和完整性；搭建各专业集合的技术平台，加强公众参与，从技术实施、政策解读、效果展示、利益协调等方面进行统筹。

以南京鼓楼片区规划设计总控项目为例，其主要包括了以下三部分内容：

A、增补专项研究。包括了道路及市政管线改造、沿街立面更新设计等。结合整体更新改造设计规划方案及规划更新控制要求，提取其中重要段落，进行整体节点设计，确定道路的断面设计调整、景观设计调整、周边活动业态调整；同时对沿街立面的立面风格、色彩、材料、广告店招形式、空调机位及形式等进行协调，统筹沿街建筑风貌；完善市政管网配套设施、竖向节点设计等。

B、整合专项研究，提出整体更新改造设计落实途径与规划更新控制要求。结合总体定位、更新策略及整体更新改造设计，确定各分区控制要求，形成整体控制导则编制。对于核心区域及重点区域，提供该区域改造方案，包含建筑、结构、设备等专业方案技术图纸及说明。

C、该类项目目前多采用 EPC 工程总承包模式，其中需建立以规划设计总控为基础的技术平台，协调整合政府、施工方以及地块业主之间利益关系，通过公众参与，实现各方权益的最大化。

3.5.5 适用区域——小城镇建设及乡村振兴

在小城镇建设及乡村振兴中，由于建设规模相对较小，复杂程度相对较低，更多涉及土地政策、建设实施及利益协调，因此该类型的规划设计总控的重点在于对开发建设具体项目的落实保障及管控引导，同时需在开发建设的全过程，搭建总控技术协调平台，从技术落地到利益协调，从政策解读到实施效果，全面把控、多方沟通，取得各方支持。

分类型规划设计总控工作重点 **表 3-2**

		管控简化及设计协调	专项增补及规划整合	开发控制及建设落实	管控流程及机制建立	技术平台及智慧营运
土地未出让区域	新区开发及整片区转型	√	√	√	√	√
	小城镇建设及乡村振兴			√		√
土地已出让区域	旧城更新及风貌提升		√	√		√

3.6 小结

本章节旨在明确以“规划落实与精细管理为导向”的区域开发建设工作主线，提出将“规划设计总体控制”这一手段作为解决当下区域开发建设现实困境的手段，提出规划设计总控的“七大原则”，并从“技术－协调－管理”三个维度，提出了具体实施过程中的五大具体操作步骤，以期实现各类规划设计的高标准落实，区域开发建设的高效能管理。

4

管控简化及设计协调

4 管控简化及设计协调

4.1 土地出让规划条件与相关规划的关系

为适应改革开放的新形势，同时也是作为市场经济体制改革的主要内容之一，国务院于 1990 年 5 月 19 日发布了《中华人民共和国城镇国有土地使用权出让和转让暂行条例》，首次从国家层面提出要在国有土地出让中制定相应的规划条件，随后陆续出台多项法规文件对规划条件的内容进行了规定，2008 年 1 月 1 日起施行的《中华人民共和国城乡规划法》明确规定将确定规划条件作为实施城乡规划和管控开发建设活动的主要内容和程序，进一步明晰了用地规划条件在城乡规划建设活动中的地位和作用 [1]。

规划条件作为依法进行开发建设的核心依据，主要表现在三个阶段：

一是土地出让阶段，《中华人民共和国城乡规划法》（以下简称《城乡规划法》）第三十八条规定“在城市、镇规划区内以出让方式提供国有土地使用权的，在国有土地使用权出让前，城市、县人民政府城乡规划主管部门应当依据控制性详细规划，提出出让地块的位置、使用性质、开发强度等规划条件，作为国有土地使用权出让合同的组成部分。未确定规划条件的地块，不得出让国有土地使用权”，第三十九条指出“规划条件未纳入国有土地使用权出让合同的，该国有土地使用权出让合同无效”，表明规划条件是政府出让国有土地使用权的法定约定条件；

二是在建设用地规划许可证和建设工程规划许可证核发阶段，《城乡规划法》第三十八条规定“城市、县人民政府城乡规划主管部门不得在建设用地规划许可证中，擅自改变作为国有土地使用权出让合同组成部分的规划条件”，第四十条规定“对符合控制性详细规划和规划条件的，由城市、县人民政府城乡规划主管部门或者省、自治区、直辖市人民政府确定的镇人民政府核发建设工程规划许可证”，表明规划条件是实施城乡规划许可的基本要求；

三是在竣工验收阶段，《城乡规划法》第四十五条规定“县级以上地方人民政府城乡规划主管部门按照国务院规定对建设工程是否符合规划条

---

[1] 扈万泰，王剑锋，易德琴 . 提高城市用地规划条件管控科学性探索 [J]. 城市规划，2014，38（04）: 40–45.

件予以核实。未经核实或者经核实不符合规划条件的，建设单位不得组织竣工验收”，表明规划条件是建设单位在开发建设过程中必须遵循的基本准则。

由此可见，规划条件是由城乡规划行政主管部门依据城乡规划确定并纳入土地出让合同，用以规范和限制国有土地开发利用，限定建设单位在进行土地使用和建设活动时必须遵循的基本准则；是规划管理部门直接导控建设用地和建设工程设计的法定规划依据，是规划编制单位和设计单位进行规划方案设计和城乡主管部门对修建性详细规划方案进行审批的依据和应当遵守的准则，其管控引导内容贯穿于项目建设的全过程。

相关法规政策中对规划条件内容的规定[2] **表 4-1**

序号	名称	时间	涉及的规划条件内容
1	城市国有土地使用权转让规划管理办法	1992	地块面积、土地使用性质、容积率、建筑密度、建筑高度、停车泊位、主要出入口、绿地比例、须配置的公共设施、工程设施、建筑界线、开发期限以及其他要求
2	建设部关于加强国有土地使用权出让规划管理办法	2002	地块的面积、土地使用性质、容积率、建筑密度、建筑高度、停车泊位、主要出入口、绿地比例、必须配置的公共设施和市政基础设施、建筑界线、开发期限等要求
3	关于做好稳定住房价格工作的意见	2005	建筑高度、容积率、绿地
4	中华人民共和国城乡规划法	2008	地块的位置、使用性质、开发强度等
5	关于加强建设用地容积率管理和监督检查的通知	2008	容积率，规划条件变更程序
6	关于对房地产开发中违规变更规划、调整容积率问题开展专项治理的通知	2009	用地性质、容积率
7	关于住房和城乡建设部监察部成立房地产开发领域违规变更规划调整容积率问题专项治理的通知	2009	违规变更规划、调整容积率
8	关于深入推进房地产开发领域违规变更规划调整容积率问题专项治理的通知	2009	用地性质、容积率

[2] 张舰．土地使用权出让规划管理中“规划条件”问题研究 [J]. 城市规划，2012，36（03）: 65-70.

根据我国现行法律法规及相关规范，规划条件可以分为以下几类：

（1）以控规为基础的法定约束性内容

为强化城市规划的调控力度，国家法规越来越趋向于强化控规与土地出让条件的直接关联，根据《关于贯彻 < 国务院关于深化改革严格土地管理的决定 > 的通知》（建规 [2004]185 号），明确指出“招标、拍卖或挂牌出让国有土地使用权时，应当具备依据控制性详细规划确定的规划设计条件，并作为出让合同的组成部分”；同时《城乡规划法》赋予了控规在城市开发和建设工程管理方面的法律地位，从而使得控规成为我国城市开发控制体系的核心和重要管理依据，《城乡规划法》中明确指出“在国有土地使用权出让前，城市、县人民政府城乡规划主管部门应当依据控制性详细规划，提出出让地块的位置、使用性质、开发强度等规划条件，作为国有土地使用权出让合同的组成部分”；在《城市国有土地使用权出让转让规划管理办法》中明确规定“规划设计条件应当包括地块面积、土地使用性质、容积率、建筑密度、建筑高度、停车泊位、主要出入口、绿地比例、须配置的公共设施和工程设施、建筑界线、开发期限及其他要求”，而这些要求都是包含在控规管控体系之中的。

目前来看，土地出让阶段的规划设计条件与控规指标是严格意义上的一一对应式的“硬捆绑”[3]，土地出让时的规划条件由规划部门出具其核心指标，如用地性质、容积率等均按照经批准的控规成果执行，若没有编制控规则土地不得用于出让。在签订土地出让合同时，国土资源管理部门应将规划部门出具的规划条件依法写入出让合同，在出让合同履行过程中，无论是出让人、受让人还是规划部门，非因城市规划和控制性详细规划修改，均不得改变法定规划条件，否则视为违法行为。

（2）相关政府政策内容

规划条件中公共政府政策约束性的内容一般包括国家宏观调控政策和地方配套政策。国家宏观调控政策如房地产调控政策、土地节约集约开发政策、保障性住房政策、跨区域基础配套设施政策等；地方配套政策如社区建设配比、工业物流项目非生产性配套用房比例、保障性住宅建设户型大小、配比等[4]；或是一些开发建设的鼓励性条例，包括容积率奖励等。

---

[3] 何子张．控规与土地出让条件的“硬捆绑”与“软捆绑”——兼评厦门土地“招拍挂”规划咨询 [J]. 规划师，2009，25（11）: 76-81.

[4] 周智能．初探城乡规划管理中“规划条件”的革新 [A]. 中国城市规划学会、贵阳市人民政府．新常态：传承与变革——2015 中国城市规划年会论文集（11 规划实施与管理）[C]. 中国城市规划学会、贵阳市人民政府：，2015: 8.

（3）城市设计内容

城市设计虽然不属于法定规划，但随着对城市空间形态、空间品质要求的越发重视，越来越多的城市将控规层面城市设计成果以城市设计导则的形式纳入开发建设管理体系，并纳入土地出让条件，和控规共同作为规划管理依据，如北京、天津、深圳、上海成都等城市。

（4）土地出让前规划实施评估

以上海作为代表城市，除要求将城市开发的重点地区城市设计成果纳入控规成果体系，以“附加图则”的形式进行要素管控外，为提升城市空间环境，保障公共设施的建设，上海要求规划设计条件还涉及土地出让前规划实施评估结果，根据《关于开展土地出让前规划实施评估工作的通知》（沪规土资详〔2016〕580 号），“应对拟出让地块，包含列入本市年度土地出让计划中的住宅组团用地（Rr）、商业服务业用地（C2）、商务办公用地（C8）（含上述三类用地的混合用地），产业社区内研发总部类用地（C65）以及区政府认定的其他经营性用地，重点聚焦地块周边半径约 500m 区域，重点评估完善公共环境、公共服务配套设施及其他方面内容，其中公共环境包含小型公共空间以及公共通道，公共服务配套设施包含社区以下级公共服务设施、公共停车泊位以及市政设施，其他包含功能业态和持有比例、历史风貌保护。但土地出让前规划实施评估增设要求原则上不涉及控详规划调整，经区政府同意，可直接纳入土地出让条件”。

规划条件总体上主要包含以上四大类，但在实践中，各地对规划条件中的刚性和弹性尺度掌握不一，对地块进行“招拍挂”出让时规划条件指标涵盖范围的认识上存在差异，并未形成统一有效的规范化表达，如“有的城市将用地位置、用地性质、地块面积、建筑面积、建筑密度、建筑高度、容积率、绿地率以及公共配套等 9 项指标均纳入规划条件中予以公告，少部分城市在此基础上设定用地规划情况、建筑规划要求、建筑设计要求等 8 大类共 43 条规划条件指标，还有少部分城市则在“招拍挂”出让规划条件中仅规定容积率、用地性质、净用地面积、公共配套标准 4 项指标，其余控制指标列入指导性意见或后置至规划用地许可阶段予以表达”[5]。

因此指导开发建设的规划条件并没有一个统一的成果标准，目前纳入土地出让规划条件的规划主要涉及法定控规及城市设计。

---

[5] 扈万泰，王剑锋，易德琴．提高城市用地规划条件管控科学性探索 [J]. 城市规划，2014，38（04）：40–45.

4.2 控制性详细规划管控内容

控规的诞生、发展与土地出让自出现之日起就被“捆绑”在一起，规划条件一定程度上可以理解为对控规规定的具体地块的控制指标和土地使用要求的深化和具体化，控规在指导土地出让方面发挥了重要作用，控规所制定的图则和文本成为制定土地出让条件和测算地价的重要依据，控规因而也成了调控城市空间发展，提高土地利用效率，促进国有资产增值的重要政策工具。从现行的法定规划体系来看，控规最微观，是城市规划的“施工图”，责任重大。从城市管理治理的角度而言，控规是政府对空间资源进行管理的直接依据，也是规划实施和规划监察的依据。从社会经济的角度来看，控规是全社会的行为规则，约束空间无权关系的社会行为，可以认为控规就是空间立法，就是法律[6]。

4.2.1 控制性详细规划的特征、作用及目标

（1）控制性详细规划的特征：1）以上一层面的法定规划为依据，其有法律效应；2）落实近期城市建设目标；3）实施政府规划管理职能；4）引导并控制土地开发建设。

（2）控制性详细规划的作用：1）承上启下，强调规划的延续性；2）与管理结合、与开发衔接，作为城市规划管理的依据；3）体现城市设计构想；4）是城市政策的载体。

（3）控制性详细规划的目标：

1）明确所涉及地区的发展定位，与上位的城市总体规划、分区规划中的相应内容相衔接，使之能够进一步分解和落实，确定该地区在城市中的分工。

2）依据上述发展定位，综合考虑现状问题，已有规划、周边关系、未来挑战等因素，制定所涉及地区的城市建设各项开发控制体系的总体指标，并在用地和公共服务设施、市政公用设施、环境质量等方面的配置上落实到各地块，为实现所涉及地区的发展定位提供保障。

3）为各地块制定相关的规划指标，作为法定的技术管理工具，直接引导和控制地块内各类开发建设活动。

---

[6] 俞滨洋 . 必须提高控规的科学性和严肃性 [J]. 城市规划，2015，39（01）: 103-104.

4.2.2 控制性详细规划发展历程

控制性详细规划的发展时间并不长，但却在规划界掀起了一次又一次的学术研究和实践创新的高潮。控规是伴随着我国改革开放和市场经济的产生而产生的，伴随着市场经济体制下城市建设的空前快速发展而发展的，控规在其产生的二三十年里也处在不断的完善与摸索当中。

控制性详细规划发展历程 **表 4-2**

年份	事件
1980 年	提出土地分区规划管理的概念
1982 年	上海虹桥开发区编制土地出让规划，首次采用用地性质、用地面积、容积率、建筑密度、建筑后退、建筑高度限制、车辆出入口方位及小汽车停车库位 8 项指标控制每个地块的开发
1987	厦门、桂林等城市开展了控制性详细规划编制工作，将中心区用地按区、片、块逐项划分基本地块，并为每一基本地块的综合指标逐一赋值（共计 12 项，分别为用地面积、用地性质、建筑密度、建筑高度限制、容积率、绿化覆盖率、建筑后退、允许居住人口、出入口方位、停车车位、建筑形式、建筑色彩等）
1987 年	广州市开展了覆盖面达 70km^2 的街区规划，以行政街区为规划单位，明确 6 个方面的规划管理指标：①明确街区内地块的土地使用性质；②明确街区内的道路骨架，要求规划图中标注 6 m 以上的道路红线和建筑的后退红线；③明确街区内各类公共、市政、生活服务设施的配套要求和总体规划要求；④明确规划区内包括人口、绿地、公建等各项经济技术指标；⑤明确容积率、建筑密度、建筑间距、拆建比等基本控制指标；⑥明确该街区需要说明或需要控制的其他规划要求，如保留建筑、保护古老民居和文物环境等
1988 年	温州城市规划管理局编制了温州市旧城改造控制规划，提出“地块控制指标 + 图则”的做法
1989 年	江苏省城乡规划设计研究院编写了《控制性详细规划编制办法》（建议稿）
1991 年	建设部颁布《城市规划编制办法》，明确控制性详细规划编制内容和要求
1992 年	建设部颁布实施了建设部令第 22 号《城市国有土地出让转让规划管理办法》，进一步明确，出让城市国有土地使用权，出让前应当制订控规，确定控规在土地市场化行为中的权威地位
1995 年	建设部制订了《城市规划编制办法实施细则》，进一步明确了控规的编制内容
2005 年	建设部发布了新的《城市规划编制办法》，对控规内容、要求及其中的强制性内容进行了明确规定
2007 年	全国人大常委会审议通过了《城乡规划法》，进一步加强了控规的地位和作用

控规的管控体系发展可以总结为以下 3 个阶段：

第一阶段，从形体设计走向形体示意。早期，通过排房子的形式得出管理依据，由此来约束土地不合实际的高密度开发及见缝插针式的盲目发展。这里的建筑形体仅作为一种有灵活性的示意，成为管理部门使用的一种参考依据；

第二阶段，从形体示意到指标抽象。形体示意的灵活程度往往掌握在办案人员手中，缺乏规范化。量化指标的抽象控制摒弃了形体示意规划的缺陷，对规划地区进行地块划分并逐一赋值，通过控制指标约束城市的开发建设；

第三阶段，从指标抽象逐步走向完整系统的控制性详细规划。它的特点是文本、图则与法规三者相互匹配，且各自关联，共同约束着城市的开发与建设。

4.2.3 控制性详细规划管控内容

《城市规划条例》（1984）颁布至今，控规由单纯的建设容量控制（指标控制）逐步向以指标为核心的综合控制转变，控规的控制体系也在不断地实践总结中逐步迈向成熟。

控规控制体系演变示意图[7] 表 4-3

			城市规划编制办法（1991）	城市规划编制办法实施细则（1995）	城市规划编制办法（2005）	城市、镇控制性详细规划编制审批办法（2010）
控制性详细规划基本控制体系	土地使用控制	用地边界	■			
		用地面积	■			
		用地性质	■			
		用地兼容性	■			
	环境容量控制	容积率	■			
		绿地率	■	■		
		建筑密度		■		
		居住人口密度		■		
	建筑建造控制	建筑高度		■		
		建筑后退		■		
		建筑间距		■		
	城市设计	建筑体量	■			

[7] 刘宏燕，张培刚．控制性详细规划控制体系演变与展望——基于国家法规与地方实践的思考 [J]. 现代城市研究，2016（04）：10–15.

续表

			城市规划编制办法（1991）	城市规划编制办法实施细则（1995）	城市规划编制办法（2005）	城市、镇控制性详细规划编制审批办法（2010）
控制性详细规划基本控制体系		建筑色彩	■			
		建筑风格、形式		■		
	市政设施	给水设施	■			
		排水设施	■			
		供电设施	■			
		交通设施	■			
		其他	■			
	公共设施	教育设施			■	
		医疗卫生设施			■	
		商业服务设施			■	
		行政办公设施			■	
		文娱体育设施			■	
		附属设施			■	
	公共安全设施					■
	交通活动控制	交通出入口方位				
		停车泊位				
		公交场站			■	
		步行设施			■	
	四线控制					■

在1995年颁布的《城市规划编制办法实施细则》中明确指出了控规编制成果形式及包含的具体内容，如下表所示：

《城市规划编制办法实施细则》控制性详细规划成果内容　　表4-4

具体内容		
文本要求	总则	制定规划的依据和原则，主管部门和管理权限
	土地使用和建筑规划管理通则	各种使用性质用地的适建要求
		建筑间距的规定
		建筑物后退道路红线距离的规定
		相邻地段的建筑规定

续表

<table>
<tr><th colspan="4">具体内容</th></tr>
<tr><td rowspan="14">文本要求</td><td colspan="2" rowspan="2"></td><td>容积率奖励和补偿规定</td></tr>
<tr><td>市政公用设施、交通设施的配置和管理要求</td></tr>
<tr><td colspan="3">地块划分以及各地块的使用性质、规划控制原则、规划设计要求</td></tr>
<tr><td rowspan="11">各地块控制指标一览表</td><td rowspan="7">规定性指标</td><td>用地性质</td></tr>
<tr><td>建筑密度（建筑基底总面积／地块面积）</td></tr>
<tr><td>建筑控制高度</td></tr>
<tr><td>容积率（建筑总面积／地块面积）</td></tr>
<tr><td>绿地率（绿地总面积／地块面积）</td></tr>
<tr><td>交通出入口方位</td></tr>
<tr><td>停车泊位及其他需要配置的公用设施</td></tr>
<tr><td rowspan="4">指导性指标</td><td>人口容量（人／公顷）</td></tr>
<tr><td>建筑形式、体量、风格要求</td></tr>
<tr><td>建筑色彩要求</td></tr>
<tr><td>其他环境要求</td></tr>
<tr><td rowspan="10">图纸内容</td><td colspan="3">位置图</td></tr>
<tr><td colspan="3">用地现状图</td></tr>
<tr><td colspan="3">土地使用规划图</td></tr>
<tr><td colspan="3">地块划分编号图</td></tr>
<tr><td rowspan="5">各地块控制性详细规划图</td><td colspan="2">规划各地块的界线，标注主要指标</td></tr>
<tr><td colspan="2">规划保留建筑</td></tr>
<tr><td colspan="2">公共设施位置</td></tr>
<tr><td colspan="2">道路（包括主、次干道、支路）走向、线型、断面，主要控制点坐标、标高</td></tr>
<tr><td colspan="2">停车场和其他交通设施用地界线</td></tr>
<tr><td colspan="3">各项工程管线规划图</td></tr>
</table>

根据2005年的《城市规划编制办法》，控制性详细规划编制应当包含以下内容：

（1）确定规划范围内不同性质用地的界线，确定各类用地内适建，不适建或者有条件地允许建设的建筑类型；

（2）确定各地块建筑高度、建筑密度、容积率、绿地率等控制指标；确定公共设施配套要求、交通出入口方位、停车泊位、建筑后退红线距离等要求；

（3）提出各地块的建筑体量、体型、色彩等城市设计指导原则；

（4）根据交通需求分析，确定地块出入口位置、停车泊位、公共交通场站用地范围和站点位置、步行交通以及其他交通设施。规定各级道路的红线、断面、交叉口形式及渠化措施、控制点坐标和标高；

（5）根据规划建设容量，确定市政工程管线位置、管径和工程设施的用地界线，进行管线综合。确定地下空间开发利用具体要求；

（6）制定相应的土地使用与建筑管理规定。

根据 2010 年中华人民共和国住房和城乡建设部令第 7 号《城市、镇控制性详细规划编制审批办法》，控规的基本内容包含：

（1）土地使用性质及其兼容性等用地功能控制要求；

（2）容积率、建筑高度、建筑密度、绿地率等用地指标；

（3）基础设施、公共服务设施、公共安全设施的用地规模、范围及具体控制要求，地下管线控制要求；

（4）基础设施用地的控制界线（黄线）、各类绿地范围的控制线（绿线）、历史文化街区和历史建筑的保护范围界线（紫线）、地表水体保护和控制的地域界线（蓝线）等“四线”及控制要求。

由此可见，从国家层面来看，控规管控内容主要可以分为三个层次：一是公共设施与基础设施、自然生态与历史文化资源（四线）的保护和用地控制，此项作为城市总体规划的强制性内容、控规的基本管控要求，被赋予最高等级的强制性管控；二是红线内各地块的用地性质、用地兼容性质、容积率、建筑高度、建筑密度、绿地率、公共服务设施配套等控制指标、公共设施配套要求、交通出入口方位、停车泊位、建筑后退红线距离等控制要求，是控规的强制性控制内容；三是城市设计管控要求，一般来说，控规编制应包含此项内容，但在管控强度上以引导为主，不做强制性控制要求。

从地方层面来讲，各地为了探讨控规指标编制的科学性和权威性，以城市设计方案指导控规编制已经成为一个发展趋势，因此，控规管控内容除以上国家层面基本管控内容外，还增加了部分城市设计层面的空间管控内容，详细内容在 4.3 章节中阐述，此处不做赘述。

4.2.4 控制性详细规划的图纸内容

（1）规划用地的位置图（区位图）：标明规划用地在城市中的位置，与周边主要功能区的关系，以及规划用地周边主要的道路交通设施、线路及地区可达性情况。

（2）规划用地现状图：标明土地利用现状图、建筑现状图、人口分布现状、公共服务设施现状、市政公共服务设施现状。

1）土地利用现状：包括标明规划区域内各类现状用地的范围界限、权属、性质等用地分至小类。

2）人口现状：标明规划区域内各行政边界人口数量、密度、分布及构成情况等。

3）建筑物现状：标明规划区域内各类现状建筑的分布、性质、质量、高度等。

4）公共服务设施、市政公共设施现状：标明规划区内及对规划区域有重大影响的周边地区现有公共服务设施（包括行政、商业金融、科学教育、体育卫生、文化等建筑）类型、位置、等级、规模等，道路交通网络、给水电力等市政工程设施、管线分布等情况等。

（3）土地利用现状图：规划各类用地的界线、规划用地的分类和性质、道路网络布局，公共设施的位置；须在现状地形图上标明各类用地的性质、界线和地块编号，道路用地的规划布局结构，标明市政设施，公共设施的位置、等级、规模，以及主要控制指标。

（4）道路交通及竖向规划图

1）道路交通规划图：在现状地形图上，标明规划区内道路交通系统与区外道路系统的衔接关系，确定区内各级道路红线宽度、道路线型、走向，标明道路控制点的坐标和标高，坡度、缘石半径、曲线半径、重要交叉口渠化设计；轨道交通、铁路走向和控制范围，道路交通设施（包括社会停车场、公共交通及轨道交通站场等）的位置、规模和用地范围。

2）竖向规划图：在现状地形图上标明规划区域内各级道路围合地块的排水方向，各级道路交叉点、转折点的标高、坡长、坡度，标明各地块规划标高。

（5）公共服务设施规划图：标明公共服务设施的平面位置、类别、等级、规模、分布、服务半径，以及相应建设要求。

1）给水规划图：标明规划区域内供水水源、水厂、加压泵站等供水设施的容量、平面的位置以及供水标高，供水走向和管径等。

2）排水规划图：标明规划雨水泵站的规模和平面位置，雨水管渠的走向、管径及控制标高和出水口位置；标明污水处理厂、污水泵站的规模和平面位置，污水管线的走向、管径、控制点的标高和出水口位置等。

3）电力规划图：标明规划电源来源，各级变电站、变电所、开闭所平面位置和容量规模，高压线走廊的平面位置和控制宽度。

4）电信规划图：标明规划区电信来源，电信所的平面位置和容量，电信管道的走向，管孔数量，确定微波通道的走向、宽度和起始点限高要求等。

5）燃气规划图：标明规划区气源来源，储配气站的平面位置、容量规模，燃气管道等级、走向、管径。

6）供热规划图：标明规划区热源来源，供热及转换设施的平面位置、规模容量，供热管网等级、走向、管径。

（6）环卫、环保规划图：标明各种卫生设施的位置、服务半径、用地、防护隔离设施等。

（7）空间形态示意图：表达城市设计的设想与构思，协调建筑、环境与公共空间的关系，突出规划区空间三维形态特色风貌，包括规划区整体空间鸟瞰图，及重点地段、主要节点立面图和空间效果透视图及其他用以表达城市设计构思的示意图纸等。

（8）城市设计概念图：表达城市设计构思，控制建筑、环境与空间形态、检验与调整地块规划指标、落实重要公共服务设施布局，需要表明景观轴线，景观节点，景观界面、开放空间、视觉走廊等空间构成元素的布局和边界及建筑高度分区设想；标明特色景观和需要保护的文物单位、历史街区、地段景观位置边界。

（9）地块编号图：标明地段划分具体界线和地块编号，作为分地块图则索引。

（10）地块控制图：表示规划道路的红线位置，地块划分界限、地块面积、用地性质、建筑密度、建筑高度、容积率等控制指标，并标明地块编号。一般分为总图图则和分图图则。地块图则应在现状图上绘制，便于规划内容与现状进行对比。图则主要应表达的内容：1）地块区位；2）各地块的用地界线、地块编号；3）规划用地性质、用地兼容性以及主要控制指标；4）公共配套设施、绿化区位置，文物保护单位、历史街区的位置及保护范围；5）道路红线、建筑后退线，建筑贴线率、道路交叉点控制坐标、标高、转弯半径、公交站场、停车场，禁止开口地段，人行过街地道和天桥等；6）大型市政通道的地下及地上控制的控制要求，如高压走廊，微波通道、地铁、飞行净空限制等；7）其他对环境有特殊影响的卫生设施与安全防护隔离措施等；8）城市设计的要点、注释；9）图纸还应该包括以下几个方面：控制图纸、控制表格、控制导则，此外还应该包括风玫瑰、指北针、比例尺、图例、图号和项目说明等。

4.2.5 控制性详细规划的文本基本内容

（1）总则（规划的目的、依据、规划原则、规划范围、适用范围、执行主体和管理权限等内容）

1）规划背景、目标：简要说明规划编制的社会经济背景与规划目标，一般是就规划地区与周边环境的目前经济发展情况与未来变动态势，以及由此带来的相应的社会结构变化和城市土地资源、空间环境面临重大调整，城市开发需求与规划管理应对等情况予以说明，突出在新形势下进行规划编制的必要性，明确规划的经济、社会、环境目标。

2）规划依据、原则：简要说明与规划区相关联并编制生效使用的上级规划规划，各级法律法规行政规章以及政府文件和技术规定，这些都是规划内容条款制定必须或应当遵照参考的依据；规划原则是对规划内容编制具体行为在规划指导思想和重大问题价值取向上的明确和界定。

3）规划的范围、概况：简要说明规划区自然地理边界；说明规划区区位条件，现状用地的地形地貌，工程地质、水文地质等对规划产生重大影响的情况。

4）文本、图则之间的关系、各自作用、适用范围、强制性内容的规定：控制性详细规划的文本与图则是相辅相成的关系。要实现规划控制的意图，单靠控制性详细规划文本的文字性控制或控制性详细规划分图图则的图形化控制都不能达到理性的效果，所以，一般应当将两者结合使用。此外，文本在什么时候，什么地方，哪些方面使用，也要说明，即说明文本的适用范围。同时，规划文本、图则的法律地位、强制性条款指标内容设置也要明确说明。

5）主管单位、解释权：规划文本的技术性和概括性较强，所以需要明确规划实施过程中，由谁来对各种问题的协调进行处理和解释，明确规划实施主管单位和规划解释主体的权限。

（2）规划目标、功能定位、规划结构：落实城市总体规划或分区规划确定的规划区在一定区域环境中的功能定位，确定规划期内的人口控制规模和建设用地控制规模，提出规划发展目标，确定本规划区用地结构与功能布局，明确主要用地的分布、规模。

（3）土地使用：根据《城市用地分类与规划建设用地标准》（GBJ137—90）划分地块，明确细分后各类用地的布局与规模。对土地使用的规划要点进行说明，特别要对用地性质细分和土地使用兼容性控制的原则和措施加以说明，确定各地块的规划控制指标。同时，需要附加如：《用地分类一览表》《规划用地平衡表》《地块控制指标一览表》《土地使用兼容控制表》等土地使用与强度控制技术表格。

（4）道路交通：明确对规划道路及交通组织方式，道路性质、红线宽度、断面形式的规划，对交叉口形式，路网密度、道路坡度限制、规划停车场，出入口、桥梁形式等其他各类交通设施的控制规定。

（5）绿化和水系：标明规划区绿地系统的布局结构、分类以及公共绿地的位置，确定各级绿地的范围、界限、规模和建设要求；标明规划区内河流水域的来源，河流水域的系统分布状况和用地比重，提出城市河道“蓝线”的控制原则和具体要求。

（6）市政工程管线

1）给水规划：预测总用水量、提出水质、水压的要求；选择供水引入方向；确定加压泵站、调节水池等给水设施的位置和规模；布局给水管网，计算输配水管管径，校核配水管网水量及水压；选择管材。

2）排水规划：明确排水体制；预测雨、污水排放量；确定雨、污水泵站、污水处理；确定雨、污水系统布局、管线走向、管径复核、确定管线平面位置、主要控制点标高、出水口位置；对污水处理工艺提出初步方案。

3）供电规划：预测总用电负荷；选择电源引入方向；确定供电设施（如变电站、开闭所）的位置和容量；规划布置 10kV 电网及低压电网；明确线路敷设方式及高压走廊保护范围。

4）电信规划：预测通信总需求量；选择通信接入方向；确定电信局、所的位置以及容量；确定通信线路位置、附设方式、管孔数、管道埋深；确定规划区电台、微波站、卫星通信设施控制保护措施以及重要通信干线（含微波、军事通信等）保护原则。

5）燃气规划：预测总用气量；确定储配气站位置、容量以及用地保护范围；确定储配气站位置、容量以及用地保护范围；布局燃气输配管网、计算管径。

6）供热规划：预测总热负荷；选择热源引入方向；布局供热设施和供热管网。

（7）环卫、环保、防灾等控制要求

1）环境卫生规划：估算规划区内固体废弃物产量；提出规划区的环境卫生控制要求；确定垃圾收运方式；布局各种卫生设施，确定其位置、服务半径、用地、防护隔离措施等。

2）防灾规划：确定各种消防设施的布局以及消防通道间距等；确定地下防空建筑的规模、数量、配套内容、抗力等级、位置布局以及平战结合的用途；确定防洪堤标高、排涝泵站位置等；确定疏散通道疏散场地布局；确定生命线系统的布局，以及维护措施、规模和卫生防护距离。

（8）城市设计引导

1）在上一层次规划提出的城市设计要求基础上，提出城市设计总体构思和整体结构框架，补充、完善和深化上一层城市设计要求。

2）根据规划区环境特征、历史背景和空间景观特点，对城市广场、绿地、水体、商业、办公和居住等功能空间，城市轮廓线、标志性建筑、街道、夜间景观、标识以及无障碍系统等环境要素方面建筑群体组合空间关系，以及历史文化遗产保护提出控制、引导的原则和措施。

（9）土地使用、建筑建造通则（包括土地使用规划、建筑容量规划、建筑建造等3个方面控制内容）

1）土地使用规划控制：对土地使用的规定；对规划用地再细分的管理规定（规划街坊、地块划分）；对土地使用兼容性和何种用地适建性的规定。

2）建筑容量规划控制：对规划街坊、地块建筑容量控制规定；对规划街坊、地块建筑密度控制规定；对规划街坊人口容量和密度的规定；对规划街坊和地块容量和密度变更调整的规定。

3）建筑建造规划控制：对建筑高度的控制规定包括对规划街坊及地块建筑限高的一般规定；对主要道路交叉口周边和沿路建筑高度的控制规定；对涉及优秀历史建筑、文物及历史文化风貌区域内建筑高度的控制规定；对其他待定地区的建筑高度的控制规定；对涉及城市主要景观视线走廊、微波通道、机场净空等地区的建筑高度的控制规定。对建筑后退的控制规定，包括对建筑后退的道路红线的控制规定；对建筑后退地块边界的控制规定。建筑建造控制除建筑高度及建筑后退距离的规定外，还包括建筑单体面宽的控制规定以及对建筑间距的控制规定。

（10）其他（包括说明规划成果的组成、附图、附表与附录等）

4.2.6 控制性详细规划管控方式

控制性详细规划中针对具体建设情况的不同，采取了不同的控制手段和方式[8]。

（1）指标量化

指标量化控制是指通过一系列控制指标对用地的开发建设进行定量控

[8] 蔡震 . 我国控制性详细规划的发展趋势与方向 [D]. 清华大学，2004.

制，如容积率、建筑密度、建筑高度、绿地率等。这种方法适用于城市一般建设用地的规划控制。

（2）条文规定

条文规定是通过对控制要素和实施要求的阐述，对建设用地实行的定性或定量控制，如用地性质、用地使用相容性和一些规划要求说明等。这种方法适用于规划用地的使用说明，开发建设的系统性控制要求以及规划地段的特殊要求。

（3）图则标定

图则标定是在规划图纸上通过一系列的控制线和控制点对用地、设施和建设要求进行的定位控制。如用地边界、“六线”（即道路红线、绿地绿线、河湖水面蓝线、高压走廊黑线、文物古迹保护紫线、微波通道橙线）、建筑后退红线、控制点以及控制范围等。这种方法适用于对规划建设提出具体的定位的控制。

（4）城市设计引导

城市设计引导是通过一系列指导性的综合设计要求和建议，甚至具体的形体空间设计示意，为开发控制提供管理准则和设计框架。如建筑色彩、形式、体量、空间组合以及建筑轮廓线示意图等。这种方法宜于在城市重要的景观地带和历史保护地带，为获得高质量的城市空间环境和保护城市特色时采用。

（5）规定性与指导性

控制性详细规划的控制内容分为规定性和指导性两大类。规定性是在实施规划控制和管理时必须遵守执行的，体现为一定的“刚性”原则，如用地界限、用地性质、建筑密度、限高、容积率、绿地率、配建设施等。在建设部2002年下发的《城市规划监督管理强制性条文》中，强制部分基本上是选取了控制性详细规划中的规定性内容。指导性内容是在实施规划控制和管理时需要参照执行的内容，这部分内容多为引导性和建议性，体现为一定的弹性和灵活性，如人口容量、城市设计引导等内容。

4.3 城市设计管控内容

在对城市建设过程进行控制的时候，控规重点强调对城市“量”的控制，而城市设计则重点强调对城市建设“品质”的引导。单纯“量”的控制过于生硬，缺乏弹性；单纯“质”的引导难以界定，实施性差，城市设计急需具有法律效力的强硬控制，控规层面也需要引入城市设计内容。

国际上对于城市设计的概念至今都没有公认一致的看法，但国内学术界普遍认可城市设计的本质是关注城市的公共空间营造，城市设计通常可以理解为“以城镇发展建设中空间组织和优化为目的，运用跨学科的途径，对包括人、自然和社会因素在内的城市形体环境对象所进行的研究和设计”[9]。

4.3.1 城市设计与控规融合的发展趋势

现阶段我国在城市土地的规划建设管理方面依然还是以控制性详细规划作为主要的法律依据。但近年来，全国各地的城市也越发重视对于城市空间形态的关注，在用地功能布局管控的基础上，各地编制了大量的城市设计，通过将城市设计与法定规划的多层次衔接、规范化的城市设计成果转译和城市设计实施管理程序等，实现城市设计的法定化，并形成控制性详细规划结合城市设计导则的土地管控模式。例如，上海实行“普适图则＋附加图则”的模式，成都则实行“控制性详细规划＋城市设计导则”的模式，天津形成“一控规两导则”的模式等，虽然各地具体内容形式不一，但将城市空间形态管控纳入土地出让已是一个重要的趋势。

2017 年住建部正式印发的《城市设计管理办法》（中华人民共和国住房和城乡建设部令第 35 号）明确规定了城市重点地区应编制城市设计且城市设计的内容和要求应当纳入控制性详细规划，并落实到控制性详细规划的相关指标中；同时以出让方式提供国有土地使用权，以及在城市、县人民政府所在地建制镇规划区内的大型公共建筑项目，应当将城市设计要求纳入规划条件。在这样的政策背景下，在我国的城市规划体制下，城市设计依附与城市规划之下，将城市设计内容融入控规已经成为当下发展趋势。

然而城市设计与控规在深度与层次、关注焦点、控制方式上都存在着较大的差异[10]，特别是控规作为法定规划，而城市设计长期处于非法定规划范畴，如何把握城市设计与控规结合的程度，提取有效的城市设计管控要素作为控规法定管控内容，是两者共同作为规划管理的有效依据，还需要不断的实践与摸索的。

---

9 王建国，城市设计 [M]：第 2 版，南京：东南大学出版社，2004.

10 蔡震 . 我国控制性详细规划的发展趋势与方向 [D]. 清华大学，2004.

4.3.2 城市设计的形态管控要素研究

不同于控规管控要素的相对成熟与完善，城市设计管控体系并没有形成一个统一的成果标准，学术界对于城市设计管控要素的研究也较多，整体表现为对公共领域与公共空间以及建筑外部形象等内容的管控，如表4-5所示。

相关理论研究中的城市设计管控要素　表4-5

年份	作者	管控要素
1999	金广君	建筑体量及形式、土地使用、公共空间、使用活动、交通和停车、保护和改造、标志和标牌、步行区8个城市设计元素
2004	张宇星，韩晶	自然土地与城市基础设施；开放空间；建筑空间；交通与停车；人行步道；支持活动及活动场所
2005	卢济威	空间使用体系（包括三维的功能布局和空间的使用强度）；交通空间体系（包括车行交通、轨道交通、不行交通、停车、换乘等）；公共空间体系（广场、公共绿地、滨水空间、步行街、二层步行系统、地下公共空间、室内公共空间）；空间景观体系（空间结构、城市轮廓线、高度控制、地形塑造、建筑形式、地标、对景、城市入口处理等）；自然、历史资源空间体系（自然山体、自然水体和自然林木、历史建筑、历史场所和历史街区等）
2011	王建国	土地使用、建筑形态及其组合、开放空间和城市绿地系统、人的空间使用活动、城市色彩、交通与停车、保护与改造、城市环境设施与建筑小品、标志
2015	陈晓东	建筑形式（体量、天际线、建筑形式、建筑高度、建筑地坪标高）；街道景观（地下层标高/地下开发、建筑边界、公共艺术广场、内街、共同边界、建筑后退、开放景观步道）；屋顶景观（形式、后勤区、遮蔽要求）；步行网络（地下步行街、出入口、天窗结构、与地铁站的联系、与未来或下阶段开发的联系、有盖步行道、开放步行道、二层自动步道、二层穿越地块的步行联系通道、高层步行联系道、人行节点、首层或二层的使用功能、室外功能、地下层功能、滨水散步道）；车行系统（车型出入与下车点、后勤区、停车、道路预留、汽车站遮蔽设施、出租车招停站）；公共空间（首层公共活动空间、地下层公共广场、公共开放空间）；树木和景观（树木保留、种植和绿化、铺装、视线走廊、景观广场）；其他（夜景亮化、标志、自行车停车与道路）；程序要求等
2017	姜涛，李延新，姜梅	土地利用类，包括地上建筑面积及细分、地下空间等；公共空间，包括公共空间类型、面积、位置、结构、连续性、可达性等；景观环境，包括视线通廊、节点、地面铺装、植物配置等；交通，包括机动车出入库、停车、慢行等；建筑，包括地标建筑、建筑体量、尺度、城市天际线等；设施，包括体育健身设施、休息设施、安全设施等；可持续性，包括城市安全防灾、风环境优化等

4.3.3 各地城市设计管控内容实践

4.3.3.1 深圳

深圳作为改革的试验场，控规与城市设计的实践一直走在全国前列。深圳是我国第一个明确把城市设计纳入地方法律文件的城市，1998 年深圳以经济特区特别立法权，通过《深圳市城市规划条例》确立了城市设计的法律地位，明确规定“整体城市设计结合城市总体规划、次区域规划和分区规划进行，并作为各规划的组成部分；局部城市设计应结合法定图则、详细蓝图的编制进行，是详细蓝图的重要组成部分；城市重点地段应在编制法定图则时单独进行局部城市设计；其他地段在编制法定图则时，应当进行局部城市设计”、“包含在城市规划各阶段中的城市设计成果，随规划一并上报审批。单独编制的重点地段城市设计，由市规划主管部门审查后报市规划委员会审批。”并且明确规定城市设计获批准后要对涉及的工程建设具有约束和指导作用，即工程建设案须经市规划主管部门及其派出机构审核符合城市设计要求，方可获建设用地许可证和批准书。

深圳从地方法律上建立了完整的城市设计体系，探索控规与城市设计的全方位融入，通过扩大融合的广度进一步优化控规，首先编制总体规划层面的整体城市设计并报城市规划委员会审批，为控规层面的城市设计建立整体空间结构及框架性依据和指导，并将城市设计通则式的控制内容编写成行政规章和技术规定、标准，颁布了《深圳市城市设计技术标准与准则》，界定了各阶段城市设计定位，其中总体规划、区域规划、分区规划层面的城市设计作为设计控制依据，法定图则和详细蓝图层面的城市设计作为开发控制依据。

在法定图则层面上，深圳市重点地区法定图则要求法定文件应包括公共空间、街道河流沿线空间、慢行系统、建筑控制、景观构成等城市设计内容，强制性内容应在控制指标一览表中表达，技术文件的“城市设计引导图”主要标绘空间结构、公共空间、各类控制界面、重要空间和景观节点、城市通风廊道、视廊、步行廊道、立体过街设施的位置范围以及建筑高度分区、地标建筑的分布等；对城市重点地区的核心地段则采取详细城市设计的方法，将城市设计成果通过成果转译的手段直接纳入法定图则的技术文件中，可直接作为下一层次建设项目的实际方案或重点意向引导；一般地区法定图则的城市设计控制内容包括总体布局、建筑退线、建筑体量、建筑色彩、屋顶形式等内容，主要通过整体层面的引导手段进行控制，以定性文字说明为主，图示表达为辅，尽可能将引导内容表格化以提高指标引导的规范性。

因此，深圳的城市设计运行机制包含两种类型，一是相对独立的，以技术规定、标准的形式进行通则管理，是地块开发建设时应遵循的基本要求；二是与法定图则结合，其管控内容与管控强度与地块区位的重要性相对应，形成了城市设计以独立和融入两大类型相对独立、共存互补的“双轨制”运作机制。

深圳城市设计成果转译模式　　表 4-6

工作模式	项目类型	策划工作核心内容	工作开展形式
契约模式	重点地区地标性建筑设计	将城市设计要求附加为土地规划要求	契约形式
转译模式	普通设计项目	通过精简、摘录等方法，将城市设计成果转译成为《建设用地规划许可证》中的规划设计要求	成为“总体布局及建筑退界要求”，或者进入“备注”—应遵照城市设计要求进行设计
直译模式	政府主导或深度参与的重点项目	将城市设计方案整体作为《建设用地规划许可证》附件	直接成为具体项目的建筑方案
附件模式	城市重点地区公共建筑设计	将城市设计方案作为《建设用地规划许可证》附件	作为具体项目方案设计依据之一
指引模式	较大规模居住项目或重要地段公共建筑等项目	将城市设计精简提炼为城市设计指引	核发《建设用地规划许可证》时明确要求应按城市设计指引进行从设计
通则模式	全域范围	将城市设计融入城市政府行政规章或技术规定、标准，以一般性城市设计通则、政策覆盖全域	以通则形式针对全域范围发挥实效

4.3.3.2 上海

上海市与 2011 年 6 月颁布了《上海市控制性详细规划技术准则》，首次创新性地针对重点地区[11]提出“附加图则”的概念，作为一般控制区“普适图则”的附加内容，规范城市设计内容的表达方式，确定相关城市设计内容的法律效力。

《上海市控制性详细规划编制办法》（沪府令 34 号）规定，上海控制性详细规划成果包括普适图则和规划文本，特定区域和普适图则中确定的重点地区还应当根据城市设计或专项研究等成果编制附加图则。《上海市控制性详细规划技术准则》（2016 年修订版）指出普适图则应确定各编

[11] 重点地区包括公共活动中心区、历史风貌地区、重要滨水区与风景区、交通枢纽地区以及其他对城市空间影响较大的区域。

制地区类型范围，划定用地界线，明确用地面积、用地性质、容积率、混合用地建筑量比例、建筑高度、住宅套数、配套设施、建筑控制线和贴线率、各类控制线等内容；附加图则应通过城市设计、专项研究等，明确特定的规划控制要素和指标，附加图则是将重点地区城市设计控制要素法定化的一种手段和方式，附加图则管控要素包含5大类：建筑形态——建筑高度、屋顶形式、建筑材质、建筑控制性、贴线率、建筑塔楼控制范围、标志性建筑位置、骑楼、建筑重点处理位置、历史建筑保护范围等；公共空间——公共通道、连通道、开放空间面积等；道路交通——禁止开口路段、轨道交通站点出入口、公共交通、机动车出入口、非机动车停车场、自行车租赁点等；地下空间——地下空间建设范围、开发深度与分层、地上地下功能业态及其他特殊控制要求等；生态环境——绿地率、地块内部绿化范围、生态廊道等，编制图则的区域根据功能划分为四类，分别为公共活动中心、历史风貌地区、重要滨水区与风景区、交通枢纽地区，再根据区域服务的能级划分为一级、二级、三级，根据不同的类别和级别确定各种不同的具体管控要素，如表4–7所示：

附加图则管控要素　　表4–7

分类		公共活动中心区			历史风貌地区			重要滨水区与风景区		交通枢纽地区		
		一级	二级	三级	一级	二级	三级	一级	二/三级	一级	二级	三级
建筑形态	建筑高度	●	●	●	●	●	●	●	●	●	●	●
	屋顶形式	○	○	○	●	●	●	○	○	○	○	○
	建筑材质	○	○	○	●	●	●	○	○	○	○	○
	建筑色彩	○	○	○	●	●	●	○	○	○	○	○
	连通道	●	●	○	○	○	○	○	○	●	●	●
	骑楼	●	●	○	●	●	●	○	○	○	○	○
	标志性建筑位置	●	●	○	○	○	○	●	○	●	○	○
	建筑保护与更新	○	○	○	●	●	●	○	○	○	○	○
滨水岸线形式	建筑控制线	●	●	●	●	●	●	●	●	●	●	●
	贴线率	●	●	●	●	●	●	●	●	●	●	●
	公共通道	●	●	●	●	●	●	●	●	●	●	●
	地块内部广场范围	●	●	●	●	○	○	●	○	○	○	○
	建筑密度	○	○	○	●	●	●	○	○	○	○	○
	滨水岸线形式	●	○	○	○	○	○	●	●	○	○	○

续表

分类		公共活动中心区			历史风貌地区			重要滨水区与风景区		交通枢纽地区		
		一级	二级	三级	一级	二级	三级	一级	二/三级	一级	二级	三级
道路交通	机动车出入口	●	●	●	○	○	○	●	○	●	●	●
	公共停车位	●	●	●	●	●	●	●	●	●	●	●
	特殊道路断面形式	●	●	●	●	●	○	●	○	●	○	○
	慢行交通优先区	●	●	●	○	○	○	●	○	○	○	○
地下空间	地下空间建设范围	●	●	●	○	○	○	●	●	●	●	●
	开发深度与分层	●	●	●	○	○	○	○	○	●	●	●
	地下建筑主导功能	●	●	●	○	○	○	○	○	●	●	●
	地下建筑量	●	○	○	○	○	○	○	○	●	●	●
	地下连通道	●	●	○	○	○	○	●	○	●	●	●
	下沉式广场位置	●	○	○	○	○	○	○	○	●	●	○
生态环境	绿地率	○	○	○	○	○	○	●	●	○	○	○
	地块内部绿化范围	●	○	○	●	●	○	○	○	○	○	○
	生态廊道	○	○	○	○	○	○	●	○	○	○	○
	地块水面率	○	○	○	○	○	○	●	○	○	○	○

上海附加图则的编制工作具有了统一的标准，也鼓励具体的编制范围根据特色酌情增加控制要素。附加图则的控制要求全部为强制性要求，没有引导性或者参考下的内容，但为了在保障城市的整体空间形象和公共利益的基础上，最大限度地协调政府导向和市场导向之间的矛盾，附加图则会通过弹性的控制要求来达到强制性和可操作性的统一，如公共空间中公共通道、连通道、内部广场、绿化、下沉广场等范围会区分可变与不可变，体现管控的灵活性。

4.3.3.3 北京

《北京市城乡规划条例》第二十二条规定“区、县人民政府或者市规划行政主管部门可以依据控制性详细规划，组织编制重点地区的修建性详细规划和城市设计导则，指导建设”，构建了“依托控规的城市设计导则”运作体系，将城市设计导则作为控规的补充和完善，共同纳入现行规划管理体系。

北京的控规采取分层次编制，分层次编制是指根据建设时段要求，分街区和地块两个层次进行控规编制，街区层面以总量控制为主，地块层面在满足总量控制的要求之上结合实际开发建设情况确定具体各个地块的7大控制指标。城市设计导则主要依托街区层面的控规，尽可能与地块层面控规同期编制，在编制过程中，地块层面控规更多地侧重于建设指标的确定和各类设施的落实，而城市设计导则更多地关注公共空间的细节化和人性化设计；部分城市设计导则在地块层面控规编制完成后进行，若对编制完成的控规有局部的调整优化，则纳入控规动态维护程序。城市设计导则在批复后，与地块层面控规指标共同纳入规划设计条件，同期实施[12]。

为规范城市设计导则的编制，北京市颁布了《关于编制北京市城市设计导则的指导意见》，给定了39项管控要素集，重点控制控规与建设工程设计方案之间的盲区——公共空间的系统性、建筑界面的整体性与协调性以及重要公共空间的人性化和细节化设计[13]。因此北京市城市设计管控要素主要分为公共空间设计要素及建筑设计要素，如表4–8所示，并鼓励设计方在城市设计导则编制时以此为基础，根据具体项目选取必要的管控要素，并合理补充相关内容。

北京城市设计导则管控要素集　　表4–8

具体管控要素		
北京市城市设计导则编制基本要素库	公共空间设计要素	公共空间属性、道路类型、道路交通组织、人行及过街通道、道路交叉口形式、道路隔离带设置、机动车禁止开口路段、地块出入口、停车设置、植物配置、岸线类型、水体要求、水域相关构筑物、地面铺装、夜景照明、公共艺术、生态可持续策略、广告标牌、导向标识、公共服务设施、交通设施、市政设施、安全设施、无障碍设施
	建筑设计要素	地块细分、建筑退线与建筑贴线、建筑功能细化、高点建筑布局、沿街建筑底层、地下空间、建筑出入口、建筑衔接、建筑体量、建筑立面、建筑色彩、建筑材质、建筑屋顶形式、建筑附属物

4.3.3.4　天津

天津市通过地方立法，在《天津市城乡规划条例》中明确城市设计的法定地位，规定“市人民政府确定的重点地区、重点项目，由市城乡规划主管部门按照城乡规划和相关规定组织编制城市设计，制定城市设计导则”。

具体操作时，控规层面采取“一控规两导则”的管控方式，其中，控规起到综合控制的作用，与传统控规相比，它细化了控规的内容，将规划指标由地块扩展到规划单元，并增加了与用地控制相关的要求，规划单元由街坊聚集而成，而街坊是由次干道围合的空间范围，控规指标主要包含用地主导性质、平均容积率、平均建筑密度、平均绿地率和平均建筑高度

[12] 张晓莉．北京市城市设计导则运作机制思辨[J]. 规划师，2013，29（08）: 27–32.

[13] 王科，张晓莉．北京城市设计导则运作机制健全思路与对策[J]. 规划师，2012，28（08）: 55–58.

等用地控制指标以及公共服务设施、公共安全设施的用地规模、范围及控制要求等，控规由政府审批，其审批和修改需履行《城乡规划法》的程序要求。在控规基础上，两导则是实施精细化规划管理的具体措施，土地细分导则是对城市用地最直接的规划管理依据，是在控规的框架下对控规单元内地块的深化和细化，主要从平面角度对规划控制指标进行描述，包含容积率和建筑密度等地块使用强度及用地性质等指标，形成对地块开发规模和基础设施支撑的二维控制；城市设计导则是结合城市设计方案对空间立体形态指标进行细化，对规划区域内的街道和开放空间等做出控制与引导要求[14]，其中包含建筑退线、建筑贴线率、机动车出入口位置等15个指标[15]，土地细分导则与城市设计导则同时编制，在成果应用上相互印证与融合，共同运作与完善，由市规划局依据法定规划进行审批与后续管理，并将城市设计要求纳入项目审批流程，将城市设计要求纳入规划条件、规划方案和建筑方案等各审批阶段，明确审批要求。（见图4-1、表4-9）

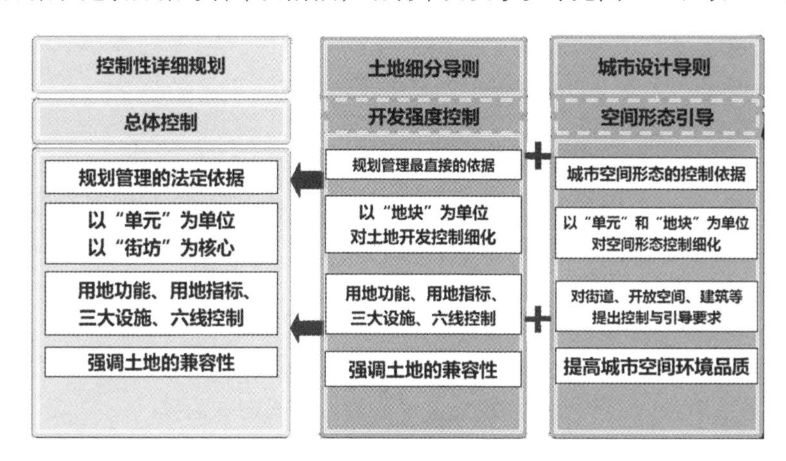

图4-1 “一控规两导则关系”

天津市两导则管控内容　　表4-9

土地细分导则	用地性质、用地面积、容积率、建筑密度、建筑高度、绿地率、配套设施、建议机动车出入口、建筑退线
城市设计导则（单元层面）	整体风格、空间意向、街道类型、开放空间、建筑、历史文化保护、商业街区特色控制要素

14 宋宜全，张文亮，蒋悦然，张恒，李刚．基于一控规两导则的城市规划方案智能审查与决策[J]. 天津师范大学学报（自然科学版），2014，34（04）：37-41

15 杨嘉，项顺子，郑宸．面向规划管理的城市设计导则编制思路与实践——以山东省威海市东部滨海新城为例[J]. 规划师，2016，32（07）：58-63.

续表

土地细分导则	用地性质、用地面积、容积率、建筑密度、建筑高度、绿地率、配套设施、建议机动车出入口、建筑退线	
城市设计导则（地块层面）	街道	建筑退线
		建筑贴线率
		建筑主立面及入口门厅位置
		机动车出入口位置
	开放空间	公共绿地控制要求
		生产防护绿地控制要求
		广场控制要求
	建筑	建筑体量
		建筑限高
		建筑风格
		建筑外檐材料
		建筑色彩
	其他	建筑首层通透率
		建筑墙体广告
		建筑裙房
		建筑骑楼
		围墙

总体来看，我国城市设计成果大多以“城市设计导则”的形式进行管控，注重与法定控规以及与土地合同密切相关的规划条件的融入，同时在后续方案审批阶段以城市设计导则为基本依据；在管控内容上，城市设计强调对公共空间——如街道、广场、绿地等，对建筑形态——建筑界面、贴线率、材质、颜色等要素的控制，上海还包含了对地下空间、生态环境等方面的管控，管控要素覆盖面广、类型多。

4.3.4 城市设计导则实施机制

城市设计导则要真正发挥作用，还需要建立一套能将导则融入城市建设管理体系的机制，使导则参与到城市建设管理的程序当中，帮助城市设计的最终实施。

从实践来看，使用较多且较为有效的参与方式主要有三种情况：

（1）地方立法确定城市设计的法定地位，将城市设计导则作为法定

控规图则的补充

这种方式目前被认为是最有效的城市设计参与规划管理的方式。以城市设计与控规同期编制的形式保障城市设计的有效实施，将城市设计导则按照控规划定的地块进行索引，选择适合该地块的设计控制条文，并对相应地块进行简明的设计图示，明确最为重要的设计结构与要素，并形成地块的城市设计控制分图图则。通过这种形式，城市设计导则的要求被植入具有法定效力、直接指导开发的控规中，一定程度上达到了城市设计实施的目的。

（2）通则型城市设计导则与地方性技术管理规定相结合，作为设计方应遵守的基本要求

在我国的现行规划建设管理体系中，每个城市都有体现自身特点的技术管理文件，这些文件是管理部门的审核依据，也是设计、实施方需要遵循的地方法规。因此，设计控制通则型城市设计导则可以与城市的技术管理规定相结合，以出台相应的城市设计地方法规的形式参与到城市规划建设当中。

（3）城市设计导则与建设审批程序结合，作为城市管理者的管理依据

这种方式提供了导则参与行政管理的途径。通过对地方建设管理审批程序的深入研究，在相应的管理环节中，设计有关城市设计内容的文件表格，将城市设计的内容有机融入城市建设行政管理程序中，这种方式赋予了地方管理部门较大的自由裁量权。

4.4 规划实施视角下现行土地出让规划条件问题

规划实施视角下现行土地出让条件主要存在两个方面的问题：一是仅仅以控规进行管控依据，无法落实高品质城市建设目标；二是控规本身由于存在编制技术和与土地出让时序的矛盾而导致控规成果无法落实。

4.4.1 未融入相关专项规划内容

尽管规划条件没有一个统一的标准，但整体上土地出让的规划条件以控规为依据，部分城市涉及城市设计导则等管控内容，缺乏相关专项规划管控内容。一般而言，控规与中观层面指导开发建设的各个专项规划编制同时展开，专项规划是依据城乡总体规划规定的原则进行细化和展开，详

细规划层面应该将专项规划内容反馈到控规当中，实际情况是除市政专项外，其他专项成果或因编制时间或因编制内容等原因难以纳入控规成果。专项规划是某一要素在整体空间上的系统性考虑，是支撑区域开发建设的基本内容，因此严肃化专项规划内容并纳入规划管理体系是保障城区高质量开发的基础。

目前，“规划管理部门编制的城市规划还是热衷关注经济效益的物质空间规划，比如城市总体规划、分区规划等规划涉及的空间布局规划、土地利用规划，比如控规层面的用地指标和修规层面的建筑总平设计等，往往忽视关注公共利益的规划和关注低端、基本的公共服务的规划，比如各个规划层面的各类专项规划”[16]。以绿色生态城区的建设为例，全国绿色生态城区专项规划遍地开花，但除少数示范城区将绿色生态指标纳入控规成果，或制定专门的管理机制将绿色生态指标纳入土地出让合同之外，大多城市处在就规划而规划的阶段，规划编制了，但规划成果难以在实际开发建设中落实，同样的还有海绵城市、智慧城市等，都出现各个地区编制了很多提升地区开发质量的专项规划，但在实际开发建设中，相关内容却被搁置、无法实现。

当前城乡规划编制体系下，控规作为中观层面的唯一法定规划，其编制内容较为成熟和完善，将专项规划管控内容全部纳入控规成果不太现实，且缺失对指标落实的技术落地的统筹考虑，因此如何将专项规划中为保障城市高品质建设需求的管控内容纳入土地出让条件或作为城乡管理的有效依据是规划编制阶段需要考虑的一个主要问题。

4.4.2 缺乏对指标落实技术难度的统筹考虑

目前除部分重要区域的开发是带方案出让外，大部分地块的出让以控规指标体系确定的用地性质、环境容量、土地使用强度、配套设施等指标要求以及城市设计管控要求为主，而规划编制所确定的指标是否科学可行、能否落地在规划设计层面是缺乏考量的，这也是学术界对控规编制的科学性和权威性存在质疑的主要原因。控规编制时对于地块控制指标往往使用标准化的指标体系，缺乏对地块特殊性的考虑，同时由于控规编制人员以规划专业背景为主，缺乏多专业合作的技术背景，难以对实际建设技术难度进行全盘考虑，有的地块即使是强制性内容要求要落实且完全遵照执行

---

[16] 崔博．城市专项规划编制、管理与实施问题研究——以厦门市海沧区环卫专项规划为例 [J]. 城市发展研究，2013，21（08）: 12-14+20.

都存在相当的技术难度。

随着城市设计管控内容纳入土地出让条件的趋势，地块规划条件指标越来越多，限制越来越大，也就越容易产生矛盾。以上海为例，上海重点地区“附加图则”会基于城市设计方案确定地块的贴线率等指标，而城市设计管控指标在编制过程中主要是基于空间形态进行的确定，缺失对基于空间形态设计确定的管控指标具体落实的技术验证，在建设实施中就会遇到管控指标不合理、无法落地的问题，最为典型的就是贴线率与日照的矛盾，为保障街道界面的连续性，附加图则会对主要街道进行贴线率最低值限制，可能带来的问题就是满足贴线率控制要求的建筑布局日照却无法满足相关日照规范等问题。

随着规划管理体系的完善，当专项规划管控内容纳入地块开发的规划条件时，更加会面临管控指标难以共同落实的问题，在实践中发现有的地区编制的海绵城市专项规划中绿色屋顶的值甚至超出了控规中基于建筑密度的地块建筑占地面积，特别是随着城市规划新理念的发展，小街密路成为建设趋势，如何统筹考虑地块各个系统建设的指标落实是一个十分复杂的问题。

规划编制时缺失对建设实施技术落地的考虑直接导致后续规划调整多，特别是对控规指标的调整，控规调整过程中规划管理人员自由裁量权较大，同时涉及巨大的经济利益，为了避免因控规调整中个人不法行为导致公众利益受损，国家层面为了维护控规的稳定性和权威性，以及防止腐败行为等原因，对控规调整作了较为严格的规定。《城乡规划法》第四十八条明确规定“修改控制性详细规划的，组织编制机关应当对修改的必要性进行论证，征求规划地段内利害关系人的意见，并向原审批机关提出专题报告，经原审批机关同意后，方可编制修改方案。修改后的控制性详细规划，应当依照本法第十九条、第二十条规定的审批程序报批。控制性详细规划修改涉及城市总体规划、镇总体规划的强制性内容的，应当先修改总体规划”，法规层面大幅度地提高了控规调整的门槛，也使得相关管理单位对控规调整更为谨慎。现实中控规面临调整往往是在地块拟出让或地块已出让待建设阶段，对时间要求较高，而控规调整审批程序较为复杂，耗时较长，若涉及总规调整则更加耗费经济成本和时间成本，这都使得法定规划的调整十分困难。一般而言，基于市场行为的控规调整是规划编制阶段难以预料的，但基于技术难度的控规调整是在规划编制阶段应考虑到的问题。而现实的主要矛盾点在于单个规划编制是独立的，每个规划会对待开发地块提出建设要求，在规划编制和开发建设之间缺乏统筹考虑各个指标在技术上能否落实的一个步骤。

4.4.3 规划编制与土地出让的时间矛盾

由于具体地块出让涉及拆迁安置、基层地方政府招商引资、投资意向人选址意愿等因素，导致拟出让的土地随机分布，这与控规整体单元规划是相矛盾的。以一个控规单元为例，由于地块开发周期较长，很有可能就会出现住区建成几年，大量人口入住后，周边公共服务设施或公共绿地还未建设，或是根据规划市政设施建成几年后，还没有大量人口入住而导致资源浪费；或是某个地块待建设，但周边为现状道路，市政设施无法按照规划线路走向实现等问题。另一方面，在社会主义市场经济条件下，土地出让受市场形势和政策走向影响很大，同样一个地块，在不同形势下，其规划设计条件差别很大。在土地市场形势好的情况下，开发商更容易接受政府部门给出的约束条件，相反，在土地市场低迷的情况下，政府则倾向于通过放松规划设计条件，吸引开发商投资[17]。因此，在不同阶段土地出让的规划条件内容存在一定的差别，而规划设计在编制过程中不会也无法考虑到地块的出让时序及市场环境。

规划编制与土地出让的时间矛盾是规划设计实践过程中一直存在的问题，表现为土地出让后调整规划条件的现象较为普遍。为解决这一问题各地也进行了创新性尝试，如厦门建立控规两级编制体系，第一阶段是在市政府确定启动片区土地开发后，编制大纲阶段控制性详细规划，主要确定土地开发利用功能规划、稳定片区主要道路网、整体建设容量、各项公共配套设施布局和规模；第二阶段是按照年底土地出让计划，对经营性地块编制控规图则，与市场意向对接，同时考虑现状建设基本情况，提出各项规划指标，强化控规动态维护的内部程序[18]。因此，要使得在土地出让阶段拟定的规划条件能符合当下的建设需求，就需要我们在规划编机制上进行创新。

4.5 总控导向下控规 / 城市设计管控内容建议

本文在第三章节中指出，规划设计应该在中观层面规划编制与土地出让之间引入新的环节，即前文所讲的总控实施程序的第三步骤与第四步骤，

[17] 何子张．时空整合理念下控规与土地出让的有机衔接——厦门的实践与思考 [J]. 现代城市研究，2011，26（08）：35-39.

[18] 林隽．面向管理的城市设计导控实践研究 [D]. 华南理工大学，2015.

为土地出让的规划条件编制专门的开发建设导则，开发建设导则所确定的指标体系是涵盖各类规划设计成果的，是基于现实条件的，是可落地实施的。同时，开发建设导则的编制原则上不宜对控规控制指标进行调整，减少法定规划调整难带来的一系列问题，这就要求在控规以及法定化的城市设计编制阶段对强控指标应确保能落实，对不确定的指标不宜进行强制性控制要求。

4.5.1 控规管控内容优化

4.5.1.1 保留控规最核心的管控要求作为强控要求

控规的重点在于量化控制内容，众多控制指标和要素都能做到“定量、定点、定位”，这是控制的特点，公共设施与基础设施、自然生态与历史文化资源（四线）的保护和用地控制，以及地块的用地性质、兼容性质、容积率、建筑高度、建筑密度、绿地率、公共服务设施配套等控制指标是控规的核心管控要素，是规划管理所依据的核心内容，也是规划整合和开发建设导则编制的基本依据。

4.5.1.2 剥离空间形态管控要求，区分管控强度

在本文所提出的总控模式下，开发建设导则还包含了相关专项规划管控内容，因此控规管控内容应为专项规划内容的叠加预留充足的弹性。这就要求在城市设计纳入法定规划的过程中，依托城市设计的强制性管控内容宜精不宜多。法定化的强制性管控内容并非控制的越多越好，相反可能在开发建设中因多种不确定因素不得不调整过于细致的控制要求，造成时间和成本的浪费，如世博B片区附加图则中为了形成连续、友好的城市界面，对片区高层塔楼贴线率要求不小于70%~90%。但由于城市设计要求后退红线5m，加上人行道3m，若要满足贴线率的要求，则无法满足消防登高面的要求，最终虽然消防局让步，但塔楼两侧的行道树被取消了。同样在附加图则中对每个街坊的机动车出入口位置都有明确的规定，要求沿街坊内部公共通道进出，这样导致机动车出入口开在道路两侧相对的位置，在后期实施中，交警部门指出这样会造成未来该片区的交通序乱，因此设计不得不妥协。城市设计在一定程度上带有理想色彩，与现实规范可能会存在诸多的冲突，而这些要求一旦被纳入控规的强制性管控内容，会造成后期开发建设的困难。

本文认为应该划分管控强度分区，对重要管控地段城市设计强制性管控内容进行反复斟酌，仅保留对于公共利益起决定性因素的相关控制内容，同时应基于控规基本要求进行技术验证，在确保强控内容可实现的基础上，

再将其纳入控规，作为附加图则或城市设计导则的内容；对其余地块城市设计管控内容宜以引导性为主，特别是涉及地块内部要求的，宜在开发建设导则的编制时基于整体考量再明确相关要素的管控力度，在城市设计阶段不宜强控，或注明强控要素的可调整范围，降低规划整合或开发建设导则编制的统筹难度，为后期赋予更多的管控弹性。

4.5.2 城市设计管控内容优化

4.5.2.1 以引导性管控为主

城市设计要素的控制性 / 引导性确定不同于控规，在法律法规层面没有明确的要求，一般与管控要素本身性质、定性或定量化表达方式、所在区域、开发模式等有着最直接的关系[19]。现行规划体系下，由于缺失规划整合与开发建设导则编制步骤，为了保障城市设计的管控力度，强化城市设计管控要求，实践中越发趋向于将尽可能多的管控要素列为强制性控制要求，强制性控制内容管控一旦写入法定规划，修改程序复杂，耗费时间长。城市设计管控内容融入法定控规是保障城市设计实现的最有力手段，但在指导开发建设的实践过程中也面临着一些问题，主要原因是城市设计管控要素的确定是以城市设计方案为依据，而城市设计方案主要强调区域空间形态的整体效果，除节点城市设计外，地段性的城市设计对单个地块的设计深度远远不足，依托城市设计方案所确定的管控要素在实际修建方案中可能无法实现或较大程度地限制地块建筑方案的创新性设计。

4.5.2.2 管控要素应考虑到后期规划管理及其实施路径

控规管控内容有明确的管理主体和实施路径，但城市设计涉及的管控要素多，且没有一个统一的管理部门，绝大多数的城市设计管理工作都是由相对平行且分散的各职能处（科）室独立负责，各单位分别处理各自对应的城市设计专项管理内容，城市设计容易出现组织管理层次不分明、多机构重叠、整体协同性差等问题，造成各单位职能职责混淆，导致设计目标不明确，缺乏整体指导与统筹协同[20]。

因此城市设计管控内容的选取还应考虑到规划管理和建设实施的难度，避免出现城市设计中某一要素进行了管控，但在实际规划管理中缺失

---

[19] 姜涛，李延新，姜梅 . 控制性详细规划阶段的城市设计管控要素体系研究 [J]. 城市规划学刊，2017（04）: 65–73.

[20] 司马晓，杨华 . 城市设计的地方化、整体化与规范化、法制化 [J]. 城市规划，2003（3）：63-66.

管理主体，或在开发建设中缺失实施主体的情况，因此作为法定化的管控要素，必须要在规划设计阶段明确要素管理主体及实施主体。以慢行系统中的二层连廊或高层连廊为例，地块之间的连廊后期开发主体如何确定、权属如何确定、运营维护主体如何确定等都需要在规划设计阶段明晰，否则会造成规划意图难以落实。

4.5.2.3 注重城市设计的协调职能及制度建设

传统的城市设计通常作为一种工程设计，成为国家和政府在空间时间中的实施工具，其通过城市设计导则的编制方式来达到物质空间实践的管控目的。然而，近几年国内学者在城市设计研究中已经觉察到经济对城市设计的影响，认识到城市设计是市场经济环境下导控城市建设的重要杠杆，现代城市设计由纯粹的空间设计转向综合的空间资源配置，由单一的产品生产到动态的过程控制，注重目标导控的策略制定[21]。城市设计从内容上主要包含城市设计政策法令、设计方案以及城市设计导则，这就决定了城市设计不仅从物质空间设计上对城市公共空间进行生产调控，也包含了制度上对其整个的生产、经营、使用过程进行设计，从而促进城市空间的高效使用。

唐子来在《发达国家和地区的城市设计控制》中界定“城市设计作为公共干预具有两种基本方式，分别是形态的和规章的。形态的干预方式就是对于城市公共空间，如街道、广场、公园等的具体形态设计，可以成为形态型的城市设计……政府对于建成环境进行公共干预的另一项重要职能就是制定和实施城市形态和景观的公共价值领域的控制规则，可以称为策略型城市设计”。城市设计不仅仅是对城市物质空间环境的设计，更是对物质空间生产过程中的制度设计，通过提供多样化的制度设计，创造更加多元化、富有吸引力的城市空间。

而这种控制规则和制度设计必然是对多方利益的统筹协调，市场力量是城市设计运行无法回避的，尽管以维护公众利益为宗旨的城市设计无法兼顾所有利益相关方的利益诉求，但是多元利益主体、多元认识角度、多元目标指向需要城市设计运行实施建立起多元利益协调的平台[22]。城市设计应尊重各个利益相关方的正常利益诉求，通过管理手段，运用激励、补偿、惩罚等手段对各类开发行为进行主动服务和积极引导，其中最具代表的就

---

21 刘代云．市场经济下城市设计的空间配置研究 [D]. 哈尔滨工业大学，2008.

22 罗江帆．从设计空间到设计机制——由城市设计实施评价看城市设计运行机制改革 [J]. 城市规划，2009，33（11）: 79-82.

是容积率的奖励与补偿制度。容积率在控规中是作为强制性指标规定城市建设强度的，而这种控制往往会造成突破，应用城市设计的方法来落实公共政策，是从宏观角度对城市建设问题进行研究，可采用容积率指标的规定性与弹性范围相结合的方式，同时利用市场机制的激励制度，制定对容积率的奖励标准，并通过奖励制度使地方裁量权发挥作用，实现社会资源的优化配置，达到良性循环。如日本，日本国土交通省制定了《东京都高度利于地区指定基准》作为整个东京都市圈容积率补贴的依据，该基准强调地区之间的差异性，将东京都分为核心地区、重点更新与防灾地区和非核心地区，其中核心地区又分为市中心、副市中心、一般地区、办公区周边区域等；同时为将规划目标分级管理，奖励内容细分为公共空地、公共室内空间、绿化设施、育儿设施、老年福利设施等，除此之外，对局部城市更新地区会制定更为具体的容积率奖励政策，如轨道交通枢纽云雀丘站的重新开发中，规定地块容积率的最大上限由标准容积率和补贴容积率叠加而成，而补贴容积率又包含了必须包含的共通项目和开发商自愿参与的选择项目，并根据地块设置交通设施的潜力划分不同的奖励标准，鼓励开发商将公共设施设置在合理的地段，如在主要交通线路沿途地块增设人行天桥长廊可以获得 0.5 的容积率奖励[23]；如 20 世纪 70、80 年代加州为鼓励可承受性住房建设，规定如果开发商同意建设 20% 的住房提供给低收入家庭；或者 10% 的住房提供给很低收入家庭；或者 50% 的住房提供给老年人等行为，地方政府须提供至少 25% 的容积率奖励或其他同等鼓励措施，来促进保障性住房的建设和人口的混合居住等。这种对于多方利益协调的制度设计，有利于最大程度调动私人的积极性达到公益目标的实现。

比如在实际开发中经常遇到的多地块联合开发中城市道路与市政设施的建设，一般来讲，政府和开发商共同建设联合开发的公共空间，会造成施工不变，周期延长等各种问题，开发商更愿意选择单独开发，联合开发地块之间的道路及市政管线由开发商代建，这样可以有利于开发商对地下空间进行统一设置，使空间资源配置更为高效，很大程度的减少因利益纷争和技术对接而增加的时间成本和经济成本。然而这种方式存在的问题是若市政道路产权仍属于政府，那么二级开发商需要投入大量资金建设但没有经济回报，若能将道路产权出让给开发商，那么开发商可以通过公共空间地下空间的运营管理或道路上市政管线的自由排布获得相应的利润回报，同时有

[23] 唐凌超 . 轨道交通枢纽周边地区容积率奖励政策研究——以东京云雀丘地区为例 [C].2017 中国城市规划年会论文集（14 规划实施与管理）. 中国城市规划学会、东莞市人民政府 : ，2017: 11.

利于降低政府基础设施建设投入，达到双赢。这也要求在顶层设计在建立完整的制度设计，保障公共利益的同时，满足各个建设主体的利益需求。

城市利益主体日益多元化背景下，城市设计的公共政策属性日益凸显。城市设计除物质空间形态研究与管控外，基于实际开发建设的制度或政策设计也至关重要。

4.5.3 控规 / 城市设计管控的动态维护机制

社会经济的发展导致了规划的动态性，我国目前处于社会经济快速发展及转型阶段，各种变化因素增多，城市规划不再是静态的技术蓝图。控规作为直接面向规划实施管理的规划技术，在规划实践中，呈现出了一定的不适应性，控规指标调整频繁是各地都面临的一个普遍性问题。一方面，作为法定规划，控制性详细规划本身具有法定性和严肃性；另一方面，控制性详细规划作为指导城市建设的直接依据，面对发展变化，要适时作出应变。

目前建立控规的动态维护机制是解决这一问题的有效手段，如北京在控规编制上采取分层次编制，并建立专门的动态维护机制，针对规划编制中的不足和控规实施过程中出现的新情况和新问题，按照科学发展观的要求，不断探索研究，不断积累经验，在此基础上制定统一的标准和规范的程序，对已批准的城市规划不断进行细化落实、调整修改和完善更新[24]，并明确动态维护具体程序；如厦门的“招拍挂”规划咨询，要求凡是进入土地市场进行“招拍挂”的用地都必须做规划咨询，规划咨询就是按照土地“招拍挂”的程序，在土地出让前，对拟出让土地的规划指标进行经济技术论证，以及对规划方案的空间环境进行模拟，通过一系列的行政过程，重新形成一套土地出让条件，并经过土地“招拍挂”成为土地开发的合同条件；如各地的“控规一张图”管理平台的搭建，依托统一的信息平台，以控规成果为核心内容，有效收集和整理控规更新的信息，始终保持控规数据的及时性和准确性等。

4.6 小结

本章节首先探讨了管控开发建设的建设用地出让的“规划条件”与相

---

[24] 邱跃．北京中心城控规动态维护的实践与探索 [J]. 城市规划，2009，33（05）：22–29.

关规划的关系，指出“控规 + 城市设计”是目前规划管理的主要依据；然后分别简要介绍了目前控规和城市设计的管控内容，提出规划实施视角下现行土地出让规划条件的三点问题；最后基于本文提出的总控模式提出对控规、城市设计管控内容提出建议，认为应保留控规最核心的管控要素作为强控要求，对于逐渐被赋予法定地位的空间形态管控要素进行优化，区分管控强度。除核心空间节点外，其余地区空间形态及其他要素宜作为引导要求，为后期开发建设导则的编制提供更多的弹性空间。

5

专项梳理及规划整合

5 专项梳理及规划整合

5.1 规划整合的必要性

在控制性详细规划的编制过程中，往往还会编制一系列的专项规划来落实总体规划意图，支撑控制性详细规划的落实。由于规划编制技术体系较为复杂，这些专项规划往往缺乏彼此间的协调。另外，专项规划分属不同的部门编制，而不同部门之间由于利益诉求的不同和协调机制的缺乏致使城市规划总体发展意图会被各种局部的合理性“肢解”，加上各类规划编制时序不同等原因，导致规划成果之间会相互冲突，主要表现在上、下位规划之间、综合规划与专项规划之间以及相邻地区规划之间存在着不同程度的矛盾，也就是通常所说的“规划打架”。因此为了更好地落实城市规划、贯彻城市发展的意图、协调各专项规划更好完成编制工作、有效解决各专项规划之间及专项规划与已有相关规划之间“规划打架”问题，为土地开发和管理提供指导和依据，有必要进行专项规划的整合规划。规划整合是一项庞大的系统工程，需要强有力的组织领导和精干的专业技术团队，进行长期持续的跟踪与跟进。必须从人员组织保障、技术标准建设、全过程管理、经费保证等方面进行全面考虑，建立相关工作机制，保障规划整合的顺利推进及后续的动态维护。本章以上海桃浦科技智创城为例，试图探索专项规划编制后整合规划的方法。

5.2 规划整合的原则

原则一：全专项整合原则。规划设计包含多专业、多系统，主要从业态策划、规划设计、景观设计、道路交通和市政设施五大类出发。业态策划包括功能业态的分析、研究和筛选，各业态类型规模预测，各业态选址和布局。规划设计需整合城市开发控制要素选取与力度控制、空间布局方案和城市风貌。道路交通除了需整合地面道路交通组织方式，还有公共交通、轨道交通、慢行系统组织、地下空间组织和地下停车等。此外地区公共空间景观舒适度和市政设施的规模、选址、尺度，各类设施管网布局及管线综合等都被纳入了专项，增补专项未涉及，但体现专项规划意图的相关控制要素及指标，同时专项自身涉及内容（包括相关控制要素、控制指标等）以专项规划为准，并听取相关编制单位意见。

原则二：多利益主体协调原则。在规划全阶段过程中，多方利益主体对规划设计方案均具有纵向反馈效应，影响方案最终成果。协调涉及政府部门、业主、居民及利益相关方、开发商、设计单位和施工单位，应能够在设计中立刻反馈信息，减少过程中的矛盾、反复和资源的浪费。

原则三：多维度统筹原则。规划项目中常涉及既有建筑的保护和新建筑的创新，此时就需要多维度的统筹，从红线管控到空间管控再到红线内外、地上地下和公共空间的一体控制，做到在空间上没有管控死角。

原则四：全过程参与原则。整合设计单位在项目初始阶段，对项目的功能业态、空间布局做出整体设计考虑。规划中期时协调多方需求，与开发商、建筑师、施工方等对接，保证建成品质。伴随建设推进，提供后期动态跟踪和维护，根据实际建设情况调整规划。应做到多专业、全过程配合实施，统筹协调，体现规划设计的整体性、延续性。

5.3 规划整合的难点

5.3.1 专项规划内容庞杂，如何进行整合

规划要求提高造成在前期增补更多专项，例如品牌策划专项、建筑风貌专项、道路交通专项、竖向土方专项等，桃浦科技智创城在控制性详细规划阶段完成了控规、城市设计及众多专项规划的编制。这些专项涉及公共设施、绿色生态城区、地下空间、海绵城市、综合交通、市政设施、环保和安全防灾等多方面。各专项在编制过程中会将大现状分析、需求分析、案例分析、负荷计算、指标计算等必要内容纳入专项文本，体系庞大，内容繁杂；而且开始编制整合规划时多个专项规划还在编制过程中，并且分布在不同的编制单位（表 5-1）。专项众多，内容庞杂的条件下，如何实现精控制、高效协调，是规划整合的关键。

专项规划分类及编制单位 **表 5-1**

类型	专项	编制单位
市政	配电网专项规划	上海电力设计院有限公司
	分布式供能专项规划	上海电力设计院有限公司
	供水专业规划修编	上海市城市建设设计研究总院

续表

类型	专项	编制单位
市政	雨污水系统专业规划	上海市城市建设设计研究总院
	燃气系统专业规划修编	上海燃气工程设计研究有限公司
	水系调整规划	上海市水务规划设计研究院
	信息基础设施专业规划	上海邮电设计咨询研究院有限公司
	直饮水系统规划	上海市城市建设设计研究总院
	市政综合规划	上海市城市规划设计研究院
	综合管廊规划建设方案	上海市政工程设计研究总院有限公司
环卫防灾	环境卫生专项规划	上海市环境工程设计科学研究院有限公司
	民防工程建设专业规划	上海新华建筑设计有限公司、上海市普陀区规划和土地设计所
	综合防灾专项规划	上海同济城市规划设计研究院
交通	综合交通专项规划	上海市城市规划设计研究院
地下空间	地下空间工程方案研究	上海市城市建设设计研究总院
公服设施	文教体卫专项规划	上海市城市规划设计研究院
生态智慧	BIM 应用规划	上海建科工程咨询有限公司
	绿色生态专业规划	上海建筑科学研究院上海分院
	海绵城市建设实施方案	上海市城市建设设计研究总院
绿化	绿化专项规划	上海市城市规划设计研究院

5.3.2 涉及规划数量众多，如何进行衔接

桃浦规划数量众多，专项规划多至 27 个，公共空间和地块内部空间等不同的专项规划之间的数值容易产生冲突。对建筑落实难度增加，建筑地上地下空间布局、建筑风貌、消防等要求提高，与实际建设情况冲突增多。原来的规划因为开发周期原因造成规划理念难以在短时间内落实，现在开发周期变长，但是建设控制缺乏动态维护。规划覆盖范围的变大引起红线内外统筹问题，例如桃浦临界界面需统一设计，并加入对共享单车点位的控制；增加地铁出入口位置、形式等要求，对风亭排风口提出建议；明确地铁站与出入口的连接通道问题等。各专项在编制过程中由于缺乏协调机制，专项之间沟通不足，导致专项指标在叠合部分也存在或多或少的矛盾。如何处理各专项所涉及的空间要素的平面、竖向关系，如何统筹各专项指标体系是规划整合的重点。

5.3.3 为便于规划管理，如何进行空间落地整合

涉及主体众多造成管理者管理监督不便、开发招商运营不便和使用者使用不便。各专项要素众多，如何将各专项管控要素整合到一起，使空间落地整合成果形式和表达更便于规划管理和指导控规编制，基本实现规划“一张图”管理的目标是整合的难点。

5.3.4 利益主体众多，如何协调各利益主体的诉求

专项规划整合涉及利益主体众多，包括公众利益、政府利益、开发商利益。

地方政府承担着通过国有土地使用权出让或拍卖等手段吸引投资、获得财税收入从而用得到的经济回报去支持城市建设发展以及为市民提供更多的公共服务以提高人民生活工作环境水平等职能。因此，地方政府对城市土地的配置水平高低必然影响着城市经济效益、社会效益和环境效益的有效发挥；而地方政府在社会经济活动中地位的改变，使得经济社会及环境综合发展速度、质量与规模直接关乎城市竞争力的高低，成为现阶段衡量政府业绩的关键指标，凸现了城市规划和建设与地方政府执政层面密切的利益关系。

开发商等利益实体既重视建成环境在生产和资本积累中的使用价值，也看重城市建设本身所形成的市场需要，对于开发商或企业等实体而言，拥有更多、区位条件更优越、产业氛围更浓厚、基础设施更完善的土地，就意味着拥有一份财富。因此，他们更关心的是自己的投资效益和收益前景，而不会自觉地关心城市的整体效益和社会公众的利益，该类利益主体的利益取向在缺乏制约的情况下，势必不断扩张，侵蚀到其他主体的利益。

社会公众作为城市规划的“用户”，对其自身利益的诉求就体现在关心城市规划的“产品”质量上，在城市规划这一“产品”的生产过程中，公众就会自发地进行质量把关，提出严格要求。他们从切身利益出发，将建成环境（住房、教育和医疗等社会服务设施及交通和市政工程等基础服务设施）视为消费手段，关心其价格和空间利用，强烈抵触损害其生活环境质量的行为，如居住用地周边布置污染工业用地，教育机构附近安排商业娱乐设施，新建建筑对相邻建筑或者用地的通风、采光和日照等方面产生不良影响等。因此，社会公众是保证城市建设按规划要求进行以保障公众利益实现的最可靠的捍卫者和监督者。同时，城市作为不同文化背景、不同信仰、不同性别、不同年龄、不同职业的公众共同和谐生活的场所，

反映出公众价值观念的多元化和需求的多元化，公众利益也日趋多层次和复杂化。

如何协调公共利益、政府利益及开发商等各利益主体的利益诉求，是专项规划整合的又一挑战。

5.4 规划整合流程

专项规划整合强调“落实上位规划要求、衔接相关规划要点、整合专项规划成果”，并突出“集成整合、统一标准、协同咨询、空间落地”的总体思路，对专项规划进行归类整合，并重点进行公共设施配套标准整合和主要公共及公用设施空间落地整合，同时配合规划管理部门全过程参与各专项规划的规划咨询，最后形成“一本综合报告、一个配套标准、一套单元图表、一套咨询表格”的整合成果。规划整合工作分为梳理研判、专项整合、部门协调、图则整合和动态维护五个阶段（图 5–1）。

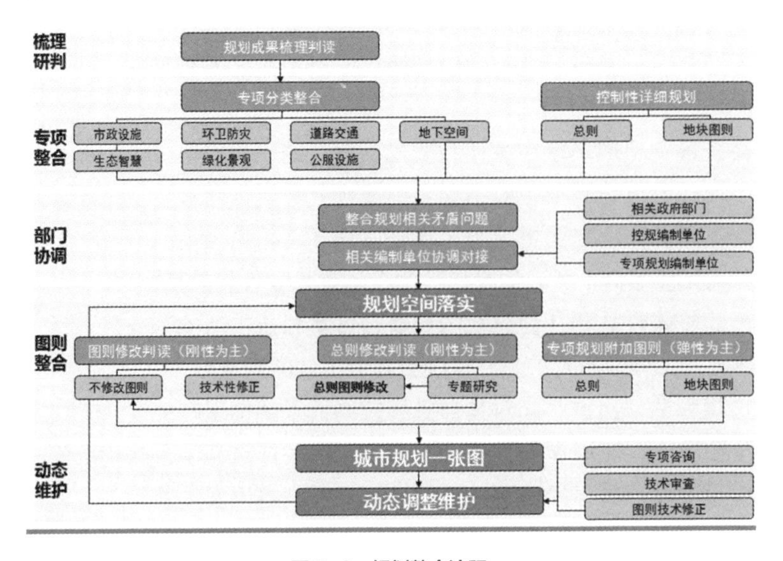

图 5–1 规划整合流程

5.4.1 梳理研判

规划成果是规划管理的依据，也是整合工作的对象，及时掌握全面准确的规划成果，对规划整合极其重要。根据规划成果在目前规划管理工作中的使用效力，将其分为有效类和失效类两大类。剔除已失效成果，将有效成果区分为依据性和参考性两类。梳理已编制完成的各类规划成果，根据梳理判读原则，对规划成果进行判读，将依据性成果按一定的规则分类整理、编码，建立数据库。根据数据组织方案，按照“三层一库”的逻辑组织形式，利用 GIS、BIM 技术，搭建规划整合平台。

5.4.2 专项整合

专项规划整合工作的成果依据为控制性详细规划以及围绕控制性详细规划展开的各项专项规划成果。整合过程中要充分尊重控制性详细规划及各专项规划成果内容，尤其需要强调尊重控制性详细规划成果的法律地位及其严肃性，在选择矛盾解决方案时应优先考虑专项规划的调整，如确需调整控制性详细规划则需按法定程序启动控规调整程序，且务必做到一次性集中调整。

专项规划整合的核心内容在于专项矛盾梳理及矛盾解决方案；专项矛盾梳理的基础是专项规划分类及专项核心内容梳理提炼。专项规划整合成果的特点在于方便使用，即一套整合成果在手，即可满足一、二级开发商对于开发建设过程中全覆盖落实管控要素的需求，满足政府部门开发建设管控要素监管不漏项的需求。

专项层面整合以专项规划矛盾梳理后的核心内容汇总为核心，强调各专业的系统性，重点在于设施的数量和规模，指标体系的完整以及专项空间要素的落地。依据整合内容，在规划成果梳理判读的基础上，选取各专项中最新、最权威的依据性规划成果；无全市性专项规划的，将同一层次的分区专项规划进行整合，形成专项整合工作图。专项整合工作图经技术会议审查后，纳入整合平台，作为图则层面整合的依据。

5.4.3 部门协调

单纯技术兜底会出现被动、无法把控的情况，很多工程实施问题并不完全是专项规划所能预见和解决的，需要建筑落实验证，规划整合作为桃浦智创城规划建设管理的主要依据，在规范各开发主体建设行为和明确本区各职能部门职责范围中起到了决定性的作用。按导则要求（包括国家有关法律、法规、控规、合同和规范要求），协助政府职能部门对建设地块提出控制要求、协调相关建设单位与设计单位及职能部门、协助主管部门施工监督和运维管理。

5.4.4 图则整合

图则层面整合以法定图则为核心，核查法定图则对上位规划的落实情况，以及与平行规划、下位规划的衔接情况。梳理已批、在编法定图则成果，按照边界衔接、土地利用、控制线、公共设施、道路交通、市政工程、地名七个方面内容，利用整合平台，检查图则内容是否与专项整合工作图存在矛盾、相邻图则衔接是否得当，发现规划之间的冲突，提出整合建议。根据是否需要修改图则、修改程序以及问题的复杂程度，将整合问题分为不修改图则、技术性修正、图则修改、专题研究四类处理。对整合问题逐一提出修改建议、方案，形成图则层面规划整合报告。

5.4.5 动态维护

对于不涉及用地指标调整的技术性修正类问题，可以走简易程序，经审定后，项目组负责技术修正，进行动态更新。图则修改类问题必须按照图则个案修改或修编程序，经批准后，方可进行相应修改。专题研究类问题，需经管理部门技术会议审议，认为应修改图则的，按图则修改（编）程序进行修改（编）。对于暂时解决不了的专题研究类、图则修改类问题及其处理建议放置于整合信息图层中，作为规划管理、图则修编的参考，待图则修编或个案修改完成后进行动态维护更新。

5.5 规划整合的技术方法

5.5.1 归类整合：专项集中归类、核心内容提炼、冲突分类梳理

专项整合规划以“集成整合”为工作切入点，着重梳理解读提炼各个专项规划的核心内容。各专项规划解决的重点问题不同，但又有相互联系，将同类控制要素集中研究，便于统一管控，将相关联的几个专项规划，进一步分类整合成为 7 类，将绿地系统规划、环境保护规划、防洪及河道蓝线规划（河道蓝线部分）、海绵城市整合为生态建设与环境保护类，将历史文化名城保护规划、城市空间形态与色彩规划整合为历史文化与空间特色类，将商业网点布局规划、地下空间开发利用规划（地下商业设施部分）整合为商业网点与中心体系类，将社会事业规划、地下空间开发利用规划（地下公共服务设施部分）整合为公共设施与社会事业类，将公共交通规划、综合交通规划整合为城市综合交通类，将电力设施规划、市政管线综合规划、环境卫生规划整合为市政工程与基础设施类，将重大危险源公共安全规划、消防规划、防洪及河道蓝线规划（防洪部分）、地下空间开发利用规划（地下防空防灾设施部分）整合为城市安全与综合防灾类。

生态建设与环境保护类重点研究要素包括海绵城市、公园绿地、防护

绿地、生产绿地、河道蓝线、其他绿地环境生态功能区划、生态功能区划及保护；历史文化与空间特色类重点研究要素包括历史城区、历史文化街区、文物古迹、历史文化名镇、古村落、历史环境要素、非物质文化遗产、密度分区、高度分区、公共开放空间、街区控制、街道控制、城市色彩；商业网点与中心体系类重点研究要素包括商业中心、商业街区、旅游休闲商业带、宾馆酒店、农贸市场、商品交易市场、物流基地、零售业和地下商业设施；公共设施与社会事业类主要研究要素包括文化、体育、教育、医疗、福利设施和地下公共服务设施；城市综合交通类重点研究要素包括地下交通设施、公交、对外交通、货运、路网、公交、客运枢纽、停车、慢行；市政工程与基础设施类重点研究要素包括电力、给水、污水、燃气、通信、环卫设施；城市安全与综合防灾类重点研究要素包括重大危险源企业、防洪、消防设施、地下空间防空防灾。

桃浦科技智创城在所有相关控制要素进行梳理后，最后统筹了 27 个专项规划及控制内容，按照冲突点类型区分为专项要素空间矛盾，数据、规模及指标体系矛盾，其他类型矛盾。按照冲突点位置区分，可分为边界条件和内部条件，边界条件指各专项规划及控规的冲突点位于地块红线之外，属于地块建设边界条件，边界条件冲突主要涉及专项包括市政各相关专项、综合交通、综合管廊、地下空间专项等。内部条件指各专项规划及控规的冲突点位于地块红线内部，属于地块建设控制要求。内部条件冲突涉及内容除控规、城市设计导则之外，相关专项包括：绿化、海绵城市、绿色生态、综合交通、地下空间等。

结合上位规划的目标要求和各类专项规划编制重点内容，进行理念目标综合，提出各类的综合目标，然后在综合目标的指引下，通过精简凝练、抓住关键、综合集成，进行管控要素整合，提出各类的规划分目标、关键指标、规划策略和规划指标体系、规划专项空间要素。

5.5.2 落地整合：基于空间“常态化、精细化”管理的空间整合

（1）划分管理片区

为了便于多要素空间落地的整合和规划管理，首先划分管理片区。桃浦科技智创城按项目性质和开发时序划分为英雄天地、智创 TOP、托马斯实验学校和 603 地块 4 个重点单元，划定本次规划整合的管理片区。以英雄天地和智创 TOP 为示范规划整合管理片区。

（2）明确研究要素

明确分片区管理单元公共和市政设施专项布局的内容要素，公共设施

分片区图研究要素包括教育、文化、体育、医疗、福利设施、绿地广场、农贸市场、商业中心、文保设施等，控制内容包括各类设施的名称、级别、规模（班级数、床位数）、用地面积、建筑面积、规划措施（保留、扩建、新建、迁建）等；市政公用设施分片区图研究要素包括电力、电信、给水、排水、燃气、环卫、防灾、公交设施等，控制内容包括各类设施的名称、级别、规模、用地面积、控制要求、规划措施等。

（3）校核落地矛盾、提出相应措施

梳理已有片区总规、镇总规和控规，一方面通过专项之间、专项与控规、片区（镇）总规校核以及多类设施的叠加分析，整合发现设施之间打架、空间落地的矛盾；另一方面，将专项规划与现状相校核，明确各项设施空间能否落地。划分的管理片区按已编镇总体规划、已编片区总体规划、已编控规以及没有编过总规和城市设计 / 控规等规划这四类，通过校核分析，发现每类空间落地存在的主要矛盾和问题，并提出相应的措施建议。

规划梳理了各专项规划的公共和公用设施配建要求，整合形成了《桃浦指标汇总表》。对原有指标体系进行筛选、补充、修正，协调各专项规划及控规的冲突点，并按照刚性指标、弹性指标和引导指标对现有指标体系进行分类汇总（所有指标均为最低要求）。

刚性指标针对桃浦具体地块项目强控指标内容，结合控规及土地出让条件形式，对指标内容进行控制（图 5-2）。刚性指标主要包括控规相关控制要素（地块性质、混合比例、高度、容积率、住宅套数、配套设施、其他控制要求）；海绵城市指标（径流消减量、单位面积控制容积）；综合防灾（避难场所、避难建筑、避难场所登记、防灾公服设施、防灾工程设施、防灾控制要求）；综合交通（交通设施、用地面积、建筑面积、设置形式）；绿色生态（绿色建筑星级、绿色建筑运营、既有建筑绿色改造、建筑单体预制率、全装修率）；BIM 全周期控制要求；土地出让要求（开工时间、竣工时间、保障房比例、物业持有比例、持有年限、产税标准、产权、公寓式办公 / 公寓式酒店、登记最小单位 / 销售最小单位）。

弹性指标则不做强制控制，相关指标的控制具有一定的浮动区间，或者可以在满足刚性指标的前提下，通过几个指标的统筹，满足相关设计要求（表 5-3）。弹性指标主要包括海绵城市（透水铺装率、绿色屋顶率、下沉绿地率）；绿化（广场绿化率、广场硬地比、绿地绿化率、绿地硬地比 15%）；城市设计导则（通透率 15%）。

引导性指标是不做强制性控制，对各地块满足刚性及弹性控制要求提出引导性的建设要求和建议，内容主要包括海绵城市、地下空间和绿色生态。

刚性指标表

表 5-2

控制性详细规划指标（规土局）											海绵城市指标（建管委）			综合防灾指标（民防办）						
街坊编号	地块编号	地块面积（㎡）	用地代码	混合用地建筑量比例	容积率	建筑高度（米）	住宅套数（数）	配套设施	规划动态	备注	径流消减量（mm）	单位面积控制容积（m^3/hm^2）	备注	避难场地（m^2）	避难建筑（m^2）	避难场所等级	防灾公服设施	防灾工程设施	防灾基础设施	防灾控制要求
096	096-01	2357	G1		—	—	—	含噪声环境监测点一处	规划	绿地内保留建筑占地约 381 ㎡，建筑面局 452 ㎡（以实测为准），仅作公益性设施使用，产权移交政府	33	—								
	096-02	1222	S9		—	—	—	公共厕所一处，建筑面积 100 ㎡	规划	加油站	26.7	160.2								
	096-03	20915	C8C2	C8 ≤ 60%；C2 ≥ 40%	1.3	30	—		规划	含保留建筑面积 19824 ㎡（以实测为准）	24.2	—	可根据实际方案与 096-01 地块统筹							
102	102-01	12298	C8C2	C8 ≤ 80%；C2 ≥ 20%	5.5	150	—	垃圾分类收集间一处，建筑面积 20 ㎡，含 10kV 开关站一处	规划	标志性建筑不超过 150m，开关站与建筑合建	24.2	145.2								
	102-02	2752	G1		—	—	—		规划		33	49.5								

		综合交通（规土局、建管委、申通、交警支队）				土地出让要求（商务委、投资办、房管局、转型办）							智慧城市控制性指标（科委、建管委、转型办）							单位建筑面积税收产出（商务委、投资办、转型办）			BIM 刚性控制要求（建管委）
街坊编号	地块编号	交通设施	用地面积（㎡）	建筑面积（㎡）	设置形式	保障房比例	中小套型比例	物业持有比例	持有年限	公寓式办公/公寓式酒店	登记最小单位	销售最小单位	居住类	商务办公类	商业服务类	科研办公类	市政基础设施	城市公共空间	数据上传要求	第一年（元）	第三年（元）	办理房地产权证时（元）	BIM
096	096-01	独立地铁出入口																监控覆盖；智慧景观照明	能耗数据、公共电梯数据、停车数据、视频监控数据、人员信息				1. 在项目立项阶段提交项目的 BIM 专篇； 2. 在招标文件或承发包合同中明确 BIM 技术应用要求； 3. 在设计阶段同步建立 BIM 模型，进行建筑、结构及机电专业模型构建，面积明细表统计； 4. 在施工图设计阶段利用 BIM 进行碰撞检查，管线综合； 5. 施工阶段，利用 BIM 进行施工深化设计、施工场地规划、施工方案模拟等； 6. 在竣工验收环节提交竣工模型交付验收； 400030002000 客流分析；智慧导购
	096-02	含加油站一处	1214		独立新增										客流分析；智慧导购			监控覆盖；智慧景观照明					
	096-03							商业：100% 办公：100%	全年限持有	无公寓式办公；无公寓式酒店	保留建筑商业、办公：幢 新建建筑商业、办公：幢			智慧物业；能耗监控；远程抄表；智慧停车；建筑设备监控；公共充电设施；信息发布；访客管理；BIM 应用；新能源汽车充电桩；智能照明；智慧路灯；新能源汽车租赁网点；智慧园区服务平台；招商平台；企业桌面			环境监测						
102	102-01							商业：100% 办公：100%	全年限持有	无公寓式办公；无公寓式酒店	商业：幢 办公：幢			智慧物业；能耗监控；远程抄表；智慧停车；建筑设备监控；公共充电设施；信息发布；智慧访客管理；BIM 应用；新能源汽车充电桩；智能照明；智慧路灯；新能源汽车租赁网点；智慧园区服务平台；招商平台									
	102-02	独立地铁出入口与建筑合建；预留地铁出入口与建筑合建																监控覆盖；智慧景观照明					

绿色生态（建管委、规土局、绿化市容局、转型办）																							
街坊编号	地块编号	绿色建筑星级	绿色建筑运营标志	既有建筑绿色改造	新建建筑单体预制率或装配率	全装修	区域能源系统	地下空间利用	新能源汽车分时租赁服务网点	充电设施停车位比例	健康建筑	屋顶绿化	屋顶绿化形式	节水器具用水效	市政绿化灌溉形式	非传统水源利用	节能建筑	可再生能源利用	生活垃圾分类收集率	垃圾桶类型	建筑垃圾资源化率	公建能耗管理系统设置	智能停车场系统覆盖率
096	096-1						—	—	—	—	—	—	—	—	移动式节水灌溉	河道水回用	—	—	—	—	—	—	—
	096-02							—	—	—	—	—	—	—	—	—	—	—	—	—	100%	—	—
	096-03	新建建筑：二星级						—	—	—	—	≥新建裙房（h ≤ 50m 的建筑面积）30%	—	2 级	—	分散式雨水回用	—	—	100%	—	100%	能耗管理	停车诱导
	102-01	三星级	三星运营		装配式建筑面积比例 100%；> 50m 建筑单体预制率 40% 或单体装配率 60%；≤ 50m 建筑单体预制率 45% 或单体装配率 65%		4 号能源站	引导利用	—	10%	—	≥裙房（h ≤ 50m 的建筑面积）30%	—	2 级	—	分散式雨水回用	—	—	100%	—	100%	能耗管理	停车诱导
	102-02							—	—	—	—	—	—	—	移动式节水灌溉	河道水回用	—	—	—	—	—	—	—

弹性指标表

表 5-3

街坊编号	地块编号	地块面积 (m²)	用地代码	绿化（规土局、绿化市容局）				智慧城市引导性指标（建管委、转型办、科委）							BIM 引导性控制要求（建管委）
				广场绿化率（±15%）	广场硬地比（±15%）	绿地绿化率（±15%）	绿地硬地比（±15%）	居住类	商务办公类	商业服务设施	科研办公类	市政基础设施	城市公共空间	数据上传要求	BIM
96	096-01	2357	G1	—	—	—	—						环境监测；公共 Wi-Fi 覆盖	环境监测数据	1. 在方案设计阶段利用BIM进行虚拟仿真漫游、辅助进行场地分析、建筑性能模拟分析、设计方案比选。利用 BIM 进行工程量计算； 2. 在施工图阶段利用BIM进行机房优化、招投标清单工程量计算等； 3. 施工阶段，利用 BIM 技术辅助预制构件加工、施工进度管理、设备材料管理、质量安全管理等； 4. 在竣工阶段分析 BIM 技术应用效益； 5. 运维阶段搭建运维平台，利用 BIM 技术辅助运维管理； 6. BIM 技术与物联网结合，利用 RFID 技术追踪预制构件； 7. BIM 技术与 VR、AR 和无人机等技术结合
	096-02	1222	S9	—	—	—	—						环境监测；公共 Wi-Fi 覆盖		
	096-03	20915	C8C2	—	—	—	—		智慧提货系统；环境监测；智慧办公；智慧会议；公共 Wi-Fi；智慧服务入口	环境监测；公共 Wi-Fi；智慧服务入口					
102	102-01	12298	C8C2	—	—	—	—		智慧提货系统；环境监测；智慧办公；智慧会议；公共 Wi-Fi；智慧服务入口	环境监测；公共 Wi-Fi；智慧服务入口					
	102-02	2752	G1	—	—	—	—						环境监测；公共 Wi-Fi 覆盖		

街坊编号	地块编号	海绵城市（建管委）										地下空间（规土局、建管委）					城市设计导则（规土局）
		绿色屋顶（m²）	下凹绿地（m²）	透水铺装（m²）	雨水花园（m²）	植草沟（m²）	生态树池（个）	雨水罐（m³）	生态堤岸（m）	分散式蓄水池（m³）	备注	停车配建需求（个）	地下开发用途	人行通道接口	车行通道接口	备注	通透率（±10%）
096	096-01	—	700	—	—	—	—	—	—	—						地下开发重点区域	—
	096-02	—	—	450	—	—	—	—	—	20						地下开发重点区域	—
	096-03	1500	900	2700	700	—	4	30	—	50	可根据实际方案与 096-01 地块统筹	217	商业 / 停车 / 配件			地下开发重点区域；停车需求可与 102-01 地块统筹	永登路、桃乐路 50%
102	102-01	4000	—	1850	600	—	1	5	—	—		541	商业 / 停车 / 配件	E1、S1		地下开发重点区域	方渠路、桃乐路 50%
	102-02	—	800	—	—	—	—	—	—	—						地下开发重点区域；独立地铁出入口与建筑合建；预留地铁出入口与建筑合建	—

5.5.3 落实设施用地

针对空间落地校核发现的主要问题和相应措施，按现状保留设施、空间能落地规划设施、需规划再研究设施三类分别落实各项设施。现状保留设施包括现状保留、改扩建设施，空间能落地规划设施包括专项与控规一致的设施、专项与控规不一致但控规可控设施、专项规划没有规划配建但控规规划且合理的设施，需规划再研究设施包括专项规划配建但控规或片区（镇）总规没有规划的设施、专项规划配建但现状无用地的设施等情况，规划提出需要在下一步控规编制中给予研究。

在此基础上，以划分的管理片区为单位，分别编制了各管理片区的公共设施要素空间落地整合图和市政设施要素空间落地整合图（图 5-2）。要素空间落地整合图对各类专项设施布点（用地）、必要的各类控制线进行空间落地，并明确了各类设施的建设控制要求，包括各类设施的名称、类别、规模、占地面积、规划措施、所在管理单元等规划控制引导规定，形成一套单元图表，便于规划的常态化、精细化管理和指导下位控规编制。

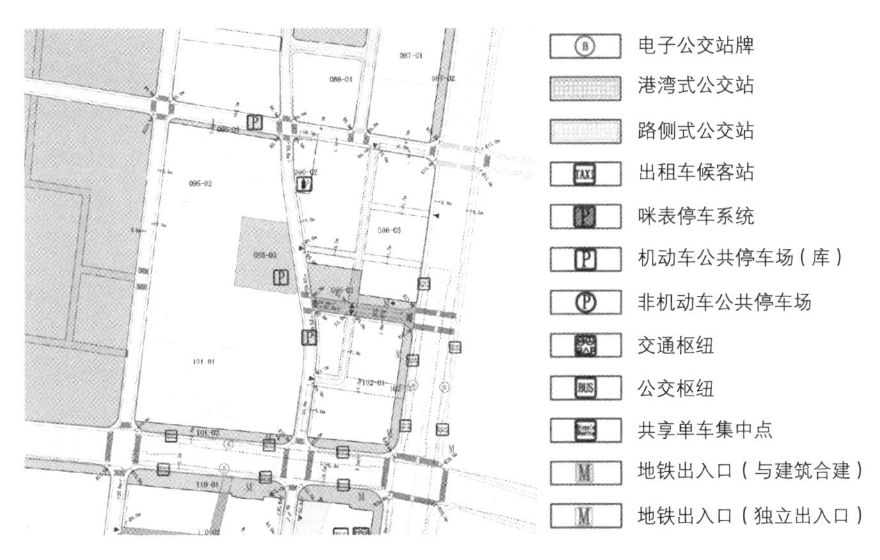

图 5-2 桃浦市政设施要素空间落地整合图

5.5.4 咨询整合：协同咨询，全过程参与专项规划的编制节点

从项目编制开始，编制单位作为专业咨询机构，配合规划管理部门全过程参与各专项规划每个编制节点的方案审查和成果确认，与相关专业部

门和设计单位沟通，起到充分协调、形成合力的作用。形成了一本咨询报告，内容包括桃浦科技智创城专业专项规划咨询意见表和桃浦专业专项规划方案审查/成果确认会议记录表。

5.6 城市设计核心成果内容梳理

目前国内城市设计管控方式为城市设计导则及附加图则（上海采用），城市设计设计范围很广的城市物质环境，重点管控的内容是公共空间的品质，对私有空间不予控制。城市设计导则或附加图则将影响公共空间环境的控制要素，按照控制要素的不同类型分为功能空间、建筑形态、开放空间、交通空间及历史风貌五类。城市设计管控内容则主要是对上述五类控制要素的归纳，供设计单位在编制附加图则时选择使用。

5.6.1 功能空间

功能空间包括地上/地下各层商业设施空间范围、地上/地下各层其他设施空间范围。

（1）定义

地上/地下各层商业设施空间范围指地面以上各层、地下各层建筑面积中需建设的商业设施的控制范围。地上/地下各层其他设施空间范围指地面以上各层、地下各层建筑面积中需建设的其他设施的控制范围，一般指公共服务设施，如体育设施、文化设施等。

（2）控制原因

控制性详细规划控制的是土地用地性质，但在功能业态上没有提出控制要求，也没有对需要控制的公共设施予以划示。在城市设计中，控制各层空间的功能业态，特别是一、二层的业态有利于直接提升街道空间中人的参与度，影响街道活力。例如，规划意图在某条道路两侧形成商业街，那么如何形成良好的商业氛围就需要在城市设计中进行考虑，可以通过划示商业设施空间范围的方式控制道路两侧的业态，避免后期“不合群”业态的出现，破坏商业街形成的初衷。

（3）控制内容

包括位置、面积、类型等。例如，在位置方面，商业设施空间与生活性支路、公共通道的关系；在尺度方面，形成商业氛围所需的最小商业建筑面积等；在类型方面，明确具体业态或业态范围。

5.6.2 建筑形态

5.6.2.1 塔楼控制范围、标志性建筑位置

（1）定义

塔楼控制范围指在建筑控制线以内，高度大于 24m，且空间形态上相对于建筑裙房高度较为突出的建筑塔楼的控制范围。标志性建筑位置指在特定区域高度、形态等方面居于景观风貌核心地位的建筑。

（2）控制原因

控制性详细规划中明确了地块的建筑高度，即地块内建筑可建的最高高度，但未对地块内建筑高低形态予以安排。在附加图则中通过裙房、塔楼控制范围、标志性建筑位置的组织安排，明确建筑体量及低层、多层、高层建筑空间组合形式，维护城市整体空间景观秩序，形成鲜明的城市轮廓线。例如，在开发沿江地块时，开发主体追求江景使用最大化，易将建筑紧密沿江布局，导致江景被封锁，江景作为公共资源无法被大众感知，在规划设计阶段，可以划示塔楼控制范围，控制高楼的排布，留下江景视觉廊道。

（3）控制内容

主要包括位置、面积、塔楼的高度及其他文字规定。例如，位置方面，根据景观视线等要求，明确塔楼与裙房的关系，塔楼之间的关系等。

（4）控制方法

塔楼控制范围根据城市设计，明确需要控制的塔楼高度，在图则的地块控制一览表或者地块通则中予以表示。在图则中划示塔楼的范围，标注与某一可确定位置（如道路红线、建筑控制线等）的距离。标志性建筑位置应根据城市设计中空间景观构架的研究结论确定，标志性建筑的数量应予以控制，可为高层，也可为低层或多层、外观特色较为突出的建筑。对于标志性建筑为一组建筑群的情况，除了在附加图则中划示范围外，还应在备注栏中以文字予以规定，如“沿滨江地区高层建筑由中部向东西两侧形成 150m、120m、80m 的高度递减关系”。

5.6.2.2 建筑控制线、贴线率

（1）定义

建筑控制线指控制建筑轮廓外包线位置的控制线。贴线率指建筑物贴建筑控制线的界面长度与建筑控制线长度的比值。

（2）控制原因

建筑界面是构成公共空间环境的重要因素，尤其在高强度开发的地块

中，界面有效限定了公共空间四周用地的开发边界，涉及街道空间和公共空间的尺度。建筑界面也是城市空间构成中的表皮要素，其形式、位置、虚实关系直接决定了城市街道及公共空间带给公众的视觉及心理感受。凯文·林奇强调“可识别的街道应该具有连续性”。应通过建筑控制线和贴线率控制要素进行建筑界面控制，加强街道、广场等公共空间的整体性和沿街界面的连续性。街道对行人的心理影响：两侧界面连续的道路，围合感强；两侧建筑后退距离不同的道路，街道界面零散，公共空间感受较差。

（3）控制内容

主要包括沿街建筑位置、线形、贴线率值等。例如，位置方面，考虑在公共活动密集区域设置贴线要求。数值方面，考虑形成围合空间感受必要的数值，同时满足消防等可行性条件。

（4）控制方法

建筑控制线是沿道路红线、绿化用地边界、广场用地、公共通道以及其他公共空间的边界设置的。可以根据城市设计要求，确定其线位是否可变。沿建筑控制线可以根据城市设计对公共空间的要求标注贴线率，贴线率一般为下限值，特殊情况下可以为上限值，但应在通则中注明。当建筑控制线不标注贴线率时，表示建筑可贴线建设，也可不贴线建设。当可变的建筑控制线一侧标注贴线率时，表示无论该建筑控制线是何种线型，均应满足贴线率要求。根据道路、公共通道或公共空间属性，确定是否需要控制贴线率，具体的贴线值是多少。

5.6.2.3　建筑重点处理位置、骑楼

（1）定义

建筑重点处理位置指在公共空间或景观视线占据重要位置的建筑界面，需在建筑方案中重点把握。骑楼指沿街建筑的二层以上部分出挑，下部用立柱支撑，形成半室内人行空间的建筑形态，可跨红线、公共通道，也可位于地块内部。

（2）控制原因

许多重点地区从单个建筑的角度来看十分精彩，但相互之间在立面、色彩、材料等外观形式上个性大于共性，缺乏必要的协调，会影响整体的城市景观效果和环境品质，因此控制建筑外观形式对提高城市空间品质和城市的艺术水平有着重要的意义，是城市设计导则或附加图则中不可或缺的控制内容。例如上海的新天地，其建筑风格、立面、色彩均在设计阶段予以重点控制，相较而言，北京西路北侧的石库门建筑中，零星的新建建筑较为突兀，在形式、颜色等各方面都与原建筑形成较大差异，影响了空间的整体品质。

（3）控制内容

包括建筑重点处理位置以及需要注意的建筑形式，如建筑立面形式、建筑屋顶形式、建筑色彩构成、建筑材料的选择等。骑楼主要控制位置，根据城市设计研究确定需形成骑楼空间的公共空间界面，一般为商业功能的街道、以人的活动为主的公共通道、广场、绿地周边等。

（4）控制方法

建筑重点处理位置在对建筑界面有特殊控制要求时使用，一般位于公共空间、城市道路景观面和视线较为集中的位置，为引导性控制指标。在图则通则中提出关于重点处理为主的引导要求。骑楼在需要设置的界面沿线以图例形式表达大致位置；有特定控制要求的，可在图纸上标注骑楼宽度、高度，但应同步在通则中明确宽度、高度的上／下限值，并在文本和通则中明确适用执行规定；骑楼的具体位置、形态以后续建筑设计为准，但需沿控制的界面设置，可在通则中用文字明确其他控制要求，如骑楼与广场、绿地边界的关系等。

5.6.3 开放空间

5.6.3.1 公共通道／连通道／桥梁

（1）定义

公共通道指穿越街坊内部的、以人车混行或步行为主要功能的、路径式的公共空间，结合设置目的在规定时间内向社会公众开放。连通道指地块或街坊之间独立的或与建筑物及其他城市设施相结合的通道，包括街坊间跨道路的天桥和地下连通道、跨地块边界的连廊或分层平台等。桥梁指架设在河道上，使车辆行人等通行的构筑物。

（2）控制原因

公共通道、连通道与桥梁能够对城市道路交通进行有效补充，它强调慢行系统和人行尺度，实现慢行系统的网络化、连续化，营造安全、舒适的人行空间。同时，可以连接城市公共空间，使活动场所能够方便到达，为公共空间提供展现活力的契机。另外，公共通道本身作为一种公共空间，提供与广场绿地不同的活动场所，丰富场所类型，可以与两侧建筑有机结合，产生各类活动，提高城市活力。

（3）控制内容

包括公共通道（连通道、桥梁）的位置、是否可变、通行性质、端口、宽度及界面等。例如，在公共通道端口方面，考虑地区整体慢行系统，端口对齐周边街坊公共通道端口，增加人行便利性。

（4）控制方法

公共通道（连通道、桥梁）分为可变和不可变，其是否可变是结合三个方面考虑的：一是线形，二是端口，三是宽度。图则通则中对公共通道宽度上、下限予以明确，同时在文本和通则的执行中明确调整幅度。不可变公共通道端口应标注与某一可确定位置（如道路红线、建筑控制线等）的距离。对通道的分层及两侧界面的贴线要求进行标注。

公共通道按通行性质分为三种类型：一是人车混行，二是人行通道，三是车行通道。人车混行的表达方式：公共通道如无特殊规定，一般为人车混行类型，可根据设计需要，以车行道图例明确车行范围，亦可在图则通则中以文字形式确定通行性质。人行通道的表达方式：使用慢行交通通道图例明确为人行通道，或在图则通则中规定“人行通道”或“禁止车行交通”。一般不提倡专属车行通道，如特殊情况下需要表达的，可在图则通则中规定相应要求。公共通道与建筑存在两种关系：一是完全独立分开，即公共通道处不可覆盖建筑；二是结合设置，即公共通道上方可全部或部分覆盖建筑。

5.6.3.2 地块内部广场范围／地块内部绿化范围／下沉广场范围

（1）定义

地块内部广场指除城市广场独立用地外，在地块内部以人的休闲活动为主要功能的、场地式为主（硬地面积占总面积50%以上或大于绿化面积）的开放空间。地块内部绿化指除城市绿地独立用地外，在地块内部以人的休闲活动为主要功能的、绿化式为主（绿化面积占总面积50%以上或大于硬地面积）的开放空间。下沉广场指广场地坪标高低于该地块的地平面标高，且与地下空间相连通的广场形式。

（2）控制原因

控制性详细规划中对独立用地的广场、绿地进行了控制。地块内部的广场、绿地既是地块的附属空间，也是城市公共空间体系中的重要组成。特别是对于用地紧张、人口密度较高的上海来说，地块内的小广场、小绿地利用率很高。城市设计应保证其景观、功能和生态效果得到充分发挥，例如优化地块内部广场的位置，与地铁站相结合，有利于提供人群疏散场所，激发地铁站的商业活力，成为积极的活动场地。

（3）控制内容

包括地块内部广场（地块内部绿化、下沉广场）位置、类型属性、开发要求、围合方式及界面等。例如，在位置方面，地块内部广场是否需要与商业点相结合，是否需要与地区景观轴线相呼应；在类型方面，地块内部广场是否需要为下沉式；采用交通集散型还是生活游憩型；在开发要求方面，地块内部广场是否由开发商代建等。

（4）控制方法

地块内部广场（地块内部绿化、下沉广场）分为可变和不可变，结合图则中地块指标一览表明确上、下限面积。如有控制要求，可标注长宽距离。对于需要形成连续界面的广场，其边界可结合建筑控制线增加贴线率的控制。不可变广场位置应标注与某一可确定位置（如道路红线、建筑控制线等）的距离。

5.6.4 交通空间

禁止机动车开口段、公共垂直交通、机动车出入口、机动车公共停车场、地下车库出入口、出租车候客站、公交车站、非机动车停车场、自行车租赁点。

（1）定义

禁止机动车开口段指不允许设置机动车出入口的路段红线范围。公共垂直交通指用于公共垂直交通功能的自动扶梯、电梯及楼梯等。机动车出入口指沿道路红线地块开设机动车出入口的位置。机动车公共停车场指为社会公众（非特定对象）停放车辆而设置的、免费或收费的停车场（库）。地下车库出入口指地块内部地下停车场的出入口位置。出租车候客站指社会出租车停靠等候乘客的位置。公交车站指公共汽车停靠的站点。非机动车停车场指为社会公众（非特定对象）停放非机动车而设置的、免费或收费的停车场。自行车租赁点指为社会公众（非特定对象）提供公共自行车租赁服务的位置。

（2）控制原因

以上交通空间要素均未在控规中予以控制，在附加图则中按需控制或引导。控详规划中的道路交通规划确定了道路系统与交通组织的框架，针对特殊情况，城市设计阶段进行交通组织研究，从加强地块的便捷性，提高景观质量的角度，提出设计要求。

（3）控制内容

明确交通空间要素各点的位置。

5.6.5 历史风貌

历史文化风貌区是重点地区中较为特殊的组成类型，上海的历史文化风貌区是历史建筑集中成片，建筑样式、空间格局和街区景观较完整地体现上海某一历史时期地域文化特点的地区，见证着这座城市的发展历程。上海目前已确定了 44 片历史文化风貌区，其中中心城区 12 片 27km^2，郊区及浦东新区 32 片 14 km^2。为了对历史风貌区进行完整有力的保护，该类地区的控制性详细规划所控制的内容更多、更广，调整的程序也更为严格。目前，附加图则与原风貌保护规划实现了完全对接，包括图则的表达以及控制的内容，明确保护建筑、保留历史建筑、一般历史建筑、应当拆除建筑、文保单位及优秀历史建筑保护范围、核心保护范围、需要整体规划的范围、风貌保护道路等控制指标。

5.7 专项规划核心内容梳理提炼

人民生活水平提高，要求城市空间建设品质的提高，生态环保意识的提高要求城市进行低影响开发建设。这也就要求城市法定规划外增补更多专项，例如品牌策划专项、建筑风貌专项、公共设施专项、绿色生态城区、地下空间、海绵城市、综合交通、市政设施、环保和安全防灾等多方面。各专项在编制过程中会将大量现状分析、需求分析，案例分析、负荷计算、指标计算等必要内容纳入专项文本，体系庞大，内容繁杂。面对专项数量众，专项内容内容庞杂问题，专项规划梳理及专项核心内容提炼将成为专项规划整合非常重要的基础工作。这里所谓的核心内容主要是指各专项中需要落入规划区域内的空间要素体系，以及与各地块相关的专项指标体系。各专项所涉及的工艺、材料、施工方式等内容，因不影响其他专项要素落位及指标体系落地，不包含在专项整合前所梳理提炼的核心内容。

5.7.1 电力专项核心内容

电力规划核心内容主要包括负荷预测、远期高压配电变电站选址及定容、远期高压配电网络规划、10kV 配电网规划、近期配电网建设建议等。

（1）负荷预测

城市电力负荷预测是电力规划的基础性工作，也是电力系统调度、用电、计划等管理部门的重要工作之一。

城市电力负荷预测，按照作用的不同分为系统电力负荷预测（电量负荷预测）和空间电力负荷预测（负荷分布预测）。系统电力负荷预测属于战略预测，它决定了未来城市对电力的需求量和未来城市电网的供电容量，对城市供电电源点的确定和发电规划具有重要的指导意义。空间电力负荷预测是对负荷分布的地理位置、时间和数量进行的预测，它是高压配电变电站选址定容及10kV配电站布点的基础，其准确性决定了城市电网规划方案的可操作性和适应性。

（2）远期高压配电变电站选址及定容

网络结构是城市配电网络规划设计的主体，而变电站站址的布局则直接影响着网架结构的优劣，因而对配电网络的可靠性、经济性和电能质量有着直接的影响。所以变电站站址及主变容量的选择是负荷分布预测后的一项十分重要的工作。

变电站是电网中变换电压、汇集与分配电能的设施，主要包括不同电压等级的配电装置、电力变压器、控制设备、保护和自动装置、通信实施和补偿装置等。对于城市变电站而言，要求容量大、占地少、可靠性高、外形美观、噪声小和建设费用恰当。这些要求都可以从简化接线、优化变电站容量、提高设备运行率以及选择变电站的布置和设备等各方面来实现。

（3）远期高压配电网络规划

城市规划中所涉及的高压走廊为110kV及以上电力线路走廊。按照城市总体规划，统筹安排市政高压走廊及电缆通道的定线和用地。确定的高压走廊范围内不得有任何建筑物，电缆通道经过位置地下不得有任何管网等市政设施。

高压配电网主要包括高压线路及变电所，变电所主接线及变电所间的点线连接方式决定了电网结构。根据“N-1”的准则要求，35kV及以上变电所的进线电源至少要达到双电源及以上的要求。

潜力的地区，应尽可能避开现状发展区、公共休憩用地、环境易受破坏地区或严重影响景观的地区。一般电力电缆通道沿道路东侧、南侧人行道或绿化带布置。在负荷密度高、电缆集中的城市中心地段，可采用电缆隧道。城市主、次干道及集中出线处应设置电缆管道，电缆管道应采用隐蔽式。

（4）10kV配电网规划

1）网络构架建设

优质的网络构架建设是10kV配电网安全可靠供电的基础，对于一个优质的网络架构来说，任何一个高/中压变电站全停时，它所有的负荷都能成功转供，从而避免大范围的停电。最常用的10kV配电网接线主要包括 10kV 辐射网和环网两种。供电区域中的用户专线适宜选择 10kV 辐射网，但要保证不要超过控制器线路中最大的供电负荷；而高密度的负荷中心区最好选择环网，将最大的载流量控制在安全电流值范围，确保在需要时转供用电负荷。

2）导线截面、排管管径及排管数量

满足供电区域负荷长期发展的需求是 10kV 配电网规划要达到的最低目标。10kV 配电网的主干线是闭环接线，应根据需求一次选定，一般而言，主干线的导线半径为 240mm^2 的绝缘导线或者 2×240mm^2、400mm^2 的铜芯电缆，并要把每路的出线负荷基本控制在 500A 内。10kV 配电网线路的供电半径应当不超过 3km，低压供电半径应不超过 250m（在繁华地区则不超过 150m）。选择导线截面时，遵循经济电流密度的原则，全面检验电压和发热电流的情况。要注意，导线在经济电流下运行，但是在导线发热的安全电流中做检修工作。

3）开闭站的数量、规模及布局

一般来讲，开闭站多设置在主要道路周围、负荷中心区和两座高压变电站之间，它汇集了无数条变电 10kV 出线作为电源，以及向用户供电的开关设备。开闭站的建立不仅能确保转输的安全，还能保护出线的完整，有利于解决高压变电站中压出线间隔出现的弊端，协调处理出线通道受限制的问题，有效控制相同路径的电缆条数，从而保证供电的安全性、可靠性。

（5）近期配电网建设建议

为了满足规划区近期的负荷需要，并使近期电网建设不偏离远期电网的规划目标，需要提出配电网近期建设方案。

对于规划区 10kV 网络的建设，由于 10kV 用户 K 型站的建设周期相对于 35kV 及以上变电站的建设周期要短得多，而且 10kV 配电站的供电范围较小，因此 10kV K 型站的建设应根据地块的开发、负荷的发展情况适时投建。在配电站的投建过程中，可能其上级 110（35）kV 变电站尚未建成，应根据周围 110（35）kV 变电站情况采取临时供电方案，当对应的 110（35）kV 变电站建成时，应及时对其电源进行改接，逐步向远期线网过渡。在规划区道路的建设过程中，应根据电缆排管规划方案敷设排管，避免重复建设。

电网的建设是一个连续的过程，而负荷发展具有较大的不确定性，因此，在电网的建设过程中，应结合地区现状及远景规划统一考虑，以减少或避免重复投资。

5.7.2 通信专项核心内容

电力规划核心内容主要包括需求分析及业务预测、通信基站建设规划、通信用房建设规划、通信管道建设规划及无线局域网规划等内容。

（1）需求分析及业务预测

信息应用已渗透到政府管理、企业运营、社会事业、公共服务等各个领域，触及业务流程重组、信息资源整合和体制机制创新等各个环节。针对现在的土地开发发展定位、区域特征，我们将信息应用需求分为管理类应用、公共服务类应用、个人与家庭需求类应用、典型行业类应用四大类，并对各应用需求进行逐一分析。

（2）通信基站建设规划

通信基站建设规划主要对规划范围内的室外宏基站进行布局规划。综合考虑规划区域的特点，建议采用传统的集中式基站和分布式基站相结合方式新建室外宏基站。与集中式基站不同，分布式基站结构的核心概念就是把传统基站基带处理单元（BBU）和射频处理单元（RRU）分离，射频单元和基带单元之间通过光纤连接。在网络部署时，将基带处理单元和核心网、无线网络控制设备集中在机房内，通过光纤与规划站点上部署的射频拉远单元进行连接，完成网络覆盖，且 1 个 BBU 可以携带多个 RRU，因此若干个宏基站通过光纤拉远，可以共享同一个集中机房，从而减少基站机房数量，降低建设维护成本、提高效率。

根据现状逻辑基站的建设情况以及站址布局规划方案对基站建设进行规划，由于站址布局规划位置为理论点位，实际建设可以根据现场情况在理论点位周围 200m 范围内调整，并且以上海市无线电管理部门核定后的位置为最终结果。部分基站建议新增其他制式平台，若实际无法满足建设条件，可在周围 200m 范围内新增其他制式基站。

（3）通信用房建设规划

通信用房为一定区域面积内的一定用户提供接入服务，其总投资主要有四大部分组成：局端设备、管线（含管道和线路）、用户终端设备、机房与配套。在一个特定的区域内，需求总量不会随通信用房的布局、数量发生变化，因此，局端设备和用户终端设备的投资是固定的。而区域内的机房数量越多，用于机房建设的投资就越大，而平均每用户线长度越短，管线投资就越小；反之，机房数量越少，用于机房建设的投资就越小，平均每用户线长度越长，管线投资越大，平均每用户线长度越长，管线投资越大；特定区域内的通信用房、管线与设备的总投资特点如图 5-3 所示。

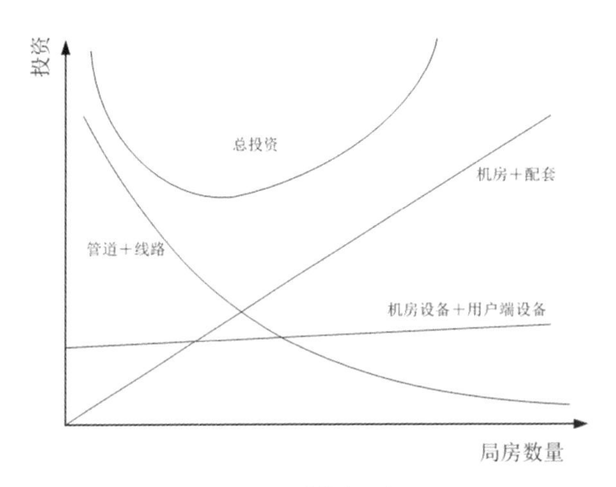

图 5-3 投资特点示意图

根据规划模型，结合控制性详规给出的人口密度、业务预测、接入网的 FTTH 发展方向，以及各家运营商现状通信用房资源和业务发展的需求，测算出规划范围需设置若干处通信接入机房。

接入机房的用电量应按多运营商系统共同使用需求进行配置，用电负荷可按 1kW/m^2（机房使用面积）进行预配置，且不宜小于 30kW。

（4）通信管道建设规划

1）规划原则

①通信管道的规划应以普遍服务为目标，尽可能实现区域内全覆盖，从而满足运营商区域网络建设和为最终用户提供服务的需要。

②通信管道的规划应在综合利用已有管线资源的基础上，统筹规划、合理安排建设规模，切合实际需求。

③作为地下永久性设施，通信管道的容量配置应综合考虑网络的发展演进及各种信息业务的长远需求而尽可能做到一步到位。

④通信管道的规划应综合各家运营商及相关单位的需求，一并规划，且需同沟同井，管孔独立。

2）通信管道容量的取定

依据《上海市信息基础设施布局专项规划（2013—2020）》，与道路相关的通信管道容量一般根据业务需求、道路性质情况而定。

主干道路：市政主干道路上管孔数量为 15~24 孔；

次干道路：市政次干道路上管孔数量为 12~18 孔；

支路：市政支路上管孔数量为 6~12 孔。

依据通信管网规划原则及管道容量确定依据确定的管网整体布局及管

道排管数量，是专项规划整合过程中管线空间综合的重要依据和基础资料。

（5）无线局域网规划

无线局域网室外站点建设时，应充分利用已有资源。如附近有信息亭、公用电话亭点等，应优先选择将设备置于此类站点，根据实际情况，可利用已有电源、天线、立杆和线缆等资源。为了克服传统AP网络构架固有缺陷，公共区域AP网络构架原则上采用多扇区蜂窝式架构。覆盖方式主要包括AP直接覆盖方式、分布系统方式、室外AP直接覆盖方式、室外无线回传方式。

5.7.3 燃气专项核心内容

燃气规划的核心内容主要包括气源分析、市场需求预测、天然气管网布局及水利计算、燃气调压站规划、通信管道建设规划及无线局域网规划等内容。

（1）气源分析

燃气的气源的选择中，天然气受到人们的高度重视。随着经济的快速发展，科学技术的不断进步，人们越来越关注生活质量与生存环境，天然气作为一种清洁、优质能源，大力推广天然气的使用范围已经成为我国的一项能源政策。天然气又分为液化天然气和压缩天然气。可通过对周边燃气气源情况的分析，结合运输距离与用气规模的研究，选择科学合理、切实可行的气源方案。

（2）市场需求预测

准确地预测天然气的市场需求量及天然气市场各类用户的用气特征和变化规律，是确定天然气项目上游和下游工程建设规模的基本条件之一，目前采用的需求预测方法主要有时间序列法、回归分析法、多层递阶回归法、人工神经网络法、灰色系统法等，每种方法都有其特点和适用条件，在预测工作中应针对具体预测项目灵活选用较为适用的预测方法，对多种方法的预测结果进行相互比较，从而得出最终的预测结果。

（3）天然气管网布局及水利计算

天然气管网布局要保证安全、可靠地供应各类用户具有正常压力、足够数量的天然气，在满足这一要求的条件下，要尽量缩短管线，以节省投资和费用。在天然气管网供气规模、供气方式和管网压力级制选定以后，根据气源规模、用气量及其分布、城市状况、地形地貌、地下管线与构筑物、管材设备供应条件、施工和运行条件等因素综合考虑。应全面规划，远近结合，做出分期建设的安排，并按压力高低，先布置高、中压管网，后布置低压管网。

正确地进行燃气管道的水利计算，关系到输配系统的经济性和可靠性，是城市燃气规划与设计中的重要环节。根据燃气的计算流量和允许压力损失计算管道直径以及确定管道投资和金属消耗。应对已有管道进行流量和压力损失的验算，以充分发挥管道的输气能力，或决定是否需要对原有管道进行改造。

（4）燃气调压站规划

高中压调压站是联系高压输气系统与市政中压供气系统的枢纽。高中压调压站接收高压天然气管道来气，经过滤、调压、计量后，安全、稳定、可靠地向中压管道供气。调压站中的高压球罐主要起到储存、调峰、备用气源的作用，为安全、可靠供气提供保障。

中低压调压设施是连接中低压管道对用户供气的枢纽，来自中压管道的燃气，经中低压调压设施调压后进入低压管道，经庭院管道及户内管道、燃气表计量后供用户燃具使用。因此用户调压设施应结合城市小区用户规模、用户特点，采用柜、箱式相结合的方式供各类用户用气。

5.7.4 给水专项核心内容

（1）需水量预测

在城市供水工程设计中， 对城市近期（或远期）水平年的需水量进行预测， 并以此确定城市供水工程的规模。需水量预测偏大会带来工程的闲置与浪费， 需水量预测偏小又不能彻底解决城市供水问题。需水量预测的精度将影响整个工程的效果， 因此科学地预测城市需水量是工程设计中的一项重要内容。城市需水量主要包括工业需水量、生活需水量及其他需水量，其他需水量主要包括市政用水、浇洒道路、绿地及管网漏失等水量。工业需水量和生活需水量为城市主要需水量。

（2）供水系统规划

基地规划供水系统布局拟根据区域供水系统规划布局，结合需水量预测与分布、规划用地结构和道路系统布局进行综合考虑，并对基地的供水管网系统进行最高时水力计算，进行消防和事故校核，充分考虑供水系统的安全可靠性以及给水工程的可操作性。

5.7.5 排水专项核心内容

（1）雨水排水标准

根据沪水务 [2014]1063 号《上海市水务局关于印发 < 上海市城镇雨

水排水设施规划和设计指导意见 > 的通知》，外环以内深层调蓄管渠服务范围以外区域，暴雨设计重现期 P=5，小时降雨强度为 58mm。设计暴雨强度按上海市现行公式计算，并采用新修订的公式复核，原则上选取大值进行设计。地面综合径流系数根据各地块的下垫面情况而定，其中汇水面积的平均径流系数按《室外排水设计规范》[GB 50014—2006(2016 年版)]中的地面种类加权平均计算。根据沪水务 [2014]1063 号《上海市水务局关于印发 < 上海市城镇雨水排水设施规划和设计指导意见 > 的通知》，新建地区严格控制径流系数设计值原则上按照不高于 0.5 复核取用。

根据《上海市城市排水（雨水）防涝综合规划（送审稿）》，上海市分流制地区截流标准定在 5mm 是比较经济合理的。规划核心区通过屋顶绿化、渗透铺装、下凹式绿地等技术措施构建低影响开发雨水系统，可有效控制径流污染，但考虑到一般核心区环境保护定位较高，因此建议规划考虑核心区初期雨水截流标准在低影响开发前置条件下仍定为 5mm，以更好地确保地区水环境安全。

（2）雨水排水模式

根据《上海市城市排水（雨水）防涝综合规划（送审稿）》（2015.2），上海市城镇化地区排水模式分为强排模式和自排模式两类，具体排水模式选择应考虑河网的密度、地面高程与水位之间的高差、排水体制和面源污染等因素。城市小区强排模式适用于地面高程和水位之间高差较小、河网密度小、分布不均、设计标准高、合流制排水区域；自排模式则适用于河网密度较大且分布均匀，压差较高的地区。

（3）雨水系统管网规划

根据单元规划路网、场地竖向规划及河道水系，划分雨水排水分区。根据规划单元规划路网、轨道交通、河道、场地竖向规划、排水分区及现有地下雨水管线布置情况，合理布置雨水管网，确定雨水管网走向及雨水排放接口。雨水强排模式还需计算雨水泵站规模及雨水泵站位置。

（4）污水排水标准

污水是指城市的生活污水，包括居民生活污水（排泄、盥洗、洗涤等污水）、办公及商业等公建设施排放的污水。根据《上海市污水处理系统专业规划修编（2020）》的要求，日均旱流污水量与日均用水量折算比例为 0.9；日差系数取 1.3。居民生活污水量标准为 160L/（人·d），生活污水量标准为 144L/（人·d）；未预见水量按总水量的 8% 考虑；上海地区地下水水位较高，应适当考虑地下水渗入量，地下水渗入量按平均日污水量 10% 计。

（5）污水系统管网规划

根据规划单元规划路网，轨道交通、河道、场地竖向规划及现有地下污水管线布置情况，合理布置污水管网，确定污水管网走向。根据污水排放标准、城市污水主干管接口，计算污水泵站规划规模，确定污水提升泵站位置。

5.7.6 供能专项核心内容

这里所谓的供能专项指分布式能源系统，需要总控设计控制的核心内容主要包括冷热负荷预测、能源站规划布局、分布式供能规划布局、燃气（电力）接入以及供能管网规划布局等内容。

（1）冷热负荷预测

根据已有类似建筑的实际用能情况，确定各类建筑的冷、热负荷指标，并结合供能区域建筑的功能、建筑面积、控制高度等参数，依据《公共建筑节能设计标准》GB 50189—2005，计算得到冷热负荷。同时辅以 HDY- SMAD 暖通空调负荷计算及分析软件 V3.6 推算出各区域逐时冷、热负荷。

（2）能源站规划布局

天然气冷热电三联供能源站选点应综合供热（冷）、供电、天然气管网及其他建设条件等综合考虑。

1）结合小火电退役计划，能源站的选点可考虑利用退役的小火电厂址，将原小火电机组进行技改。

2）根据热（冷）负荷的分布情况，能源站的选点应尽量靠近热（冷）负荷中心，满足热（冷）负荷近期及远期发展的需求，再按照国家有关节约能源政策，确定区域性集中供热（冷）。能源站的布置应符合城市总体规划及供热的有关规定，一般在 3~5 km 范围内只能建一个区域型能源站，楼宇型分布式能源站则不受此限。

3）根据电力系统电源消纳空间和电网结构，能源站的选点应尽量靠近负荷中心，电力就近消纳。

4）对于采用燃机的能源站，应兼顾保安电源和黑启动电源的作用，能源站选点应尽量靠近保安负荷。

5）能源站规划应结合天然气管网规划，选点应尽量在天然气规划管网附近，以节省投资。

（3）分布式供能规划布局

根据规划方案用地布局，考虑能源供应半径及能源站经济规模确定能源站数量。根据能源站数量、地块的性质以及开发进度，本着能源站站址尽量靠近负荷中心位置且不影响整体景观的原则，进行功能区规划布局。

（4）电力接入

能源站内燃机发电机组发出的电能除了供能源站自用电外，其余全部上网出售给电力公司。自用电包括厂用电负荷和电动离心式冷水机组，其中厂用电负荷一年四季保持不变，约为总发电量的10%，其余电量根据发电规模确定电网计入电压等级。发电厂接入系统的电压等级，一般应根据电厂规划容量、分期投入容量、发电机组容量、发电厂在系统中的地位、周边地区电网结构以及电网内现有电压等级配置等因素来确定。根据《上海电网资源综合利用发电装置接入系统技术原则》的规定，资源综合利用发电装置装机容量小于200kW的应以380V电压等级接入当地电网，在200~400kW之间的应以380V或者10kV电压等级接入当地电网，在400kW~3MW之间的应以10kV电压等级接入当地电网，在3~10MW之间的应以10kV或35kV电压等级接入当地电网，大于10MW的应以35kV或110kV电压等级接入系统。另外，接入地区内公用电网的发电装置的总装接容量应控制在公用电网上级变电站单台主变额定容量的30%以内。

（5）管网布置原则

供能管网需统一规划，分步实施，主干网路由可与市政管廊相结合，也可整体采用直埋敷设。供能管网系统可采用四管制，冷热媒水管道分开供应，其中，冷热水管道供回水各1根，共计4根。特殊的，供能管道可根据管位空间情况，将大尺寸的管道由数根小口径管道替代，以实现运行的灵活性。例如，冷水母管尺寸为*DN* 1000，可由4根*DN* 500的管道替代。此外，为减少管道的数量，也可以采用冷、热管道换季替代使用的两管制方案。冷冻水管、热水管选型方面：$DN \leq 400$mm的管道采用无缝钢管，$DN>400$mm的管道采用螺旋缝埋弧焊接钢管。室内冷冻水管采用闭孔橡塑材料保温，保温材料外设铝合金薄板保护层。室内热水管采用离心玻璃棉保温，保温材料外设铝合金薄板保护层。室外热水管、冷冻水管采用预制保温管。预制保温管由钢管、高密度聚乙烯外套管、聚氨酯泡沫塑料保温层构成。

5.7.7 水系专项核心内容

水系规划的核心内容主要包括水系保护、水系利用、涉水工程规划协调等。

（1）水系保护

水系保护包括水域保护、水质保护、水生态保护和滨水空间控制等内容，根据实际需要，可增加水系历史文化保护和水系景观保护的内容。城市水系规划应以水系现状和历史演变状况为基础，综合考虑流域、区域水资源水环境承载能力、城市生态格局及水敏感性、城市发展需求等因素，梳理水系格局，注重水系的自然性、多样性、连续性和系统性，完善城市水系布局，并对城市规划区内的河流、水库、湿地等需要保护的水系划定城市蓝线，提出管控要求。

1）水域保护。受保护水域的范围应包括构成城市水系的所有现状水体和规划新建的水体，并通过划定水域控制线进行控制。

2）水质保护。水质保护应坚持源头控制、水陆统筹、生态修复，实施分类型、分流域、分区域、分阶段的系统治理。

3）水生态保护。统筹考虑流域、河流水体功能、水环境容量、水深条件、排水口布局、竖向等因素，在滨水绿化控制区内设置湿塘、湿地、植被缓冲带、生物滞留设施、调蓄设施等低影响开发设施。

4）滨水空间控制。滨水绿化控制线应满足城市蓝线中陆域控制的要求；滨水建筑控制线应根据水体功能、水域面积、滨水区地形条件及功能等因素确定。滨水控制线与滨水绿化控制线之间应有足够的距离。应明确滨水建筑控制区在滨水景观和地形竖向方面的控制要求。

（2）水系利用

城市水系利用规划应体现保护、修复和利用协调统一的思想，统筹水体、岸线和滨水区之间的功能，并通过对城市水系的优化，促进城市水系在功能上的复合利用。贯彻在保护和修复的前提下有限利用的原则，满足水资源承载力和水环境容量的限制要求，并能维持水生态系统的完整性和多样性。水系利用规划应禁止填湖造地，避免盲目截弯取直和河道过度硬化等破坏水生态环境的行为。水系利用规划应按照海绵城市建设要求，强化雨水径流的自然渗透、净化与调蓄，优化城市河道、湖泊和湿地等水体的布局，并与相关规划相协调。

1）水体利用。城市水体的利用应结合水系资源条件和城市总体规划布局，按照城市可持续发展要求，在分析比较各种功能需求基础上，合理确定水体利用功能和水位等重要的控制指标。

2）岸线利用。岸线的使用性质应结合水体特征、岸线条件和滨水区功能定位等因素进行确定。岸线利用应优先保证城市集中供水的取水工程需要，并应按照城市长远发展需要为远景规划的取水设施预留所需岸线。

划定为生态性岸线的区域必须有相应的保护措施，除保障安全或取水需要的设施外，严禁在生态性岸线区域设置与水体保护无关的建设项目。

3）滨水区规划布局。滨水区规划布局应有利于城市生态环境的改善，以生态功能为主的滨水区，预留与其他生态用地之间的生态连通廊道，生态连通廊道的宽度不应小于60m。滨水区规划布局应有利于水环境保护，滨水工业用地应结合生产性岸线集中布局。滨水绿化控制线范围内宜布置为公共绿地、设置游憩道路；滨水建筑控制范围内鼓励布局文化娱乐、商业服务、体育活动、会展博览等公共服务设施和活动场地。

4）水系修复与治理。水系改造应尊重自然、尊重历史，保持现有水系结构的完整性。水系改造不得减少现状水域面积总量和跨排水系统调剂水域面积指标。规划建设新的水体或扩大现有水体的水域面积，应与城市的水资源条件、排水防涝、海绵城市建设目标、用地规划相协调，增加的水域宜优先用于调蓄和净化雨水径流。

（3）涉水工程规划协调

涉水工程规划协调应对城市水系统（供水、节水、污水处理及再生水利用、排水防涝、防洪等）、园林绿地系统、道路交通系统等进行综合协调，同时还应协调景观、游憩和历史文化保护方面的内容。

1）涉水工程与城市水系的关系。选择地表水为城市给水水源时，应优先选择资源丰沛、水质稳定的水体；在城市水系资源条件允许时，应采用多水源，并按照各水源的水质、水量及区位条件明确主要水源、次要水源或备用水源。城市排水防涝与防洪工程应相互协调，避免河道顶托形成排水不畅。城市污水处理工程应结合再生水利用系统进行合理布局，促进城市水系的健康循环。滨水道路宜结合滨水空间布局进行统筹安排。

2）各类涉水工程设施布局之间的关系。取水设施不得设置在防洪的险工险段区域及城市雨水排水口、污水排水口、航运作业区和锚地的影响区域。污水排水口不得设置在水源地一级保护区内，设置在水源地二级保护区的污水排水口应满足水源地一级保护区水质目标的要求。桥隧工程建设应符合相应防洪标准和通航航道等级的要求，不应降低通航等级，桥位应与港口作业区及锚地保持安全距离，应采取必要措施降低对水体环境功能的影响。航道及港口工程设施布局必须满足防洪安全要求。码头、作业区和锚地不应位于水源一级保护区和桥梁保护范围内，并应与城市集中排水口保持安全距离。在历史文物保护区范围内布置工程设施时应满足历史文物保护的要求。

5.7.8 人防专项核心内容

人防规划的核心内容主要包括人民防空工程的现状、总体规模及布局、主要建设项目、与城市建设相结合的方案等。

（1）人防工程的现状

掌握人防工程现有的规模、功能、类型、抗力分级，以及完好率、配套率等，可以为制订新建、改扩建、修复、工程配套的规划提供依据。在研究已建人防工程的面积时，应注意区分建筑面积、有效面积和掩蔽面积，并分别考察不同区片留城居民平均占有的人防工程面积。

（2）总体规模及布局

根据不同城市片区实行分类防护的人民防空要求，确定区域人民防空工程建设的总体规模、布局。研究论证现代战争条件下城市人民防空的特点，确定规划期内城市人防工程总体规划的指导思想；依据城市总体规划和城市人民防空要求，按照城市防空袭预案，将城市划分若干防空区、片，确定城市战时组织指挥体系；确定规划期内城市重要目标防护及防空专业队伍组建措施；分析城市人口构成及其特点，确定规划期内留城人口比例；确定规划期内人防工程发展目标、规模、布局和配置方案；提出建立城市综合防空防灾体系的原则和建设方针；提出规划实施步骤和重要政策措施。

（3）主要建设项目

人防工程主要建设项目包括：民防指挥所工程规划、民防医疗救护工程规划、民防专业队工程规划、民防人员掩蔽体工程规划、配套民防工程规划、城市应急避难场所建设目标、各类民防骨干工程建设目标。

根据各类工程的主要功能的特点结合对应的布置原则，明确人防工程的目标，合理进行人防工程的规划布置。

（4）与城市建设相结合的方案

人防工程规划是在城市总体规划的指导下进行编制的，它必须体现总体规划对人防建设的要求；同时，人防工程规划也是在总体规划所规定的城市发展的背景下展开工作的，人防的建设需与城市建设相结合，充分考虑其防空通道与城市地下设施的关系，其安全出入口与地面以上建筑物及地下管道网的协调。

5.7.9 地下空间专项核心内容

地下空间规划核心内容包括地下空间需求分析、地下空间规划设计方案、地下空间竖向规划、地下空间交通系统、地下空间公共活动系统、地下空间市政公用系统以及地下空间防灾减灾系统等内容。

（1）地下空间需求分析

地下空间功能设置要结合地上地下综合考虑，产城合一，在绿色生态的环境基础上，打破传统功能划分的组织结构，形成生产、生活活动高度融合的综合型片区，打造可持续的生态智慧之城。

规划区域地下空间开发功能需要满足交通、商业服务、基础设施等功能。交通功能涵盖了人行通道、轨道交通、静态交通和动态交通。商业服务功能涵盖便捷性商业、大型商业、商业服务。基础设施涵盖地源热泵、能源与安全中心和共同管沟。通过空间推导法、类比法、上下平衡法，考虑近远期开发计划，合理确定地下空间各功能开发规模。

（2）地下空间规划设计方案

地下空间的开发规划方案应遵循合理利用土地资源、地上地下统筹发展、保护生态环境、坚持可持续发展的原则，应综合考虑地下空间开发利用的经济效益、社会效益、环境效益和防灾效益。根据地上用地功能、轨道交通线网及站点，确定地下空间规划结构，合理安排地下空间各功能的水平及分层位置，使地下空间各功能单项之间既相互联系，又互不影响。

（3）地下空间竖向规划

地下空间开发功能、强度与规模应符合地下空间总体规划、详细规划以及其他相关的地下空间保护与开发利用的规划要求，并综合考虑城市资源特点、城市经济发展水平、地质条件、地价水平、功能需求、交通与市政基础设施承载力、环境安全与环境承载力等因素进行确定。

地下空间的开发深度和布局应充分考虑地下空间开发利用在空间和时间上的发展弹性与连续性，对近期不进行开发利用的地下空间资源进行合理保护，对分期开发的地下空间做好预留衔接，确保地下空间开发利用的可持续发展。地下空间的分层开发利用是城市可持续发展的趋势，应将地下分层空间进行不同功能的划分，结合地下空间资源进行保护和开发。

（4）地下空间交通系统

地下空间交通系统分为车行系统、人行系统和轨道交通，其中车行系统分为组织动态交通的地下连通道和安置静态的地下停车库。

有效组织动态和静态交通，采取停车错峰时间共享和捆绑开发措施可以减少地面出入口，有助于优化核心区车行交通和减少地面交通压力。地下人行系统主要组织五种人流，包括地下商业街人流、轨道交通所产生的人流、与核心区衔接人流、过街人流、景观和观景人流。人行系统的设计解决地下人行与地面、高架人行衔接，人行与其他交通模式的衔接，地面人行与地面建筑衔接和地下环境改善的设计手法。轨道交通涵盖了预留工程、用地控制和人流组织。预留工程指部分地块需要为待建地铁路线做出预留。地铁周围用地需要实行退界控制，避免和地铁盾构段发生矛盾。轨道交通站点吸引大量人流，需要与地下人行联络道紧密结合，有效输送人流。

（5）地下空间公共活动系统

地下空间专项应对整个中心区的地下公共开放空间进行系统梳理、优化，规划出不同层次、不同功能、丰富多彩的开放空间体系。核心区的公共空间充分实现分层化，各级的服务中心服务半径不同，充分实现区域内复合的地下公共空间效果。地下公共空间与公共设施及步行路径结合，在重要的空间节点上配合具有相应使用功能的公共空间，提高地区空间品质形象。此外，创造富有活力的地下公共空间，需要保证人在地下活动时有舒适的体验，对地下人流进行有效疏导，合理布局地下商业。需要对公共空间、公共通道、公共空间界面、广场通道以及公共空间小品进行引导性设计，以达到地下空间的舒适体验，营造充满活力的地下公共活动空间。

（6）地下空间市政公用系统

地下市政公用设施规划应大力倡导、优先发展市政公用设施的集约化、管廊化和地下化，应积极推进新技术、新工艺、新材料的集成应用，注重多种市政公用设施的系统整合，注重节约集约开发利用地下空间资源。地下市政公用设施系统主要包括雨水调蓄池、控制中心、净水设施、综合管廊和干管路由。

（7）地下空间防灾减灾系统

针对城市灾害的突发性、多发性、次生性等特点，地下空间凭借自身环境优势在防御自然灾害及战争灾害中能够发挥巨大的作用。充分利用地下空间规划建设地下民防与城防工程，可以完善城市的综合防灾系统，提高综合防灾能力。规划区域内地下减灾、防灾系统设计应兼顾平战需求。工程不仅应该满足战时要求，还需要满足平时生产、生活的要求。民防工程在满足战备需要的前提下，也应考虑上部地面建筑的特点及其环境条件、地区特点、建筑标准等问题，促进地下、地上整体发展。

5.7.10 环卫设施专项核心内容

环卫设施专项规划的核心内容主要包括生活垃圾收运处置、其他固体废弃物收运处置、道路及水运保洁规划和环卫设施布局规划。

（1）生活垃圾收运处置

本规划中应结合区域用地类型特点，优化现有垃圾收运模式，建成以生活垃圾压缩式收集站（新建）为技术支撑的生活垃圾收运系统，主要服务居住区、菜场及公共服务区域等生活垃圾；压缩收集站服务范围外区域，如部分企事业单位，可以采用压缩车上门收集、直运模式作为补充，同时应避免压缩车沿途滴漏造成的二次污染问题。

（2）其他固体废弃物收运处置

其他固体废弃物主要包括餐厨垃圾、装潢垃圾、大件垃圾和粪便。规划区域内的餐厨垃圾主要来源于餐饮店、宾馆和企事业单位食堂等，规划实行餐厨垃圾申报制，鼓励文明用餐，从源头不断减少餐厨垃圾产生量。餐饮企业、食堂或餐饮区需单独设置“餐厨垃圾”垃圾桶，由清运单位采用专用收集车运输至普陀区综合处理厂。推动装潢垃圾收运处置规范化，避免运输过程中的道路污染问题。近期规划范围内的装潢垃圾由环卫部门采用专项收集车辆，纳入建筑垃圾综合利用系统，对可利用的混凝土、砖块进行回收利用，废油漆桶、灯管等有害垃圾单独处置，剩余部分可作为工程回填用料。建议在小区垃圾房旁设置大件垃圾、枯枝落叶临时收集点，产生大件垃圾、绿化垃圾的部门或居民（或物业清运）将大件垃圾堆放于收集点，环卫部门实行专项收集，运输至局属废弃物综合利用中心。规划区内产生的粪便，直接纳入城市污水管网，进入污水处理厂集中处理。

（3）道路及水运保洁规划

桃浦智创城范围内市政道路和广场、中心绿地均由环卫作业公司负责清扫保洁；居住区内的道路则应由所属物业公司负责；区域内工厂和企事业单位道路由企业组织人员清扫保洁。规划红线宽度 16 m 以上道路宜实行机械化清扫、冲洗；对机械化冲洗率、机械化清扫、环境卫生整洁优良率提出相应要求。

规划范围内的河道保洁归水务所管理，封闭式居住小区水域由居住区所属物业进行保洁。规划建议规划区内河道保洁以机械化保洁为主、人工保洁为辅，采用机动船对水域垃圾进行打捞。水域保洁打捞的垃圾可通过设置水域保洁管理站或水域垃圾上岸点驳运，并配备垃圾收集容器、滤水设施及吊运设备，实现专人管理负责日常保洁和维护。上岸点可与公共厕所、小型压缩收集站合建，并预留一定的风晒及转运用地，约 40~50 m^2。

（4）环卫设施布局规划

环卫设施布局包括垃圾压缩站、公共厕所、环卫工人作息场所等。垃圾压缩站应结合服务片区、垃圾预测量及服务半径确定规模和数量，考虑交通便利又对市民正常生活影响较小的位置进行规划布局。公共厕所是现代化城市的重要基础设施，要因地制宜，结合城市用地布局和国家有关标准规定进行设置。规划区内公共厕所建设应形成布局科学合理、等级达标适应、管理有效高效、运营节约环保的格局，在满足需求使用者心理需求和生理需求的同时保障良好环境。环卫工人作息场所应满足环卫作业员工报到、班会、更衣、休息、淋浴、如厕以及存放清扫保洁作业工具及停放小型作业机具（留有空地面积）等基本功能，停放点应附设充电设备以满足新能源收集车充电需求。

5.7.11 公共服务设施专项核心内容

公共服务设施规划的核心内容主要包括公共文化设施规划、教育设施规划、公共体育设施规划、医疗卫生设施规划、社会福利设施规划等内容。

（1）公共文化设施

公共文化设施应包括图书阅览设施、博物展览设施、表演艺术设施、群众文化活动设施。公共文化设施应根据设施功能特点选址布局：文化活动中心（街道）、文化活动站（社区）宜与其他基层公共服务设施联合设置与建设；具有馆藏功能的公共文化设施应避免在易吸引啮齿动物、昆虫或其他有害动物场所或建筑附近进行建设。

公共文化设施规划建设应体现地方特色和传统文化，宜优先利用具有文化价值的既有建筑；利用保护建筑、历史建筑、传统建筑的公共文化设施应遵守历史文化保护规划的相关规定。公共文化设施人均规划建设用地控制指标应符合相关规定。

（2）教育设施

教育设施应包括中小学校、特殊教育学校、中等职业学校、高等院校四大类。学校应选址在地形相对规整、平坦、安静、卫生的地段，布局应满足学生学习生活需求，并应适于布置运动场地。

城市中小学校、特殊教育学校和中等职业学校人均用地合计应为2.2~4.0m^2/人；当城市有高等院校时，宜至少按人均0.5m^2/人增加教育设施用地。

（3）公共体育设施

公共体育设施应包括在体育场馆用地（A41）上建设的公共体育场、公共体育馆、公共游泳馆、全民健身活动中心及各类球场等满足大众体育锻炼、观赏赛事需求的公益性体育活动场所。

公共体育设施根据城市体育事业的发展需要，按城市规模宜分级设置市级、区级和基层公共体育设施。公共体育设施规划选址应满足安全选址的原则：选址于交通便利并利于安全疏散的地段；满足应急避难场所的选址要求。应遵循规模适当、布局合理、功能互补的原则，确定公共体育设施的设置。公共体育设施人均规划建设用地控制指标应符合相关规定。

（4）医疗卫生设施

医疗卫生设施应包括医院、基层医疗卫生设施和专业公共卫生设施。医疗卫生设施应根据服务人口范围分级设置，其中医院和专业公共卫生设施宜分为区域级、市级、县（区）级；应根据城市的级别合理设置各种类的医院、专业公共卫生机构、基层医疗卫生机构。医疗卫生设施人均规划建设用地指标应符合相关规定。

（5）社会福利设施

社会福利设施应包括老年人社会福利设施、儿童社会福利设施和残疾人社会福利设施。社会福利设施选址应充分考虑老年人、儿童、残疾人的特殊要求：应选择在地势平缓、自然环境较好、阳光充足、通风良好、交通便捷的地段；应避开高速公路、快速路及交通量大的交叉路口等噪声污染大的地段；宜靠近或结合医疗卫生设施布局。社会福利设施人均规划建设用地控制指标应符合相关规定。

5.7.12 综合防灾核心内容

综合防灾规划的核心内容主要包括城市总体防灾空间结构、避难场所规划、救援避难道路系统规划、防灾公共服务设施规划、防灾工程设施规划、应急基础设施规划。

（1）城市总体防灾空间结构

城市所遭受的各种灾害的风险程度高低，城市在面对灾害时所能够提供的防救灾资源的多少，救灾效率的高低和减灾效果的好坏，都与城市的总体防灾空间结构密切相关。良好的城市总体防灾空间结构，对提升城市的综合防灾能力至关重要。城市总体防灾空间结构主要由城市防灾分区与防灾轴形成。

城市防灾分区是指从综合防灾的角度出发，将城市规划区按照一定的依据划分为若干分区，各分区之间形成有机联系的空间结构形式。防灾分区有利于城市防灾资源的整合和分配，有利于行政管辖权限与综合防灾事权的协调统一。

防灾轴能够加强规划区内与规划区外的防灾应变能力，作为区内外开展防救灾活动的主要通道。防灾轴维持让救护车、消防车辆通过所需要的宽度，同时，通过防灾轴将各中心避难场所、重要防救灾公共设施、重大基础设施等便捷地联系起来，形成整体高效的防灾空间设施网络。避难空间与防救灾设施的布局应优先考虑布局在防灾轴周边，或与其有便利的交通联系，并要保证联系通道在灾时的畅通。

（2）避难场所规划

避难场所规划主要包括高层避难场所规划、地下避难场所规划、地面避难场所规划。

1）高层避难场所主要应对火灾和震灾。主要用于灾害发生后，高层建筑内的人员在5min内无法逃生到达地面时而采用的紧急避难场所。防灾避难层的面积要求和建设要求需满足相关规范的内容。

2）地下避难场所除人防设施规划的有关内容，还可依据城市地下空间特性，作为战争空袭和台风龙卷风等的避难场所。根据地下空间的专项规划及相关规划，对地下空间各种功能类型进行相关的分析，提出适合作为避难场所的类型与分布，从适合做避难场所的资源中选择固定、临时避难场所，并分析避难场所的服务范围、疏散路径及设施配置。

3）地面避难场所规划。依照上位规划、城市的建设定位等，选择中心避难场所；对规划区内的避难场所资源进行梳理，依据固定避难场所选取原则，初步选择出固定避难场所；选择按照紧急避难场所的选址原则对现有街头绿地、结构绿地和防护绿地等进行遴选，初步选择出紧急避难场所。对各避难场所一一进行服务范围分析、服务容量校核。在固定避难场所建设中，应与周边市政设施等的建设相结合，合理利用市政设施。

（3）救援避难道路系统规划

城市防救灾通道主要用于灾时救灾力量和救灾物资的输送、受伤和避难人员的转移疏散，需要保证灾后通行能力，按照灾后疏散救灾通行需求分析，分疏散次通道、疏散主通道、救灾干道，依据国家标准《防灾避难场所设计规范》，疏散救援道路的技术要求需满足国家标准中的规定。

救援避难道路规划可从倒塌分析、火灾蔓延分析、消防通行能力分析、桥梁抗震能力分析四个方面进行疏散道路规划的研究。通过地震、台风、火灾三种灾害的影响分析，梳理既有道路系统规划方案，提出救援避难道路的规划方案。

（4）防灾公共服务设施规划

通过对现状防灾公共设施及其相关规划的分析评价，了解规划区在防灾公共设施规划中的问题和不足以及相关规划的不衔接等问题，针对防灾公共设施系统提出综合防灾规划的目标和要求。对防灾指挥中心、医疗救护中心、救灾物资储备、治安管理中心提出具体的设施空间布局规划，场地和设施的防灾标准，设施的建设和配建水平，应急设施的完备程度等防灾的对策和措施。

（5）防灾工程设施规划

防灾工程设施主要有消防工程设施规划、人防工程设施规划、风灾易损结构防灾工程规划、防涝设施工程规划。

1）消防设施规划。防灾工程设施的规划，需满足城市消防和安全社区建设要求。消防站的建筑防火等级为一级，抗震设防类别应不低于重点设防类。城市消防站、消防通信和消防给水工程的布局和规划建设要求应在城市消防专业规划基础上，考虑综合救援要求，符合国家现行标准《城市消防站建设标准》的有关规定。对应急指挥、医疗救治、救灾物资储备和固定避难的场所，应考虑应对次生火灾的要求规划消防工程设施和防灾措施。

2）人防工程设施规划。主要依据人防设施规划及民防工程体系的配置要求进行。

3）风灾易损结构防灾工程规划。风灾易损结构是指城市中一些易于损坏的结构物，如高层建筑玻璃幕墙、户外大型广告牌、空调外机以及交通系统和城市绿化等，是风灾防御中的薄弱环节。通过对规划区近地强风模拟分析，判断出易损坏的结构物，进而有针对性地进行风灾易损结构的防灾设施规划。

4）排涝设施工程规划。可结合规划区水系、雨污水系统、海绵城市专项等规划中的相关内容，结合多灾害的情景分析，以及平灾结合的原则，提出防涝工程设施的规划对策。

（6）应急基础设施规划

应急基础设施包括供水管网、供电管网、燃气管网、排水管网、雨水管网、通信管网、能源管网等市政基础设施。通过对各类市政基础设施网络的重要性和基础设施网络之间的依赖性分析，进行应急基础设施的风险排序，根据分析结果有针对性地对各类管网进行调整，采取相应防灾措施，以保证各类管网的安全可靠。

5.7.13 综合管廊专项核心内容

综合管廊规划的核心内容主要包括入廊管线分析、综合管廊系统布局规划、节点及控制中心设计、附属设施设计等内容。

（1）入廊管线分析

电信电缆、电力电缆、给水管线、热力管线、雨污水排水管线、燃气管线等市政公用管线原则上均可纳入综合管廊内，但在管廊实施时应根据管线材质、输送介质和运行风险等因素综合考虑，结合道路下市政管线的实际和规划情况，通过经济技术分析、经济效益评价来确定各段管廊的具体入廊管线，一般口径的压力管，220kV 及以下的电力线、通信管、热力管线、中低压天然气管原则上应进入管廊；对于排水管、高压燃气管、大口径压力管、500kV 电力线等可经过技术经济比较、专题方案论证确定是否入廊。

（2）综合管廊系统布局规划

综合管廊系统布局既要考虑新城建设、旧城及棚户改造、道路建设及改造等因素，又要考虑城市管线的需求。综合管廊尽量考虑在新建道路下布置综合管廊，以避免新建道路的重复开挖，人为地造成重复建设；或者选择在需改扩建道路下布置综合管廊，以便做到在道路的建设或改扩建的过程中，一次性地建设综合管廊，做到资源的合理配置。同时综合管廊的布置也应该跟路网建设相匹配，在确定布置区域的前提下确定在哪些道路下布置综合管廊对该区域的辐射性最优，该条道路与各支路的联系是否紧密，通过管廊接入到地块或支路的管线是否方便快捷都是需要考虑的因素。

管廊的断面形式及管廊分道路布局的方案需要综合以下因素确定：综合管廊断面方案应以“经济适用、适当预留”为原则，充分考虑管廊纳入管线安装维护的功能需求，同时考虑地区长远发展对管线的扩容需求，经技术经济综合研究确定。综合管廊的断面形式的确定，要考虑到综合管廊的施工方法及纳入的管线数量。综合管廊的断面尺寸确定主要考虑如下因素：市政管线规划、各管线单位反馈的入廊管线种类及规格等；管线的安全距离；管线的敷设、操作空间；人员通行的空间。

（3）管廊节点及控制中心设计

管廊节点主要有吊装口、通风口、管线分支口、人员出入口、逃生口、端部井、交叉口及预留，还有管廊与监控中心、与现状道路、与河流、与轨道交通、与铁路、与城市地下空间等衔接与交叉节点。各类节点的位置、数量、间距等均有其对应的设计要求，需结合相关规范进行控制。管廊的人员出入口、逃生口、吊装口、进风口、排风口等露出地面的构筑物应满足城市防洪要求，并应采取防止地面水倒灌及小动物进入的措施，与市政景观统一考虑。

综合管廊的运行监控由监控中心实行集中控制管理，监控中心负责综合管廊工程的设备监控及环境监测系统、火灾报警、安防及通信等所有管理监控功能。控制中心应与管廊同步实施。监控中心设置原则上最好紧邻综合管廊主线工程，之间设置尽可能短的地下联络通道，以便于从监控中心进入到综合管廊内部。监控中心的建设形式可以采用与综合管廊合建或者同其他公共建筑合建。

（4）附属设施设计

附属设施主要包括消防系统、排水系统、通风系统、供电系统、照明系统、监控与报警系统、标识系统。

1）消防系统。综合管廊内部安装多种管线，管廊内安装管线不同，火灾危险性类别不同，根据《城市综合管廊工程技术规范》GB 50838—2015，各廊道、舱室火灾危险性类别为管廊舱室内安装管线种类中最高火灾危险性类别。

2）排水系统。由于综合管廊内管道维修的放空、供水管道发生泄漏、管廊伸缩缝处理不当、管廊管线进出点防水处理不当等情况，都会造成廊道内一定程度的积水，因此，管廊内需设置必要的排水设施，以排除积水。根据防火分区、交叉口的分布情况，在每一防火分区的最低处和在交叉口的最低点设集水坑，内置排水泵排除积水。

3）通风系统。根据消防系统的要求，每隔 200m 左右设置一防火区。通风设计以防火分区为计算单元进行通风系统的划分和设备布置，在每两个防火分区的一端设置机械排风口，在另一端设置自然进风口。

4）供电系统。综合管廊除了例行检查、安装及维修外，一般人员不会进入，短时中断供电不会造成人身伤亡及重大损失，因此，综合管廊内的风机、排水泵、应急照明、监控为二级负荷，其余为三级负荷。综合管廊采用分散多点供电方式或集中供电方式，电业计量采用高供低计，动力照明合一计量。

5）照明系统。控制中心管理楼设办公一般照明和事故应急照明，综合管廊内设一般照明和应急照明，其中应急照明兼做一般照明。应急照明灯具和一般照明灯具交叉布置，应急照明照度不低于正常照度的 50%，疏散指示灯距不大于 20m，并在出入口设安全出口标识。照明灯具可考虑采用光导等新技术的应用作为补充。

6）监控与报警系统。整个综合运行监控系统的设计本着“先进、可靠、实用、经济”的原则，选用切合工程实际的系统方案，保证系统的高性能价格比。实行“集中监控管理、分散控制”的原则，配置能满足工程实现现场无人值守运行的监控需要。管廊内各管线配套的检测设备、控制执行机构或监控系统应由各管线单位自行设计并设置与本综合管廊监控与报警系统连通的标准信号传输接口。

5.7.14 综合交通专项核心内容

综合交通规划的核心内容主要包括公共交通、自行车交通、步行交通、城市货运交通、道路系统、道路交通设施等。

（1）公共交通

城市公共交通规划，应根据城市发展规模、用地布局和道路网规划，在客流预测的基础上，确定公共交通方式、车辆数、线路网换乘枢纽和场站设施用地等，并应使公共交通的客运能力满足高峰客流的需求。

城市公共交通线路网应综合规划。市区线、近郊线和远郊线应紧密衔接。各线的客运能力应与客流量相协调。线路的走向应与客流的主流向一致，主要客流的集散点应设置不同交通方式的换乘枢纽，方便乘客停车与换乘。

公共交通场站布局，应根据公共交通的车种车辆数、服务半径和所在地区的用地条件设置，公共交通停车场宜大、中、小相结合，分散布置；车辆保养场布局应使高级保养集中，低级保养分散，并与公共交通停车场相结合。公共交通的站距应符合相关规范规定。公共交通车辆保养场用地面积指标应符合相关规范规定。

（2）自行车交通

自行车道路网规划应由单独设置的自行车专用路、城市干路两侧的自行车道、城市支路和居住区内的道路共同组成一个能保证自行车连续交通的网络。大、中城市干路网规划设计时，应使自行车与机动车分道行驶。自行车道路网密度与道路间距，宜参照相关规范规定。自行车交通还包括自行车道宽度与通行能力的计算。

自行车道路的交通环境设计，应设置安全、照明、遮阴等设施。

（3）步行交通

城市中规划步行交通系统应以步行人流的流量和流向为基本依据，并应因地制宜地采用各种有效措施，满足行人活动的要求，保障行人的交通安全和交通连续性，避免无故中断和任意缩减人行道。

人行道、人行天桥、人行地道、商业步行街、城市滨河步道或林荫道的规划，应与居住区的步行系统，与城市中车站、码头集散广场、城市游憩集会广场等的步行系统紧密结合，构成一个完整的城市步行系统。步行交通设施应符合无障碍交通的要求。

（4）城市货运交通

城市货运交通量预测应以城市经济、社会发展规划和城市总体规划为依据。城市货运交通应包括过境货运交通、出入市货运交通和市内货运交通三个部分。货运车辆场站的规模与布局宜采用大、中、小相结合的原则。大城市宜采用分散布点；中、小城市宜采用集中布点。场站选址应靠近主要货源点，并与货物流通中心相结合。

城市货运方式的选择应符合节约用地、方便用户、保护环境的要求，并应结合城市自然地理和环境特征，合理选择道路、铁路、水运和管道等运输方式。货物流通中心应根据其业务性质及服务范围划分为地区性、生产性和生活性三种类型，并应合理确定规模与布局。货物流通中心用地总面积不宜大于城市规划用地总面积的 2%。货运道路应能满足城市货运交通的要求，以及特殊运输、救灾和环境保护的要求，并与货运流向相结合。

（5）城市道路系统

城市道路系统规划应满足客、货车流和人流的安全与畅通；反映城市风貌、城市历史和文化传统；为地上地下工程管线和其他市政公用设施提供空间；满足城市救灾避难和日照通风的要求。城市道路交通规划应符合人与车交通分行，机动车与非机动车交通分道的要求。城市道路用地面积应占城市建设用地面积的 8%~15%。对规划人口在 200 万人以上的大城市宜为 15%~20%。规划城市人口人均占有道路用地面积宜为 7~15m^2。

1）城市道路网布局。各类城市道路网的平均密度应符合相关规定。土地开发的容积率应与交通网的运输能力和道路网的通行能力相协调。城市主要出入口每个方向应有两条对外放射的道路。7 度地震设防的城市每个方向应有不少于两条对外放射的道路。

2）城市道路规划。城市快速路、主干路、支路的规划应符合相关规范的规定。城市道路规划除了城市快速路、主干路、支路的规划，还应与城市防灾规划相结合。

3）城市道路交叉口。城市道路交叉口应根据相交道路的等级、分向流量、公共交通站点的设置、交叉口周围用地的性质，确定交叉口的形式及其用地范围。各种形式交叉口的规划用地面积和通行能力应符合相关规范中的规定。

4）城市广场。全市车站码头的交通集散广场用地总面积，可按规划城市人口每人 0.07~0.10m^2 计算。车站、码头前的交通集散广场的规模由聚集人流量决定，集散广场的人流密度宜为 1.0~1.4 人 /m^2。城市游憩集会广场用地的总面积，可按规划城市人口每人 0.13~0.40m^2 计算。城市游憩集会广场不宜太大。市级广场每处宜为 4 万 ~10 万 m^2；区级广场每处宜为 1 万 ~3 万 m^2。

（6）城市道路交通设施

1）城市公共停车场。城市公共停车场应分为外来机动车公共停车场、市内机动车公共停车场和自行车公共停车场三类，其用地总面积可按规划城市人口每人 0.8~1.0m^2 计算。其中机动车停车场的用地比例宜为 80%~90%，自行车停车场的用地比例宜为 10%~20%。市区宜建停车楼或地下停车库。

外来机动车公共停车场，应设置在城市的外环路和城市出入口道路附近，主要停放货运车辆。市内公共停车场应靠近主要服务对象设置，其场址选择应符合城市环境和车辆出入口不妨碍道路畅通的要求。

机动车公共停车场用地面积，宜按当量小汽车停车位数计算地面停车场用地面积，每个停车位宜为 25~30m^2；停车楼和地下停车库的建筑面积，每个停车位宜为 30~35m^2。摩托车停车场用地面积，每个停车位宜为 2.5~2.7m^2。自行车公共停车场用地面积，每个停车位宜为 1.5~1.8m^2。

2）公共加油站。城市公共加油站的服务半径宜为 0.9~1.2km。

城市公共加油站应大、中、小相结合，以小型站为主，其用地面积应符合相关规范的规定。城市公共加油站的选址应符合现行国家标准《小型石油库及汽车加油站设计规范》的有关规定。附设机械化洗车的加油站应增加用地面积 160~200m^2。

5.7.15 海绵城市专项核心内容

海绵城市专项规划核心内容主要包括规划标准、规划分区、规划控制指标分解以及海绵城市规划方案。

（1）规划标准

上海地区综合径流系数不大于 0.50，年径流总量控制率目标为 80%，对应的径流削减量为 26.7mm；年径流污染控制率为 80%（以 SS 计）；雨水排水系统设计重现期，一般地区 5 年一遇，地下通道和下沉广场 50 年一遇；内涝防治设计重现期 100 年一遇目标，居民住宅和工商业建筑物底层不进水；雨水资源利用率不低于 5%。

（2）规划分区

海绵城市规划分区需要与控规和专业规划相协调，根据桃浦智创城城市结构划分、功能特点、市政基础设施规划、绿化率、建设开发密度等情况进行分析，并在此基础上进行分级划分。

（3）规划控制指标分解

根据规划情况，基于用地类型通过水文、水利计算与模型模拟，通过上海市径流总量控制率与设计降雨量之间的关系对径流总量控制率指标进行分解，确定各类用地的径流削减量指标。结合各分区的用地类型构成，计算得到分区的径流削减量目标。最终确保海绵城市建设总体规划目标的实现。

（4）海绵城市规划方案

规划建筑密度、绿地率、水域面积率等控制指标及土地利用布局、水文环境等区域特点，针对示范区具体地块的总建筑量、平屋顶面积率、绿地率、人口规模、公共服务设施和市政公用设施面积与数量、道路交通设施的面积与数量、绿地水系的面积与控制要求，对每一单元地块进行指标分解，主要控制内容有：绿地率、下凹式绿地率、绿色屋顶率、透水铺装率、水域面积率、单位面积控制降雨量等具体指标。

5.7.16 绿色生态城区专项核心内容

绿色生态城区专项核心内容为绿色生态指标体系构建，其特色在于，它对应系统、区域和地块层面分级构建指标体系，并对每条指标设定实施途径。系统层面规划指标是对整个城市系统的土地集约化利用、绿色交通、绿色产业布局等方面进行的总体绿色生态建设目标的设定，实现与控制性详细规划的良好衔接。区域层面规划指标是对规划区域范围内的交通、能源、水、固体废弃物等生态规划技术运用的指标定量及定性控制，反馈至控制性详细规划中实现和落实。地块层面指标是对地块开发及单体建筑建设的绿色生态技术进行的引导控制，对建筑设计、建筑环境、建筑节能、绿色技术应用等进行定性定量的要求控制。

绿色生态城区的指标体系以绿色、生态、智慧为理念，以科学发展观为指导，以建设资源节约型、环境友好型城市为目标，从宏观到微观全面把控，将绿色生态理念融入城市规划建设中所涉及的产业、建筑、能源、交通、水资源、景观、植被等各项子领域，并根据各项实施内容提出相应的约束性和引导性指标，构建完整的指标体系。

5.8 专项规划矛盾梳理及解决方案

专项规划整合的整个过程中，专项矛盾梳理及解决方案探索是专项规划整合过程中的重点内容，也是整合工作的核心。在专项规划整合过程中我们将专项整合矛盾，划分为专项要素空间矛盾，专项数据、规模及指标体系矛盾，其他矛盾三类。同时需要对专项规划与控制之间的矛盾予以预警关注，在矛盾处理中，需要强调控规的主导地位，尽量通过调整专项来处理相关矛盾。确需调整控规的，按控规调整规定程序进行调整。

5.8.1 涉及控规的矛盾梳理及解决方案

专项规划整合工作的成果依据为控制性详细规划以及围绕控制性详细规划展开的各项专项规划成果。整合过程中要充分尊重控制性详细规划及各专项规划成果内容，尤其需要强调尊重控制性详细规划成果的法律地位及其严肃性，在选择矛盾解决方案时应优先考虑专项规划的调整，如确需调整控制性详细规划则需按法定程序启动控规调整程序，且务必做到一次性集中调整。

5.8.1.1 专项要素空间关系矛盾，导致控规调整

专项要素的空间矛盾，涉及控规调整的，往往会牵涉到控规用地调整，主要包括专项矛盾导致建设成本增加问题、设计安全相关规范的落实问题以及建设实施行业标准无法落实的问题等。以下以实际案例中产生的矛盾，以及所采取的解决方案进行说明。

（1）控规中规划河道蓝线在地铁区间线保护范围内

上海宝山新顾城项目中，地铁 7 号线沿陆翔路南北向敷设，为已建成运营线路。规划姚家河位于陆翔路西侧，与陆翔路、地铁 7 号线平行敷设。地铁区间线隧道外边线两侧为禁建区，严禁开挖建设。禁建区范围外侧边线向外 40m 范围为地铁区间线保护区，保护区内可以进行开挖建设，但需要对地铁区间保护范围内的土体、区间线隧道结构的位移进行监测，同时为保证避免过程中的卸载作用不产生影响地铁线路正常运营的位移，可能需要在开挖区域与地铁区间线之间采取相应的支护及土体加固措施。

规划姚家河距离地铁 7 号线区间线西侧边线 20m，河道宽度 20m，位

于地铁 7 号线区间保护线范围内。规划姚家河在可研阶段，对开挖建设进行了技术论证，开挖建设范围位于地铁 7 号线保护范围内，由于距离区间线隧道净距 20m，河道开挖深度较浅，开挖维护采用放坡方式，周边土体可以不采取加固措施。但是为确保地铁 7 号线的正常运营，需要对规划河道开挖段所影响的隧道进行监测，监测增加成本超过 1 亿元。后经技术经济论证，决定对规划姚家河另行选址，与西侧市政绿带进行置换。对控规用地总图进行调整，避免因河道开挖对地铁区间线隧道结构进行监测所造成的建设成本浪费。

（2）加油站选址距离保护建筑过近

桃浦智创城项目中，在方渠路永登路交叉口东南侧布置一处加油站，加油站用地南侧及东侧毗邻英雄钢笔厂地块。英雄钢笔厂地块的现状建筑原规划中整体拆除新建，由于上海市对于近代工业建筑的保护政策，将其划入工业遗产保护建筑范畴。加油站地块东西向进深最宽处仅 20m，东侧紧邻一栋保留厂房。由于加油站地块东西向进深较小，东侧紧邻现状保留建筑，导致空间不足，加油站埋地储罐、加油机等设施布局难以满足《加油加气站防火建筑规范》关于防火防爆的相关规定。经过与专项编制单位、控规编制单位、相关审批部门沟通后决定，对加油站另行选址。由于控规编制完成时间较短，另外加油站工程近期不会开展，最终决定问题提出后暂时保留，在下阶段规划评估时，将该问题与其他相关问题梳理完成后，集中对控规进行修编。

（3）控规用地总图中未划示地铁建设范围控制线

三林滨江南片区项目中，规划地铁 26 号线位于规划六路，规划六路红线宽 20m。控制性详细规划报批是为 26 号线划定禁建区及保护区范围线。城市设计按控规给定的条件进行设计，小街区、密路网为设计理念，希望营造具有活力的小尺度街区，规划六路两侧建筑退界仅 3 m，且为高贴现率，导致规划 26 号线两侧沿街建筑均有 7 m 的结构主体在地铁 26 号线禁建区范围内。总控设计过程中，将问题提出，通过与规划编制单位及相关审批单位沟通，最终决定 26 号线两侧建筑退界从原来的 3 m 改为 10 m，贴线率不变。本次控规调整虽然未设计控规强制性内容，但却在一定程度上破坏了小街区密路网规划设计理念。采用小街区密路网规划理念的区域往往是区域开发建设的核心区，也是地铁建设的必经区域。所以说在未来小街区密路网开发区域，地铁建设需探索与沿线建筑联合开发的模式，以及沿线地块地下开发建筑与地铁站及地铁区间线考虑一体开挖，一体建设。这就需要在模式探索过程中综合协调投资方、管理方和设计方，用新的开发建设模式支撑新的规划设计理念。

5.8.1.2 相关专项规范标准对控规的影响

（1）日照设计要求对控规相关规定的影响

上海宝山新顾城项目中，0305-05 号地块为幼儿园地块，规划为 15 班幼儿园，用地面积为 7242 m^2，建筑面积为 6950 m^2。0305-05 号地块南侧为 0301-18 号地块，与幼儿园用地相隔一条 20 m 宽的市政道路，为住宅用地，规划建设用退界 3 m，建筑限高 50 m。按二级开发商建设习惯，往往会将地块利益最大化，往往在做足地块允许开发建设规模的同时，室外空间会尽可能留在地块内部，并保证地块内部建筑日照时数尽可能长。这种做法就会导致二级开发商在建筑方案布局导向上尽可能贴线建设，尤其是北侧建筑贴线建设规模将会最大化。专项规划整合设计过程中，按照二级开发商利益最大化的思想为基础，进行了方案验证。日照计算结果表明，0303-05 号幼儿园地块仅 1800 m^2 用地满足冬至日连续日照 3h 的规定，无法满足幼儿园建筑及活动场地布局对日照的相关要求。如此一来，未来幼儿园开发建设可能会出现两种情况，按上海市相关规定，如果 0305-05 地块幼儿园设计方案先于 0301-18 号地块报批，未来幼儿园建设不会存在日照问题，0301-08 地块的方案设计需考虑对 0305-05 地块的日照影响。如果 0308-18 地块方案报批在先，很可能会对 0305-05 幼儿园地块的建设产生很大的限制，甚至无法实施。鉴于以上情况，与相关专项编制对接，征询相关审批部门，最终决定，0301-18 地块控制条件中增加一条，地块整体限高依然为 50 m，最北侧沿言迈路一侧第一排建筑限高 35 m，以保证未来幼儿园设计方案不受建设开发时序的影响。

（2）地块机动车开口对控规控制内容的影响

上海宝山新顾城项目中，0433-08 地块、0433-04 地块及 0434-04 地块，北侧及西侧均邻河道。南侧为邻宝安公路，宝安公路为交通性干道，设计车速 60km/h，按相关规定各地块不宜向宝安公路设置车行出入口。如图 5-4 所示，按相关规定三个地块均需要向宝安公路开设车行出入口，才能满足地块设计要求。这造成地块向宝安公路开口数量较多，对宝安公路的通行能力会产生影响。经与专项设计单位及专项批准部门讨论确定，在 0433-08 地块、0433-04 地块及 0434-04 地块周边增设公共通道，地块向公共通道开设出入口，以减少开向宝安公路的机动车出入口。公共通道在附加图则中划示。

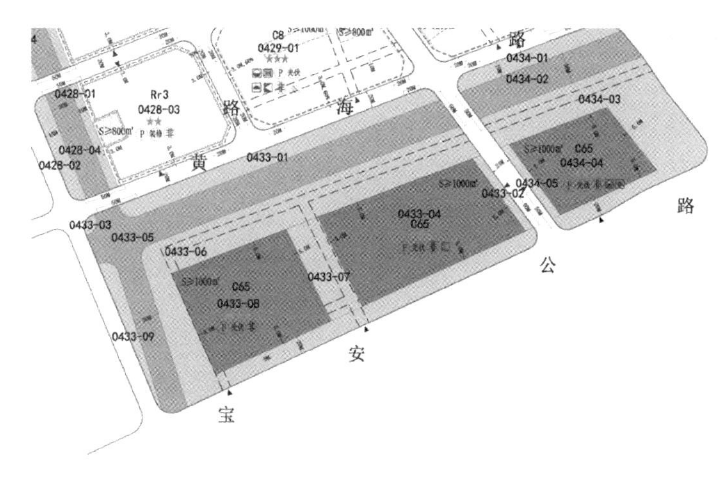

图 5-4 地块关系示意

5.8.2 专项空间要素矛盾梳理及解决方案

5.8.2.1 管线综合与小街密路之间的矛盾

小街区密路网最大、最直观的布局特点是：地块规模小、道路网密度高、道路红线宽度小（支路宽度更加明显），建筑贴线率高。这一布局特点也给市政管网及设施规划设计带来了诸多有利和不利的影响，同时也给市政管网规划设计提出了新的、集约化的规划建设模式。

（1）规划设计影响

市政管线综合方面的影响，主要体现在小街区支路方面。传统开发模式因道路红线宽度较宽，全专业管线布局基本不存在问题；而小街区密路网开发模式下的城市支路宽度仅有 12~16m，全专业管线布局受到很大的限制。道路横断面上要布置的设施，除了市政管线外还有两侧的行道树池。

（2）解决方案

要解决管线在小街区支路上的布局困局，无非三种方案。

方案一：在保证安全及施工需求的前提下适当缩小管网水平间距。

方案一优点在于秦岭淮河以南大多数规划区可以通过此方式进行小街区支路的全专业管网综合。缺点在于，突破规范的话，设计单位及审批部门需承担相应风险；另一方面，秦岭淮河以北的规划区以及设置有分布式能源的规划区，因热力管道或冷、热管道的增加，无论如何也不能解决小街区支路上全专业管线的综合。图 5-5 为小街区支路道路断面示意图，图中管线水平间距均在规范规定的基础上有所缩小，且图中未包括冷热管网。

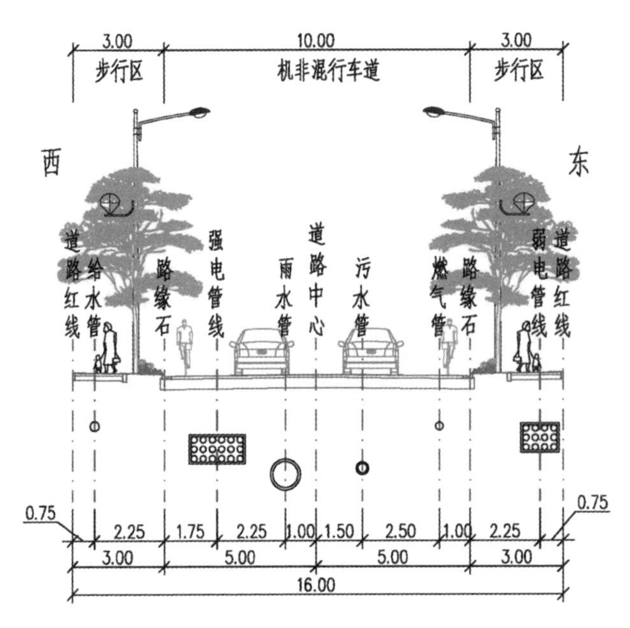

图 5-5　小街区支路典型道路断面（单位：m）

方案二：把建筑退界空间纳入市政公共空间，市政管线布局突破道路红线，利用建筑的小退界空间。

方案二优点在于秦岭淮河以南大多数规划区可以通过此方式进行小街区支路的全专业管网综合。缺点在于，会对地块开发建设单位带来诸多的限制条件，一方面沿街开发的地块管线需在地块内部解决，导致地块内部管网布局难度增加；另一方面，一般而言市政建设在前，地块开发在后，由于市政管线侵入地块退界内会造成地块开挖维护成本的进一步增加。因此，方案二也是一种顾此失彼的做法。

方案三：打破传统的管网综合方式，进行全区域管网综合设计，全区协调平衡，满足各地块进线的前提下，减少小街区支路的管线种类和数量，同时考虑地块内市政机房共享开发的模式，增加地块间过路管线。

进行整个规划区范围内的管网综合是一种值得研究且不得不选择的方向，不仅可以解决小街区支路管网布局所面临的困境，而且可以缩减管网建设总长度，从而降低管网建设的总成本。

传统的管网综合方式是以单条道路为研究对象，每一条路在规划建设时收集相关专项资料，对该条道路所涉及的管线进行综合。传统管网综合模式在传统地块开发模式下不存在任何问题，每条道路全专业管线均可较为合理地布局。而传统管线综合模式很显然不适应小街区密路网的地块开发模式。市政道路建设通常按照主干路、次干路、支路的开发顺序进行，小街区密路网干道下的管网综合往往会进行得比较顺利，而支路恰恰是问题所在。进行城市支路建设时，主干路及次干路建设基本已经完成，管网全区调整的可能性几乎已经不存在了，局部调整又受到诸多因素限制。此时，小街区支路下的管网综合布局只能依靠方案一或方案二进行解决，而方案一有突破规范的风险，方案二会给地块开发带来诸多掣肘。当遇到设有热力管道的区域，方案一和方案二基本不可能在同一条小街区支路下同时布置 7 个专业的管线。面对传统管网综合模式在小街区密路网开发模式中存在的种种弊端，进行全区域管线综合模式研究成为一种必然趋势。

（3）小街区密路管网综合的步骤

1）资料收集：包括控规及各专项规划文本及附图。专项规划包括电力专项、排水专项、给水专项、弱电专项、燃气专项、热力专项、竖向专项、交通专项、地下空间专项、综合管廊专项、轨道交通专项、水利专项及其他与市政综合相关的专项规划。

2）整理底图：将控规中不相关信息进行删减后作为最初底图，并增加水利专项、交通专项、地下空间专项、综合管廊专项及轨道交通专项的相关内容作为市政综合的最终底图。将水利专项中的河道、湖泊、市政水景等在底图中清晰反映；依据交通专项将底图的道路平面进行完善；将地下空间专项中市政道路下的地下商业、地下车行道、地下连通道等内容进行筛选并在底图中进行反映。将综合管廊中的管廊平面图及其定位表达在底图中，明确综合管廊的入廊管线种类、断面尺寸及顶板标高。在底图中反映轨道交通地铁站点及区间线的平面图及其定位，明确地铁站点及区间隧道的尺寸及顶标高。

3）拍图：将各管线专业管网拍入已经完善的底图，对各专业管线以道路为单位进行初步整理。对管线之间及管线与其他地下设施之间存在的平面及竖向矛盾进行梳理，并提出调整解决方案。

4）专业协调：与相关专项单位进行协调，对管网综合人员提出的解决方案进行研究讨论，并最终达成一致。

5）完成管网综合图：管网综合专业根据与各专项单位达成一致的调整方案进行管线调整，并绘制管网综合平面图、竖向节点图及横断面图。

6）各专业调整专业专项：管线综合完成后，反提给专项设计单位，各专项设计单位根据最终管网综合调整各专项内容。调整过程中如发现新问题则及时反馈给管线综合专业。

需要注意的是，协调过程中对区域范围内的线位调整要进行深入探讨。

应与各专项设计单位进行充分沟通，满足各专业布线需求，满足各地块进线条件，同时满足小街区支路的管网综合布局要求。管网调整过程中，可充分考虑利用地块市政设备用房的共享共建理念（或地块捆绑开发理念），增加地块间过路管线，而减少市政管线的敷设规模。

5.8.2.2 共享单车停放与交通空间的矛盾

共享单车是指企业在校园、地铁站点、公交站点、居民区、商业区、公共服务区等提供自行车单车共享的服务。共享单车目前采用的是分时租赁模式，是一种新型环保共享经济理念。现下共享单车已经越来越多地引起人们的注意，由于其符合低碳出行理念，政府对这一新鲜事物也处于善意的观察期。

2017 年 5 月 7 日，中国自行车协会在上海召开大会，宣布成立共享单车专业委员会。2017 年 8 月 3 日，交通运输部等 10 部门联合发布了《关于鼓励和规范互联网租赁自行车发展的指导意见》。新政明确了规范停车点和推广电子围栏等，并提出共享单车平台要提升线上线下服务能力。2017 年 11 月 6 日，中国通信工业协会发布团体标准《基于物联网的共享自行车应用系统总体技术要求》。

随着人们绿色低碳出行意识的提高，以及国家政策导向，根据有关数据显示，从 2015 年共享单车出现至今，77 家企业共享单车投放量累计已达 2300 万辆，累计运输人次达到了 170 亿，单日使用量最高达到了 7000 万次。共享单车的大量使用极大缓解了城市的交通拥堵状况，仅 2017 年一年，因共享单车而降低的交通拥堵成本便达到了 161 亿元，带来的社会价值更是超过 2000 亿元。

随着共享单车的投放量增加，其停放空间与管理也成为影响城市空间形象的重要因素。要解决共享单车停放空间问题，需要在规划阶段对于共享单车停放提出相应的策略。主要包括两个方面，一方面是轨道交通站点周边的共享单车停放空间，另一方面主要是街区内居住小区，办公区周边的共享单车停放空间。轨道交通站点周边共享单车停放空间，要相对集中，靠近地铁站点，并且具有一定规模；街区内居住小区及办公区周边由于使用者较为分散，为使用方便共享单车停放空间需要相对分散。在桃浦智创城项目中，重点解决了街区共享单车停放问题。主要利用行道树间的空间作为划定的共享单车停放空间，既在街区内提供了一定规模的共享单车停放空间，同时又因为行道树间的空间分布范围广，300m 半径覆盖率高，很大程度上方便了居民的共享单车停放，一定程度上可以缓解共享单车的乱停乱放问题。

5.8.2.3 地下专项空间要素间的矛盾

地下空间要素包括市政管线、综合管廊、轨道交通、地下车行道、地下人行道、地下车库及地下商业等。地下各专项要素之间的空间关系矛盾是规划建设实施过程中实际遇到的最多的问题，也是导致规划实施过程中经济成本和时间成本增加的主要原因之一。

（1）地下空间开发空间要素矛盾处理优先级

地下专项要素，在有条件的情况下鼓励共建，共同开发，以节省地下空间资源及工程建设投资成本。

地下专项要素交叉时的竖向矛盾处理优先级排序：轨道交通—地下车行道—地下人行道—综合管廊—重力管线。

（2）地铁区间线与地下车行道竖向矛盾处理

在济南 CBD 项目中，穿越 CBD 中心区的东西向及南北向两条轨道交通线路于核心区交叉设置换乘站，站厅层位于地下一层，南北向地铁区间线及站台层位于地下二层，东西向区间线及地铁站台位于地下三层。地下车行道路围绕核心区五栋超高层核心建筑群环状布置，地下环路与综合管廊共建，综合管廊位于地下一层，地下环路位于地下二层。南北向地铁区间线与地下车行环路基本位于同一标高，交叉点距离地铁站点较近，区间线可放坡高度较小，交叉处竖向避让较为困难。地下车行环路为避让轨道交通区间线，将地下一层综合管廊在南北向地铁线路交叉点处局部分离至下道路两侧，地下二层道路局部抬升至地下一层，地铁区间线竖向位置不做调整，从而解决了南北向地铁区间线及地下环路交叉点处的竖向交叉矛盾。

（3）重力管线与地下车库及地下商业的竖向矛盾

在重力管线与其他各专项空间要素相比较，单位建设成本低、技术处理难度不高。因此在竖向关系处理是优先级排在最后。常常以管位调整，设置提升泵站，采用倒虹吸等方式处理其与其他专项空间要素之间的竖向位置冲突问题。在上海宝山新顾城专项规划整合项目中，污水干管穿越地铁车站 TOD 商业核心区，该区域地下空间规划为跨越市政道路进行一体化建设。污水干管穿越该区域，导致地下商业价值最大的地下一层商业不能连通。通过与业主、规划编制单位以及排水专线编制单位的沟通，决定调整雨污水干管的走向，使污水干管绕行，避开 TOD 商业核心区，保证地下一层商业的整体连通。TOD 商业核心区仅仅设置污水支管，并在说明中提出建议联合出让地块之间市政设施由开发商代建，可根据地块污水排放需求考虑污水支管是否取消，以更加合理地确定地上地下竖向关系。

5.8.3 专项数据、规模及指标体系矛盾

5.8.3.1 小街区密路网与电力专项的矛盾

（1）高压配电网规划

目前高压配电网一般采用 110kV 和 35kV 电压等级并存的供电局面，未来将优先发展 110kV 电网。新规划区管线排布多采用电缆沟及电力排管。

110kV 电网基本上采用放射型或环进环出接线模式，参考《上海电网规划设计技术导则（试行）》，110kV 电网应按最终双侧电源三链接线模式规划（图 5-6）。110kV 变电站的进线电源宜来自（或追溯至）不同 220kV 变电站。

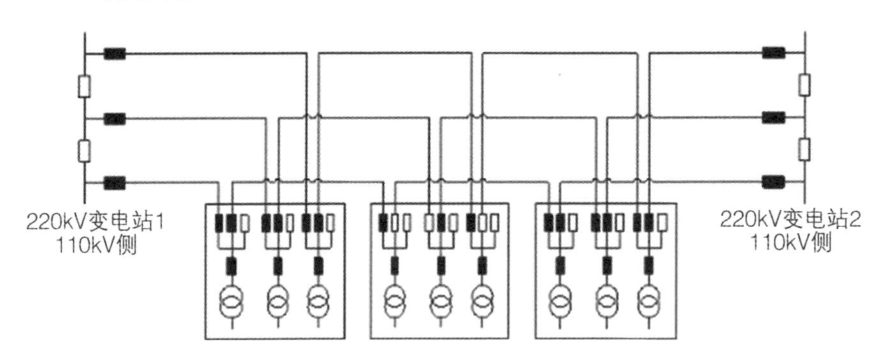

图 5-6 110kV 电网双侧电源三链接线模式

（2）中压配电网规划

中压配电网采用 10kV 电压等级。10kV 配电站可分为 K 型、P 型、W 型三大类。一般电力规划主要采用 KT 型站和 P 型站两种模式。管线排布一般采用电力排管的方式。

KT 型站：K 型站由上一级变电站不同母线或不同变电站送来 2 回进线。出线侧包括 10 回 10kV 馈线，另外站内一般设置 2 台配变的容量可视周边地区的低压负荷而定，低压侧有 8~12 回出线并带 2 台低压电容器柜，采用单母线分段接线方式，可向周边低压用户供电。KT 型站模式主接线见图 5-7。

P 型站：该型站 10kV 侧为 2 回进线，无 10kV 出线，采用线路变压器组接线方式，站内设置 2 台配变，容量为 2×（800~1250）kVA，分列运行。上一级变电站不同母线或开闭所不同母线送来 2 回进线，低压侧 8~12 回出线并带 2 台低压电容器柜，采用单母线分段接线方式，可向周边低压用户供电。

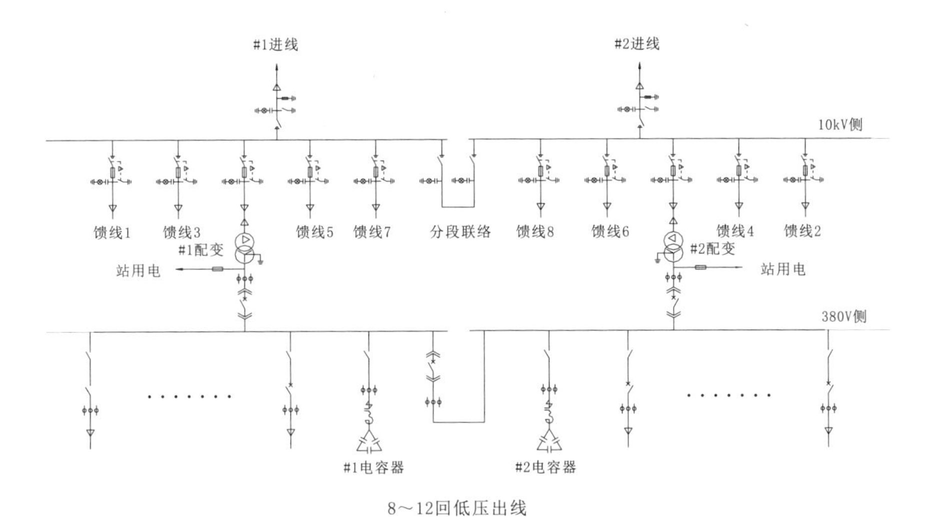

图 5-7 KT 型站模式主接线

K 型站从 110（35）kV 变电站获得电源，并向本地块内部 P 型站供电，K 型站进线主要沿市政规划道路敷设，10kV 及低压出线沿小区内部道路敷设，各 K 型站 10kV 出线采用双回路辐射接线或形成小环网，出线尽量不跨越市政规划道路及河流，少数需要跨越主要道路的需要通过过路管，这样便形成以地块为基础、若干相对独立、供电范围不交叉重叠的片状分区配电网。

（3）影响分析

对于电力系统而言，小街区密路网开发模式下区域变电站及开关站的数量基本不会发生改变。220kV 及 110kV 变电站在规划上拥有独立建设用地，其布局也基本不受影响，而 10kV 开关站的服务对象则会有很大程度的改变。如上文所述，“K 型站进线主要沿市政规划道路敷设，10kV 及低压出线沿基地内部道路敷设，各 K 型站 10kV 出线采用双回路辐射接线或形成小环网，出线尽量不跨越市政规划道路及河流，少数需要跨越主要道路的需要通过过路管，这样便形成以地块为基础、若干相对独立、供电范围不交叉重叠的片状分区配电网。”规模偏小采用 2 进 8 出，规模较大采用 4 进 16 出。开关站出线基本服务于地块内部 10kV 变电站，向市政道路出线服务于其他地块的管孔数量较少。

小街区密路网开发模式下，参照各类建筑物单位面积用电指标表（表 5-4），以 20000m^2 的地块为例，容积率为 2.5，总建筑面积为 50000 m^2，变压器装机容量按 100W/ m^{2}估算，总装机容量约为 5MV。而 2 路进线开关站可平均负荷为 13000kVA，最大负荷为 15000kVA，出线可带变压器总容量约为 20000kVA。总容量可负荷 4 个地块用电，即开关站出线将有 75% 的 10kV 馈线需进入市政道路强电管道，再通过市政强电管道进入其他服务地块。以上分析表明，传统开发模式下强电管道所预留的管孔数量将不再能满足小街区密路网开发模式的需求。

各类建筑物单位面积用电指标　　表 5-4

建筑类别	用电指标（W/m^2）	变压器容量指标（VA/m^2）	建筑类别	用电指标（W/m^2）	变压器容量指标（VA/m^2）
公寓	30~50	40~70	医院	30~70	50~100
宾馆、饭店	40~70	60~100	高等院校	20~40	30~60
办公楼	30~70	50~100	中小学	12~20	20~30
商业建筑	一般：40~80	60~120	展览馆、博物馆	50~80	80~120
	大中型：60~120	90~180			
体育场、馆	40~70	60~100	演播室	250~500	500~800
剧场	50~80	80~120	汽车库（机械停车库）	8~15（17~23）	12~34（25~35）

（4）解决措施

解决上述矛盾，大体有两种措施：一种是增加市政强电管道的管孔预留数量，即开关站较大数量地向市政道路出线，通过市政强电排管预留管孔向其他地块 10kV 变电站馈线；另一种是采取集约式电力规划模式，根据控规给出的地块开发量，较为详细地计算各地块用电负荷，为每个开关站划定负荷区域，开关站所在地块与其他服务地块均相邻，其他地块与开关站所在地块之间预留强电过路套管，以满足其他地块的供电线路敷设需求，不再通过市政强电排管预留孔进行布线。

以上两种方案笔者较为推荐方案二，方案一由于地块进出线具体数量和方向不确定而会导致市政电力排管预留孔数量较大，造成浪费；同时市政进线井预留数量也相应增多。而方案二可以规避方案一带来的弊端，且开关站与其负荷地块变电站的电力线路短捷，节省投资，且供电安全性可靠。

5.8.3.2　小街区密路网与排水管网

新建规划区排水体制均采用分流制，市政雨、污水排水管道与规划区内市政道路系统规划相结合，雨水收集后排向市政河道；污水经城市污水处理厂处理后排入外河。

（1）小街区密路网开发模式下的排水管网布置情况

传统地块开发模式由于路网稀疏，地块规模偏大，排水规划中基本每条市政道路都在机动车道下设置雨水排水管及污水排水管。

小街区密路网的开发模式下，传统的排水管线规划设计方式将极大地增加市政排水支管的数量，管网规模的扩大会导致市政投资的增加。传统开发模式的雨、污水管线几乎在每条市政道路均有设置，而笔者接触到的几个小街区密路网的项目中，排水管线依然在按传统开发模式进行管网规划，导致市政雨污水管网密度增加，管线总长度增加，进而导致建设成本的增加。

（2）对排水管网布置的影响及优化方案

基于以上问题，笔者认为可以结合“小街区密路网”的特点，通过管网的集约化规划设计来减少市政排水管网投资规模。小街区密路网的地块开发模式下，地块内排水管线的总长度因地块规模缩小而缩短，地块内排水管线不再会因为管线过长而导致埋深过大（雨、污水管线属于重力自流管，需要设计最小纵坡）。地块排水管线将不再会因埋深过大造成的不经济而需要多个市政排出口。地块内部市政排水接口数量的减少，使得市政预留接口位置将更加灵活。基于以上原因，在市政排水管网的规划设计中，地块排水接口优先考虑在主干道及次干道预留，尽量取消支路的市政排水管线预留接口。

如此一来市政排水管线可做以下优化：

1）对于雨水管线而言，支路雨水管只负担道路路面雨水收集，可将支路雨水管径缩小。传统市政雨水管最小管径控制在800mm，小街区密路网开发模式下的支路雨水管线如只负担市政路面雨水收集则可将管径缩小到300~400mm。

2）对于污水管线而言，由于地块内污水不再向支路排放，支路污水管线即可取消。

排水管线按以上方式进行优化后，支路雨水管管径普遍减小，规划区内污水管线总长度缩小，从而降低了市政排水管网的建设投资。

5.8.3.3 小街区密路网模式与给水系统、弱电系统及热力系统规划设计

给水管网、弱电管网、燃气管网及热力管网及其配套设施规划设计在小街区密路网开发模式下所产生的问题基本相似，即终端市政机房（直接服务于开发地块的市政机房）的数量及总规模均有较大程度的增加。

（1）给水系统规划设计的影响

地块内给水系统分消防给水系统和生活给水系统，生活给水设备机房规模与生活给水用量相关，其受小街区密路网开发模式的影响相对较小。根据《消防给水及消火栓系统技术规范》（GB 50974）和《自动喷水灭火系统设计规范》（GB 50084）的规定，消防给水系统中消防水池容量一般按三种消防给水量进行叠加，包括室外消火栓给水量（市政满足两路进水可不计入消防水池容量）、室内消火栓给水量和自动喷水灭火系统给水量。消防水量大小与地块规模相关性较小，与建筑火灾危险性相关性较高，即消防泵房的规模与地块规模的相关性相对较小，与建筑火灾危险性的相关性较高。换言之，每个地块无论地块规模大小，消防给水泵房的规模基本相近。因此小地块密路网的开发模式下，消防水泵房以地块为单元设置，消防泵房的数量和总建设规模都会有很大程度的增加。

（2）对弱电系统规划设计的影响

弱电系统中，每个地块需预留运营商接入机房，运营商接入机房的规模与地块规模的相关性相对较小，小地块密路网开发模式下运营商接入机房的数量和总建设规模也会相应增加。

（3）对热力系统规划设计的影响

关于热力系统，热交换站的规模与建设规模的相关性较大，按多个项目的经验分析，热交换机房的规模可按建设规模的 0.3% 进行估算。但是热交换机房有最小规模要求，约 300m^2。300 m^2 热交换机房可负担约 100000 万 m^2 建筑开发量的热负荷，即热交换机房服务的建筑开发量以不小于 100000 m^2 较为经济；而小街区密路网的地块开发规模大多在 50000 m^2 左右，基于以上分析，小街区密路网开发模式下，多个市政专业地块内设备用房的建设数量和总规模均有较大幅度的增加。对于整个规划区而言，总建筑开发规模没有增加，而终端市政机房建设规模有所增加，从建设投资上来讲是不合理的。

（4）解决措施

要消除小街区密路网开发模式带来的终端市政机房建设的不经济性，就需要谋求新的机房开发运营模式。笔者认为解决此问题的核心在于确定终端市政机房建设所对应的相对经济的地块开发建设规模，以相对经济的地块开发规模为标准划分终端市政机房服务分区。针对已划定服务分区的终端市政机房的建设运营模式，笔者认为有两种模式可供参考：一种模式是市政机房共建共享，共同运营维护；另一种模式是，市政机房服务片区与地块出让相结合，对建设地块进行捆绑式出让。

1）机房共建共享模式

机房共建共享模式，即服务片区内各地块开发商共同建设和使用市政终端机房。该模式的推进需要从规划建设和运营维护两个方面进行推进。

①规划建设。在规划阶段各专业专项规划与控规相结合，划分终端市

政机房的服务片区（机房建设地块与服务地块均为相邻地块，地块间预留过路管），并写入规划条件。机房建设所产生的建设成本，由各地块建设单位通过收取专项服务金和给予专项建设补偿金的方式进行平衡。

设备机房共享地块间的管线连接，可参考电力管线的连接方式（通过预埋过路套管，预留后期衔接条件）。如共享设备共享地块之间地下空间联通，可直接通过地下空间桥架直接连接。无论预留过路套管还是通过地下空间桥架连接，两种方式都可以减少市政管线总长度和市政接口数量。

②运营维护。市政设备机房运营维护，可由设备机房所在地块物业管理单位承担，其他地块物业管理单位缴纳本地块运营维护服务费；或由各地块共同委托专业服务单位进行运营维护，根据各地块市政负荷分摊管理费用。

此种模式的优点在于市政机房开发建设及运营维护的经济性较好；缺点在于开发建设及运营维护的协调难度较高。

2）地块捆绑出让模式

此种模式的关键点在于将终端市政机房的服务片区划分与土地出让计划相结合，将服务片区内开发建设地块捆绑出让给同一家开发商。一级开发商在进行市政管线布局时可将捆绑的各建设地块视作一个地块，捆绑地块间的市政支路尽量避免布置穿越捆绑地块的区域市政管线，仅布置因捆绑地块开发及市政支路建设本身所必须的市政管线。

此种模式的优点在于终端市政机房建设及其运营维护的经济性较好，且不存在共享共建的开发商之间的协调问题；同时捆绑出让地块间的市政道路及市政管网可由开发商代建，可有效缩短建设周期。缺点在于由开发商代建的市政道路需政府部门通过开发建设导则等方式进行统一管理，增加管理成本；另一方面，地块受让方必须是实力较为雄厚的大型土地开发商，缩小了土地受让方的选择范围。

虽说由于小街区密路网的开发建设模式造成的市政终端机房建设成本的增加对于项目开发总成本来讲占比较小，但是集约化发展依然应该是土地开发建设应该研究的方向。

5.9 专项规划整合设计成果

以创智 TOP、英雄天地两大项目先行先试，在梳理 27 个专项规划、现状建设条件、现有政策法规等基础上，结合多次协调会议精神，对各专项中存在的冲突点、开发建设中的关键控制要素、各职能部门的全流程管理职责、开发建设导则的成果形式及内容深度等逐一进行研究梳理，最终形成试点项目“1+1”的成果模式，即开发建设“通则 + 实施细则 + 智慧平台”成果内容。该模式为后续桃浦智创城开发建设导则的编制提供了模板和依据。

5.9.1 一份实施指南

通则成果形式为一份实施指南，控制要素通则，分建设及管理两方面。实施细则成果形式为一张图则和一组表格，图则具体控制要素，整合专项增补其他影响开发的公共空间及用地内部条件；表格分类各专项指标，全流程管理。智慧平台以一套图集为成果，与桃浦智慧城市综合管理云平台结合，实现一张图智慧规划建设管理。

一份实施指南主要技术内容分为总体原则、专项梳理、地块内部建设控制、公共空间建设控制、规划管理、其他控制和附录七个章节组成。总体原则目标为确定导则适用主体，逐条明确部门职责，建立完善体制机制，内容包括编制背景、指导思想、编制目标、适用范围、编制原则、主体职责、导则框架、制定依据、执行机制和实施保障；专项梳理目标为指标修正补充分类，内容包括冲突点分类梳理、专项协调原则和指标分类整合；地块内部建设控制适用于二级开发商，明确建设要求，内容包括用地及物业、产业及定位、风貌及形态、地下及竖向、绿色及海绵和智慧及 BIM；公共空间建设控制适用于一级开发商，提出建设建议，明确周边条件，内容包括道路交通、市政综合和其他；规划管理目标为明确出让条件和全流程管理职责，内容包括全生命周期管理、全流程管理和各职能部门职责。

5.9.2 一张区域总图

一张区域总图是指各专项空间要素梳理调整完成后落入控规用地图中，形成一张区域范围的“大总图”。主要内容包括以下各专项内容：

（1）道路交通规划内容。标明规划区内道路交通系统与区外道路系统的衔接关系，确定区内各级道路红线宽度、道路线型、走向，标明道路控制点的坐标和标高、坡度、缘石半径、曲线半径、重要交叉口渠化设计；轨道交通、铁路走向和控制范围，道路交通设施（包括社会停车场、公共交通及轨道交通站场等）的位置、规模和用地范围。

（2）竖向规划内容。 在现状地形图上标明规划区域内各级道路围合地块的排水方向，各级道路交叉点、转折点的标高、坡长、坡度，标明各地块规划控制标高。

（3）给水专项规划内容。标明规划区域内供水水源、水厂、加压泵站等供水设施的容量、平面的位置以及供水标高、供水走向和管径等。

（4）排水专项规划内容。标明规划雨水泵站的规模和平面位置，雨水管渠的走向、管径及控制标高和出水口位置；标明污水处理厂、污水泵站的规模和平面位置，污水管线的走向、管径、控制点的标高和出水口位置等。

（5）电力专项规划内容。标明规划电源来源，各级变电站、变电所、开闭所平面位置和容量规模，高压线走廊的平面位置和控制宽度。

（6）电信专项规划内容。标明规划区电信来源，电信所的平面位置和容量，电信管道的走向、管孔数量，确定微波通道的走向、宽度和起始点限高要求等。

（7）燃气专项规划内容。标明规划区气源来源，储配气站的平面位置、容量规模，燃气管道等级、走向、管径。

（8）供热专项规划内容。标明规划区热源来源，供热及转换设施的平面位置、规模容量，供热管网等级、走向、管径。

（9）环卫、环保专项规划内容。标明各种卫生设施的位置、服务半径、用地、防护隔离设施等。

（10）综合管廊专项规划内容。标明综合管廊的平面布局位置、管廊断面、入廊管线种类、管廊顶板标高。

（11）轨道交通专项内容。标明轨道交通站点位置、站体轮廓、区间线外轮廓、禁建控制线、保护控制线、地下站点顶板控制标高以及地下区间线控制标高。

（12）地下空间专项内容。标明地下车行道路平面布局、地下道路横断面、地下道路与各地块车行连通道、地下道路出入口、地下道路顶板控制标高、地下人行通道平面位置、人行通道断面、人行通道顶板标高、公共空间地下活动空间平面布局及顶板标高、地块地下空间开发控制线、地下地块开发控制强度、地块地下空间开发性质、下沉广场平面布局、下沉广场控制标高等。

（13）公共服务设施专项内容。包括文化设施、教育设施、公共体育设施、医疗卫生设施和社会福利设施的平面布局及其配置指标。

（14）水系专项内容。包括城市规划区内的河流、湖库、湿地等需要保护的水系划定城市蓝线及河底控制标高，并提出管控要求；排水防涝、防洪等涉水工程平面布局、控制标高；标准取水口、污水尾水排出口、雨水排出口的位置。

（15）综合防灾专项内容。包括避难场所、救援避难通道、防灾公共服务设施、防灾工程设施的平面布局。

（16）绿色海绵专项内容。包括建筑绿色星级区划；公共空间以道路为单元、地块建设空间以建设用地红线范围为单元标注雨水径流控制总量、径流污染控制总量及单位面积雨水控制量；区域内重要的低影响开发设施的平面布局等。

5.10 小结

桃浦科技智创城的规划整合是以控制性详细规划为基础，整合城市设计、专项规划，贯彻执行国家的法律、法规及相关的标准规范，依据国家、上海市和行业的相关技术经济政策，明确用地的边界条件、内部条件，同时在土地出让建设前明确控制要素及监管流程，实现全生命周期管理，指导建设、辅助管理。在实施层面，保证规划意图及公共利益，保证建设落地及运维监管，避免开发过程中缺乏统筹、造价过高、随意变更方案、建设时序冲突等，实现建设与管理的统一，公共利益与土地价值的统一。

规划整合不是简单地将规划成果拼合在一起，也不是重新编制规划。它是梳理专项规划并将其与其他不同规划成果相校核，发现相互之间的冲突和矛盾，并按照规划整合原则和程序，解决问题，使之形成协调统一的整体，为规划管理和控规编制提供依据和指导。通过规划整合，基本解决了规划之间的冲突和矛盾，有效地解决了“规划打架”问题，同时规划整合是一项长期的系统性工作，目前的规划整合只是阶段性成果，今后必须加强规划整合成果的动态维护，才能确保设施要素空间落地整合成果的生命力。

6

开发控制及建设落实

6 开发控制及建设落实

6.1 开发建设导则概述

我国目前大部分规划设计案例还比较偏重“设计”，关注的重点是各管控要素的具体规划设计要求，编制的成果往往是需要进行整体开发才可能得以实施的终极形态蓝图。而大范围的区域开发项目在短期内无法实现，因此，管理者（一般是政府）希望通过对建设项目的控制和引导来保证设计目标的实现。但偏于设计的规划设计很少考虑和研究建设控制方面的技术、方法、手段及实施管理的策略，在实践中操作性较差，这使得一些好的规划设计成果最后难以发挥作用，或者仅停留于概念层面，只能充当规划前期研究的一种手段。

因此在三维空间层面的规划整合设计完成后（整合设计通则及系统设计图设计内容详见 5.9 的介绍），需要从时间层面，基于土地出让的建设背景和建设条件，以地块为单元进行指标分解和图则编制，通过动态渐进的补丁式管控要求的编制，形成以规划整合成果为基础的地块开发建设导则，内容包括整合图则和整合指标。

按通常的规划设计习惯，往往在专项规划整合设计完成后，会立即对整个规划区域内地块进行建设管控要求的编制。然而根据区域开发建设特点，一次性编制地块建设管控要求会存在两个弊端。一是各项规划及导则编制完成后，地块出让的建设通常都会有一个比较长的周期，越靠后期，法定规划及各专项规划的时效性越低，难以适应新的建设需求。即控规及专项规划编制成果与土地出让的决策过程存在时间差，社会主义市场经济条件下，土地出让受市场形势和政策走向影响很大，同样一个地块，在不同形势下，其规划设计条件差别很大。在土地市场形势好的情况下，开发商更容易接受政府部门给出的约束条件，相反，在土地市场低迷的情况下，政府则倾向于通过放松规划设计条件，吸引开发商投资。因此，对于许多土地而言，不存在一个超越时间差的、科学的规划设计条件。中国快速发展的城市化背景下，经济形势和微观的政策环境（如主管领导更替）变化迅速，就会出现刚编制的控规短时间之内就无法适应形势变化的情况。另外一方面，控规、专项规划以及规划整合工作展开的尺度较大，往往会对一些细节情况以及各出让地块内外的建设条件考虑不够周全，导致地块出让条件与控规及专项规划之间产生空间上的不协调。例如开发地块周边需要在土地出让前进行立项建设的市政道路及市政管线用地因土地产权或征用问题近期内无法建设。那么就需要在土地出让前对地块市政管线接入条件及基地开口条件进行细致分析，提前做出相应安排。因此在桃浦智创城项目先行先试地将总控工作分为两个阶段：一个为第6章讲述的规划整合；另外一个阶段即开发建设导则，结合规划整合成果，对地块周边建设条件及实际情况进行深入研究和梳理，形成开发建设导则，指导地块开发建设实施。同时为避免土地出让条件及地块开发建设条件与管控要求上的不协调，在桃浦智创城项目，第二阶段的地块图则采用动态编制的方式，即准备出让一个地块，进行一个地块开发建设导则编制。以实现对控规及专项规划的编制内容根据地块开发建设的实际情况进行修正。以保证城市规划意图更好的落地，地块开发建设实施的顺利推进。

6.2 土地出让及建设条件梳理

地块出让前开发建设导则编制的一个重要环节就是地块建设条件梳理，建设条件梳理主要以整合后各专项核心内容为抓手，从政策法规、建设时序、最新理念、空间关系、开发建设经济性等方面进行梳理分析。

6.2.1 政策法规调整影响

政策法规调整的影响，主要体现在地块出让前因为政策法规调整对土地出让条件的影响，往往需要对控规及专项规划内容进行调整。桃浦智创城英雄钢笔厂地块，控规成果中为拆除新建地块，土地出让前，市相关部门要求英雄钢笔厂地块作为工业遗产进行保留。这一政策变化导致控规及专项规划均需要进行调整。同时也因为保留建筑的缘故引发了空间维度问题的产生。沿永登路及祁连山路的保留建筑，侵入道路用地红线范围内，从而需要对道路红线进行调整。地块西侧因保留建筑距离规划加油站地块距离过近，同时加油站地块为南北向狭长地块，导致对加油站平面布局造成非常大的局限及困难。原布置于地块内的10kV开关站也因层高及建筑保护原因调整到了西侧地块内。由于永登路道路红线缩小，原永登路综合管廊、雨污水管线以及行道树布置空间受限，导致市政设施敷设侵入到北侧建设用地红线内，永登路一侧行道树取消，该段道路照明采用单侧道路照明设计。控规编制后，地块出让前，政策法规调整的概率并不大，但是一旦有相应的调整，对于规划条件的梳理将会产生较大程度的影响，必须重视，并做周全考虑。

6.2.2 建设时序的影响

建设时序的影响，主要分析出让地块红线内外专项规划实施的先后顺序，及其与出让地块的建设时序关系。基础设施建设是地块开发建设以及运营的支撑。从开发建设时序上讲，区域开发应该是基础设施建设先行，地块开发建设在后。但常常因为基础设施建设计划、建设资金问题、基础设施建设土地征用问题，会出现基础设施建设滞后的情况。例如桃浦智创城项目，医疗养老地块出让前，东侧市政道路建设因产权归属铁路部门，短期内无法开工建设，东侧道路在医疗养老地块建成投入运营后无法建成投入使用，同时西侧祁连山路为主干道，不能开设基地车行出入口，导致医养地块基地车行出入口受到严重限制。同样是桃浦科技智创城医养地块，其 10kV 开关站进线规划路由于西侧祁连山路没有强电排管，且祁连山路为近期保留项目，导致医养地块按控规及专项规划的内容实施，无法满足其建设实施及投入运营后的电力供应问题。类似实施层面的问题，均在地块出让前，地块开发建设导则编制中土地建设条件梳理时暴露了出来。因此需要在地块导则编制前对地块开发建设面临的所有限制条件一一给出解决方案，同时与控规及专项规划编制单位进行对接，征得各编制单位同意后，形成导则上会。

6.2.3 最新理念的影响

20 世纪 90 年代以来，美国城市规划界提出“新城市主义”的规划理念，倡导回归欧洲传统城镇空间形式，并结合“生态”“低碳”的普世价值观，进一步发展了以“密路网，小街区”为特征的城市空间规划模式。这种思想也影响到了国内，国内学者也以此作为破解传统规划模式困境的途径之一，并结合我国城市的快速发展机遇进行了理论和实践的初步尝试。济南中央商务区、上海桃浦科技智创城以及湖南金融中心等新建开发区的建设开发模式均以“小街区、密路网”为特征的城市空间规划模式。

（1）小街密路开发模式与市政管线及市政道路建设关系梳理。小街密路地块规模小，道路红线宽度较小，尤其市政支路红线宽度仅 12~16m，全专业市政管线包括电信排管、电力排管，给水、雨水、污水、燃气、热力供水管、热力回水管，加上道路两侧行道树池与路灯占用的市政道路空间，全专业管线在市政支路有限红线范围内进行敷设的困难较大，如涉及分布式能源采用四管制，管线数量会更多，管线综合敷设难度更高。而传统管线开发模式中，立项一条道路，研究一条道路的市政综合，不再适用于小街密路的开发模式，需在建设前提前进行大范围区域的市政管网调配。

（2）小街密路开发模式，地块规模较小，开发商拿地，往往会考虑地块市政配套建设的经济性，而希望相邻多地块一起拿地，同时要求各地块地下空间跨市政道路一体开发，如此联合出让地块间市政道路地下为二级开发商的地下车库，车库顶板上为需要一级开发商建设的市政道路及市政管线。一、二级开发商共同建设联合开发公共空间，势必会造成一、二级开发商之间的利益纷争，遇到设计实施矛盾各不相让，造成施工周延长。在施工顺序安排上，后续工序对前序工序的要求，往往因开发主体不同会存在这样那样的问题。在桃浦智创城项目中就发生了二级开发商跨越联合开发地块之间的市政道路进行地下空间开发，地库顶板标高确定过程中，对地面市政道路标高及坡度考虑不周全，导致地库顶板覆土不足，市政管线无法敷设的窘况。在后续的项目中，我们也针对这种情况提出了相应的解决方案，即联合开发地块之间的道路及市政管线由二级开发商代建。这样一来，联合开发地块间公共空间的建设开发主体就从一、二级开发商两个主体，变为二级开发商一个主体来完成。此过程中就可以避免不同开发主体之间的利益纷争，同时二级开发商一家主体委托地上地下一体化设计，也可减少不同设计单位之间的技术对接。从而可以很大程度地减少因利益纷争和技术对接而增加的时间成本和经济成本。为保证开发建设周期不拖延，以及市政建设投资成本不增加，市政管线排布尽量不利用联合开发地块的公共空间，在可能的情况下只保留市政雨水管线。二级开发商地块室外管网进线由周边主、次干道进行，通过地库桥架连通，雨、污水管线就近排入周边市政道路，尽量不在通过联合开发地块的市政支路进行排放。此种由二级开发商代建公共空间的开发模式就要求政府对于二级开发商加强管控力度，尤其是地上公共空间的管控力度，以保障地上公共空间的建设品质。

（3）小街密路模式，市政道路宽度较小，人行道减去树池空间后，人行净尺寸较小，根据已进行总控项目的经验，会将建设用地红线内建筑退界空间部分纳入人行道宽度，保证人行适宜的空间尺度。如果采用此种方式，市政道路在建设过程中需对人行道建设时序，及建设主体（是否考虑二级开发商代建）进行合理安排。市政道路竖向设计需对沿街商业的竖向设计条件做充分的考虑。

（4）用地红线内建设项目需考虑海绵城市、绿色城区、智慧城市等专项的分地块落实，对每个已做专项的控制内容，分解到该建设地块，并以该建设地块为研究单元，对各专项控制内容（包括专项指标、专项设施）进行整合修正，保证该地块开发建设过程中对各专项规划内容的落实。

6.2.4 空间关系影响分析

地块周边空间关系梳理，主要以地下空间关系梳理为主。主要包括地下人行通道与地块地下商业的连通、地下车行道路与地块地下车库的连接以及地铁车站与地下商业的连通等。下文将以地下车行道路及地铁车站与地下道路的连通关系梳理为主进行影响分析。

6.2.4.1 地下道路与地块地下车库的空间关系

当前新区开发区，尤其是高强密度新区，包括城市副中心、中央商务区、总部经济区等开发过程中，为解决核心区机动车行到发问题，往往结合地上路网规划建设地下车行道路，地下车行道路的布置形式、地下道路出入口设置位置以及地下道路与地块地下车库的连接方式是地下道路设计研究的核心内容。本章节主要研究地下道路与地块地下车库的连接关系。

（1）地下道路并联各地块地下车库

地下道路并联各地块地下车库的方式是普遍被采用的一种方式。该形式布局的地下道路，布局在道路建设用地红线范围内，不占用地块空间，地下道路与地块地下车库通过连通道衔接。地下道路由于净高要求比地下车库层高大，同时考虑地下道路顶板要预留市政管线敷设条件，地下道路一般比地下一层车库底板低 1.8 m 左右，基本位于地下二层车库的半层高位置，地块地下一侧及地下二层均有与地下道路连接的条件，连接坡道放坡段，原则均置于地块地下车库内。如地下一层为地下商业，地块地下车库只能地下二层连接地下道路，由于地下商业层高较大，地下二层连接地下道路的连接坡道放坡距离会加长，同时由于地库连接坡道靠近地下道路处的净高问题，对应的地下一侧商业局部净高和功能布局会受到影响。如果存在大面积地下一层商业，则需考虑地下道路标高降低，以减少地库连接坡道放坡段总长度。各地块在建设过程中地下车库的建设，车位排布方案，地下连通道的位置及竖向连接关系等均需要考虑地下道路预留连通口的条件。

（2）地下道路串联各地块地下车库

地下道路串联各地块地下车库，一种方式是地下车库通过地块间跨越市政道路的地下道路连通，形成真正意义上的串联方式；另一种方式是各地块内地下道路与地下车库共建，一般采用地下车库预留边跨作为地下道路，再通过公共空间连通道连通各地块预留的边跨通道。两种方式在实际项目中均有采用。地下连通道路连通各地块地下车库的串联方式，对于后期运营管理要求比较高，其中一家业主运营协调出问题，地下串接道路系统就会瘫痪；地下道路占用地下车库边跨的方式更多偏向于并联式地下道路的特点，区别在于地下道路占用地块用地进行建设。地下道路串联各地块地下车库的连通方式对于各地块竖向设计，及各地块地下车库建设时的底板标高的管控要求会比较高，地块开发建设如牵扯到地下道路串联各地块地下车库时，需在地块出让前对地下道路连通关系进行整体范围梳理，并逐地块给出建设管控条件。

6.2.4.2 地铁车站与地块连通关系的影响分析

（1）地铁车站与道路、地块之间的空间关系

一般来说，轨道交通地下车站的主体部分多布置在城市道路的下方，不进入地块内。但由于上海的地质条件，各类建筑物、桥梁、构筑物的桩基都较深，地下线路沿线遇到的障碍物较多，线路走向的选择余地较小，车站站位的选择余地也较小，因此，很多时候车站不得不进入地块以内。从地铁车站与道路、地块这三者的关系来看，有：车站主体建设范围在道路或公共绿化用地范围内，完全不进入地块；部分进入地块；完全进入地块三种情况。

1）车站主体不进入地块（完全位于道路红线以内）

此种情况下，车站主体结构完全位于道路红线以内，不进入道路两侧的地块内，只有出入口和风井进入地块。地块内的地下空间一般都需要后退道路红线一定的距离，而地铁车站的主体则在道路红线以内，两者之间在水平方向上存在一定的距离。此时的联通只能通过一条或多条通道来完成。

城市道路下的地铁车站顶部一般需有 2.5~3m 厚的覆土层，用以埋设水、暖、电等各类市政管线。车站的站厅层，一般结构净高 4.2 m 左右，顶板厚度 0.8 m。由此推算，站厅层的地面标高距离城市道路的地面标高约有 7.5~8 m。而地块内的地下空间一般无覆土层，其地下一层的地面标高距道路地面标高相差约 4.5m。所以，车站站厅层地面标高与地块地下一层地面标高相差约 3m，与其他二层的地面标高则相差不多。

在地下空间的开发理念不太发达的早期，往往仅地下一层用于商业开发，地下二层及以下多用于停车场和设备用房，地铁车站只适合与其地下一层联通。两者之间存在较大的高差，需在连接通道内设置楼扶梯。上海轨道交通 1 号线徐家汇站与周边地下空间的连通就属于此种连通。当城市

地下空间的开发理念、意识比较先进的时候，将地下二层也用于商业、公共活动等的开发成为可能。此时车站可与地块内的地下二层空间相连通。从经济的角度来讲，与地铁车站直接相连的一层，人流最集中，相当于商场的“地面层”，具备比较高的商业价值。

2）车站主体的一部分进入地块内

由于线路规划的原因，车站的主体结构经常会部分地进入地块以内。目前车站的施工技术一般采用明挖法，在其主体结构外侧至少需要 3m 的施工通道，这导致规划的建筑，则会充分利用与地铁车站邻近的优势，其地下空间边界线往往会贴合地铁车站的地下围护墙。即两者共用一堵地下围护墙，只需在共用墙体上开几个门洞就能实现联通。

为了改善和提升地块内地下空间的品质，往往会在车站和新开发的建筑物之间设计一个直接的室外空间——下沉广场。这有助于缓解长时间待在地下空间的不良心理感受。下沉广场本身也会吸引大量的城市客流。下沉广场打破了地铁车站和地块之间所构成的封闭体，使其具有了对城市的开放性。这时，地铁车站和地块之间，是通过下沉广场来实现联通的。在剖面标高的设计上，由于车站仍然受限于道路管线的敷设要求，即其顶板上部仍然需要一定厚度的覆土层，因而，其站厅层地面标高与地块内的地下一层地面标高仍有约 3.5 m 的高差，与地下二层的地面标高相差不多。

3）车站主体完全进入地块内

当车站主体结构完全进入地块以内时，地块内的建筑规划与地铁车站的联系也将更加紧密。与车站部分进入地块的情况一致的是，两者都有条件实现共墙连通或下沉广场连通； 所不同的是，部分进入地块的车站只有一边能与地块共墙连通，而完全进入地块内部的车站，却有条件两边都与地块共墙连通。当车站的两边都与地块共用围护墙，并开有洞口连通的时候，往往连通的这一层不再用作车站的站厅层，而是用作商业开发层，与周边的地下空间连成一体，统一规划商业开发的业态、规模等。此时地下二层为站厅层，地下三层为站台层。

（2）地铁车站与地块地下空间的连通关系

根据地铁车站与道路、地块之间水平、垂直方向上的不同关系，地铁车站与周边地下空间的连通方式，从空间关系上分，可以分为连通道连通、共墙连通、下沉广场连通、一体化连通、垂直连通共五种。

1）通道连通

当地铁车站与周边地下空间在水平方向上存在一定距离，两者之间只能通过一条或几条地下通道相连通。通道连通是最典型的一种连通方式。

较多地出现在城市地下空间开发利用的初始阶段，主要是因为地块的开发和地铁站的建设不作为一个整体项目考虑，两者的施工建设时间也不同步，只能采用通道连通方式。通道连通的优点在于，使地铁车站与其周边的地下空间都保持有一定的独立性，对于各自的管理、维护，以及避免火灾蔓延等方面有一定的好处。

连接通道的规划功能定位有两种，即单纯交通功能的地下通道和兼有商业服务设施的地下商业街。由于地下商业街的火灾危险性要远远高于单纯交通功能的地下通道，因此，地下商业街的防火疏散要求，包括最小宽度、最大长度、最远疏散距离等指标，均比地下通道要严格。当然，通道的建设条件（即通道能够做到多宽）也会反过来影响其规划功能定位。

2）共墙连通

当地铁车站的围护墙与其周边地下空间的围护墙有条件合而为一时，只需在二者共同的围护墙上开几个门洞，就能将其连通起来。这种连通方式称为“共墙连通”。这种连通方式往往出现在地铁站主体进入地块的情况下。

共墙连通提高了地下空间的利用率，使地下空间有机会获得和地铁车站最大程度的连通，但对人流的组织路线不如通道连通的路线清晰，对于火灾的控制和蔓延只能依靠防火卷帘、防火门等设备。共墙处门洞开口的位置需注意对站厅内闸机和其他出入口等的影响。

从防灾角度讲，地铁车站与周边地下空间共用的地下连续墙应设置为防火墙，且连续墙上所开的门洞数量应尽量少，并应安装防火卷帘。从结构抗震的角度讲，也应控制侧墙开孔面积，如开孔面积较大，需通过抗震设计加强抗震性能。此外，在满足建筑需要的基础上，应尽量均匀布置开孔位置。

3）下沉广场连通

当地铁车站主体进入地块内时，结合地块的规划情况，可在车站与地块之间设置下沉广场，通过下沉广场将车站与地下空间连通起来。这种连通方式称为“下沉广场连通”。下沉式广场作为一个“阳光地带”，有助于减少人们对地下空间的不良心理预想。下沉广场很多时候也是作为大型地下空间的一种防火隔离区而存在的。一定规模（控制最短边的长度和最小面积）的下沉广场，能够切断火灾的蔓延，防止飞火延烧，在熄灭火灾、控制火势、减少火灾损失方面有特别的贡献。

4）一体化连通

当地铁车站主体结构进入地块内部，车站被周边地下空间包围或者半包围，两者作为一个整体同时进行规划、设计、建设时，所采用的连通方式称为“一体化连通”。

随着城市地下空间开发强度的逐渐增大和开发规划理念的提升，采用一体化连通方式的工程案例也越来越多。一体化连通方式能够将地铁车站对地块开发的带动作用发挥到最大，但相比前三种连通方式，这种方式的一个最大问题就是地铁车站与周边地下空间彼此之间的独立性较差，给后期运营管理界面的划分和防灾设计，以及紧急情况下的疏散指挥带来很大的困难。

5）垂直式连通

当地铁车站与周边地下空间呈上下垂直关系时，两者通过垂直交通（电梯、自动扶梯、楼梯）实现连通。这种方式称为“垂直式连通”。与之相对应的通道连通、共墙连通、下沉广场连通这三种连通方式都是车站与地下空间水平方向上的连通。垂直式连通案例在上海并不多见，比较典型的是上海轨道交通 2 号线人民广场站与华盛街之间的连通。但在日本地下商业街的开发建设中，这种较为常见的垂直式连通方式应注意地铁车站的疏散问题，即地铁车站应至少设有 2 个直通地面的出入口，通向上部商业开发空间的垂直交通设施不能算作地铁车站的疏散出入口，因为上部商业空间的火灾危险性和疏散难度更大。

周边公共设施的空间位置，与地块的关系需要在建设前期进行全要素分析，尤其是与地块相互联系的公共设施，其竖向平面关系，及其连接方式需在土地出让前进行明确，并对地块建设提出相应要求，以确保公共空间要素与地块内部建设之间互不影响，同时又能满足地块内外的衔接关系。

6.3 建设实施验证

建设实施验证，主要以相关技术规范为基础，规划整合成果为研究对象，对地块建设实施方案进行初步研究和技术验证。建筑验证作为一种管控方式和实施需求，强调在理解该区域城市设计导向和总体管控思路的基础上，通过建筑设计角度的分析，以涉及日照计算、贴线率核算、消防要求、交通流线、建筑功能、地下空间、管线布设、绿建要求等多方面的验证技术方法，对规划成果的管控要素进行分析论证，形成建筑验证结论，对管控指标的确定提出建议，为管控的顺利实施提供技术保障。建筑验证范围一般根据开发地块，以街坊为最小验证单位进行方案布局，一般达到建筑标准层基本柱网布局深度，对建筑内部功能及外立面形态不作要求，主要目的是将建设实施阶段可能会遇到的实施性问题前置化研究，以最大程度节省解决相应问题的时间成本和资金成本。

6.3.1 建设实施验证的必要性

建筑验证过程应满足国家和地方相关规范规定，如《民用建筑设计通则》《建筑设计防火规范》《城市居住区规划设计规范》等相关具体规范条文的要求。对可能突破规范要求和与规范相冲突的位置，应予以提前避免或及时预警。一般情况下，规划整合成果所规定的控制项越细，验证的内容越全面，对项目后期落实内容的预见性更清晰。例如在某地块的规划设计中，基于控规条件，对围合式住宅的贴线率、限高、转角形式均给出了具体要求。而通过建筑验证，由于受到地块形状和建筑朝向等要求的客观条件制约，底层或二层受日照遮挡的户数影响较多，不利于实际功能使用，由此可能针对验证出现的问题对控制条件给出调整建议：调整用地内功能业态的混合比例，通过提升底商比例消解日照对住宅的不利影响；或者调整建筑的贴线率，采用“弱围合”的形式，减少东西向住宅的比例及自遮挡的不利影响。

6.3.2 建设实施验证的分类及内容

建设实施验证，在建设开发导则中分为两个层面，规划条件建筑验证和建设实施方案技术验证。两个层面的深度不同，之所以要分两个层面的深度进行研究的主要原因是规划建设区中不同区域建设专项的数量和开发建设的复杂程度不同，空间建设品质要求不同，导致规划控制的力度和深度不同。一般越是核心区专项建设要素越多越复杂，空间建设品质要求越高，规划控制力度和深度越大。因此在建设实施验证阶段将核心区划分为建设实施方案技术验证区，其他区域作为规划条件建筑验证区。

6.3.2.1 建设实施方案技术验证

建筑方案技术验证需要根据城市设计成果、控规规划条件、相关专业技术规范进行总平面布局，对于地下建设开发量进行核算，布局地下建筑总平面。研究地上地下建筑一体化开发模式。确定地上、地下建筑退界及建筑间距。布局基地道路，地库出入口，基地出入口等交通道路及设施。确定场地设计标高，确定地下车库底板、底板标高。布置基地室外管线，分析管线埋深、覆土以及场地设计标高、地库顶板标高的竖向设计关系。结合建设条件梳理分析市政接入条件。同时需将绿色城区专项、海绵城市专项、智慧城市专项等各专项的指标及相关设施在地块验证方案中进行落实，并形成优化指标体系。

具体验证分析详细内容如下：

（1）建设条件分析及综合技术经济论证，根据地区功能性质，经过实地调查，收集人口、土地利用、建筑、市政工程现状及建设项目、开发条件等资料，进行综合分析和技术经济论证，确定指导思想，选定用地定额指标。

（2）确定规划区内部的布局结构和道路系统，对建筑、道路、绿地等作出功能布局和环境规划设计，确定住宅、公共设施、交通、绿化及管线、消防、环卫等设施的建筑空间具体布局及用地界线。

（3）确定规划区内道路走向、道路宽度、横断面形式、控制点的坐标及标高。

（4）确定规划区内给水、排水、电力、电信及煤气等工程管线及构筑物位置、用地、容量和走向，市政接口方向及接口条件。

（5）分析确定规划区内景观绿地分类、分级及其位置、范围、布置地块景观的控制区域及节点。注意布局过程中绿地率的计算方式，以及景观水系折算绿地率的标准。

（6）进行竖向规划设计，确定用地内的竖向标高、坡度、主要建筑物、构筑物标高。竖向设计过程中需强调地下建筑顶板标高与场地标高的关系，核算地下建筑顶板上室外管线的敷设要求，包括埋设深度，最小覆土等要求。尤其要重点考虑强电管线的排管高度以及雨水、污水管的放坡要求。同时要考虑室外管线的交叉净距对于地下建筑顶覆土的要求。

（7）落实绿色城区、海绵城市、智慧城市等专项设计指标及专项设施，并形成优化专项指标整合体系。

6.3.2.2 规划条件建筑验证

规划条件建筑验证主要是对建筑退界、贴线率、容积率、建筑高度、高层塔楼范围、公共通道以及地块内部广场及绿化进项验证。

（1） 建筑控制线 通过方案验证建筑控制线退红线、公共通道线的距离是否能够满足地块建筑设计的规范要求；

（2）贴线率 根据控制要求，验证是否能满足建筑方案的消防、间距、建筑基底面积、塔楼标准层面积等规范要求；

（3）容积率与建筑高度 容积率与建筑高度是否匹配，高度是否满足日照间距要求；

（4）高层塔楼范围 高层塔楼范围是否能满足建筑间距、消防、通风、地区小环境等各类建筑规范；

（5）公共通道　公共通道与建筑方案设计形态是否能较好结合；

（6）地块内部广场和绿化范围　广场和绿化范围的位置是否合理。

经过各街坊的建筑验证后，需给出分析结论，并对控制项指标提出调整建议，填写验证结论表，便于对规划整合的研究对象的相关控制指标进行调整优化。

6.3.3 建设实施验证的技术重心与策略

建筑验证项目的系统结论，虽然通常聚焦城市设计和总控规定的几个要素，但在验证的设计论证过程中，往往需要结合具体项目的实质特点，甚至突破对于附加图则管控要素的结论对标，在当前新时期发展要求下，更多地融入战略和弹性思维、公众利益和特色关注，结合对验证难点和问题的分析，进一步将与验证密切关联的分析维度纳入进来，以形成更具针对性、实践性的技术管控。结合项目实证，考察各类要素对于管控内容的决策引导、影响程度、调整幅度等，将技术分析落点于“容积率、贴线率、日照、开放空间体系和相关规划要求”这五个关键维度。以上五个维度包含不同的技术视阈，综合地体现出建筑验证对于重点区域发展目标、功能定位以及总体空间战略布局所进行的统筹考量，以及对于附加图则管控思路及城市设计导向的深化理解。结合建筑方案设计，将管控要素、关联要素、法规要素结合起来进行整合分析，深化了对建筑容量、开放空间、实施落地的考虑，有利于促进城市空间形态和功能的改善，并引导指标设置，为发展预留空间，并为弹性管理做出有力支撑，促进实施建设的灵活统筹。

6.3.3.1 管控要素的分析重心

“容积率、贴线率”为管控要素中最为直接的、可以量化体现的分析维度。其中，容积率验证需兼顾工程技术和公共利益两大方面，体现出多元限定和弹性调配的特质。一方面，受建筑高度、日照核算、场地及设施配置等的影响，往往需要通过设计验证反推容积率，以确定合理的容积率指标。另一方面，则应从更大区域内对地块的建筑规模进行平衡，对开发量进行调配，并确定指标的弹性控制范围。

就建筑设计本身而言，贴线率要求在验证中一般均能通过技术手段进行协调，满足要求。但实际上，这一要素更多地反映出对城市界面、空间模式的强调，其分级指标的引导作用明显。具体而言，贴线率在 60% 以上建筑物基本具有连续性比较强的界面；贴线率 70%~80% 则是比较适宜人步行活动的连续界面，特殊情况下需要协调建筑物面宽要求；贴线率 90%

时需要进行重点验证，尤其是东西向的建筑贴线率的要求，这种极为封闭的界面的形成，往往是要形成较为私密的内部空间，需要建筑形式与功能的良好设计配合。如在“黄浦江南延伸段三林滨江南片地区”的设计总控中，主要通过较高的建筑贴线率的控制形成围合式街区，以与海派住区的设计定位相协调，同时通过底层功能及交通和入口的设计解决公共空间的开放性与住区内部的私密性问题。

6.3.3.2 关联要素的分析重心

“日照、开放空间体系”是在技术上对管控要素形成严格限制与关键影响的分析维度，需要与广泛地域城市空间布局形态、相邻及地块内部的建筑影响关联起来分析。综合而言，日照核算受建筑的使用性质、城市形态控制、地块内部及周边建筑布局、建筑保留等因素的影响。其中，对日照计算产生较大影响权重的，往往是高要求或特殊性的验证因素。例如，在地块对建筑规模有高要求的同时，关联考虑建筑高度、贴线率、消防要求等因素，复合影响会导致地块内部建筑日照难以满足要求，需进行验证设计调整。验证中应遵循整体性、主次性、复合性的原则，结合日照分析手段和相关规范要求，对这一类因素进行优先考量，复合分析，保障良好城市空间格局形成，维护公共利益。“开放空间体系”内包含对各类验证要素的考察要求，并更多地将视野放宽至广场、绿地、公共通道、建筑形体组合、建筑功能等影响城市活力与魅力的要素，以涉及验证的形式予以强调和落实：一方面，促进公共空间网络的保有，通过建筑空间组合、公共通道的限定与连接等，保障绿地、广场空间等公共空间的网络连接、活力聚集，促进市民的交往活动；另一方面，关注新旧建筑之间的协调与联系，并增加对于空间连接性、场所性、生态性的设计关注，促进历史和文化要素的融入。

6.3.3.3 法规要素的分析重心

在验证方案设计中，还需要顾及规划技术管理规定中通则类要求以及建筑设计相关的设计规范要求。因此，“相关规划要求”这一维度，体现出对于规划法规及技术规范的紧密关联考量，往往结合当前的底线把控、动态弹性等实施诉求，强调定性与定量相结合，综合梳理验证相关问题，权衡“消防、塔楼范围、公共通道、禁止开口路段、建筑密度及建筑物面宽要求，以及混合用地建筑量比例”等指标限定，细化项目实施建设标准，为后续土地出让和项目建筑管理提供更具针对性、适应性的指导。例如，消防要求因其涉及生命财产安全问题，是一切规划必须满足的先决条件之一。其相关规定为严格的强制性条件，直接影响从城市空间布局到建筑功能形态的各方面。在方案设计中，主要通过对消防通道、消防车登高操作场地设置、建筑标准层的防火分区等方面来验证消防条件，安全性、经济性、空间的合理性等也都一并纳入验证的综合考量中。

总体而言，建筑验证以要素管控和实施衔接为核心，不止体现一种有益的技术手段，更是一种有效的策略应答：一方面，更多地融入战略和弹性思维，以总控各项指标的设置能够在后续建筑方案审批过程中，与城市建设管理部门的审查要求更好地衔接，对接实施需求，提供技术保障；另一方面，更加注重结合规划层面所关注的公共要素、风貌特色层面，来对开发建设活动进行有效的控制和指导，促进城市空间形态和功能的改善，引导城市建设空间品质的提升。

6.4 建设导则成果

开发建设导则成果包括开发建设图则及综合技术指标两部分内容。在地块周边规划建设条件梳理的基础上，进行建设实施方案技术论证，同时对各专项中专项指标进行分解，以控规指标为基础进行指标整合与修正。在规划要素及规划指标梳理、整合、验证过程中，对于存在的问题进行一一罗列，逐一给出解决方案，并与控规及专项规划设计单位进行协商，征得业主及政府部门的意见，形成各方均认可的开发图则成果及综合指标体系。

6.4.1 一张图则

一张图则主要技术内容分为控制图则、内部条件图则、交通图则和市政图则，内部条件图则目标为整合绿色城市、海绵城市、智慧城市、BIM技术和防灾等；交通市政图则目标为控制市政交通条件，内部交通组织要求，控制大市政条件和内部市政布局要求等。通过一张图则明确地块建设条件，明确建设要求，确定刚性指标，梳理周边关系，明确边界条件，引导建议建设。

6.4.2 一份表格

一组表格主要内容为专项矛盾点梳理，整合调整后指标体系，修正调整后的指标体系（区分刚性 / 弹性 / 引导指标），土地出让全生命周期管理。目的为分类控规及其他重要指标（包括市政、道路、绿色、海绵、智慧等）。

6.5 小结

开发建设导则是规划设计总控的第二部分内容，是在专项规划整合的基础上进行的以地块单元为单位的小尺度规划梳理及落地。同时为了保证规划理念的时效性，开发建设导则的编制实施动态更新机制，即出让一个地块，梳理一个地块，开发建设导则编制一个地块。本篇中的开发建设导则是以地块内外现状及规划条件为研究对象，以前序阶段规划整合成果为抓手，以国家及地方设计规范、标准为依据，对地块内外建设条件进行梳理，对控规条件及专项规划条件等逐一进行空间落位，形成地块开发建设导则。并以地块为单位，以控规指标为基础，对专项规划指标进行整合、修正，形成本地块的上位规划综合指标体系。地块图则与综合指标体系构成的开发建设导则，用以指导地块开发建设实施。

7

管控流程及机制建立

7 管控流程及机制建立

针对当下区域开发建设与规划设计之间的主要矛盾问题，本书创新性地提出规划设计总控模式的概念。在实际应用中，通过对优化控规、整合协调各类规划管控要素，以开发建设导则的形式指导下一层级的建筑设计与工程实施。因此，规划设计总控的实施途径显得尤为重要，尤其是开发建设导则的编制机制、实施机制以及其各管控要求的实施流程操作办法细化，成了规划设计落地的基本保障。创新的概念，更需要可实施的管理方式、体制机制的支撑。

规划设计总控在建设实施层面共涉及三项管控内容的编制，包括了控规编制优化、开发建设导则通则编制、开发建设导则实施细则编制。(见图 7–1)

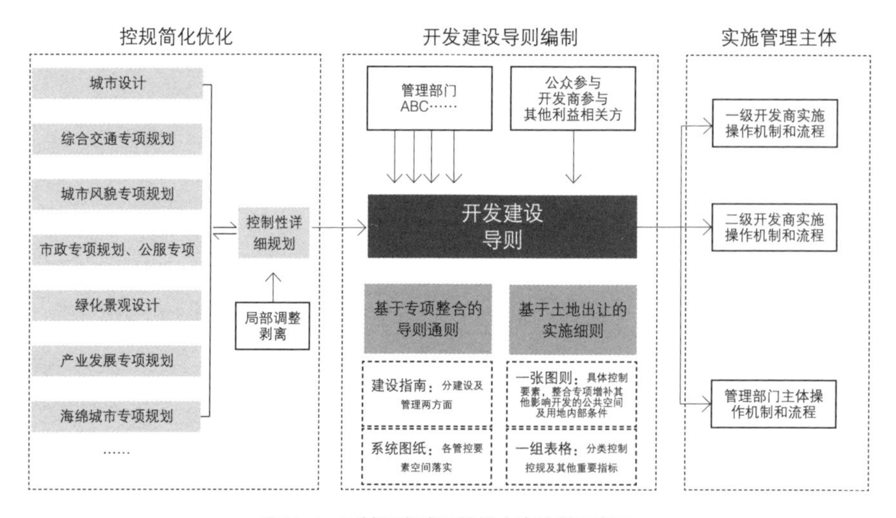

图 7–1 区域开发建设管控内容编制示意图

区域开发建设在实施过程中，通过对控规内容的优化，对土地出让条件中的空间形态内容以及其他专项规划的整合，以开发建设导则通则及开发建设导则实施细则的形式进行全过程管理，开发建设导则编制的必要性在于各个规划之间矛盾的存在以及各类规划对建设实施管理，尤其是现状条件考量的空缺。结合土地出让周期，通过开发建设导则的形式落实到各个地块土地出让条件中，明确管理、实施主体，可以有效地保障各管控要素的落地性。其中有两点是开发建设导则顺利实施的基本保障：

（1）开发建设导则如何与土地出让相结合，即管理依据开发建设导则编制、实施的合理性和权威性；

（2）明确开发建设导则中各指标的具体监管部门并获得部门官方认可。

7.1 编制机制

7.1.1 控规编制优化

规划设计总控是以现行规划编制体系为基础，因此其整体的编制机制与现行规划体系一致。

针对当前控规阶段的编制内容，本书提出了剥离、优化的调整建议，即剥离这一阶段非强控内容，仅保留对于公共利益起决定性因素的相关控制内容；针对逐渐被赋予法定的空间形态相关内容，优化管控内容，区分管控强度，除核心空间节点外，其余应对后期给予更多的管控弹性。

因此这一阶段的编制，以优化调整为主，其编制机制与现行的控规编制机制基本一致，城市设计部分，部分核心节点的核心控制要素融入现行控规成果，其余内容作为引导性的上位规划，作为后续开发建设导则规划整合的内容之一。

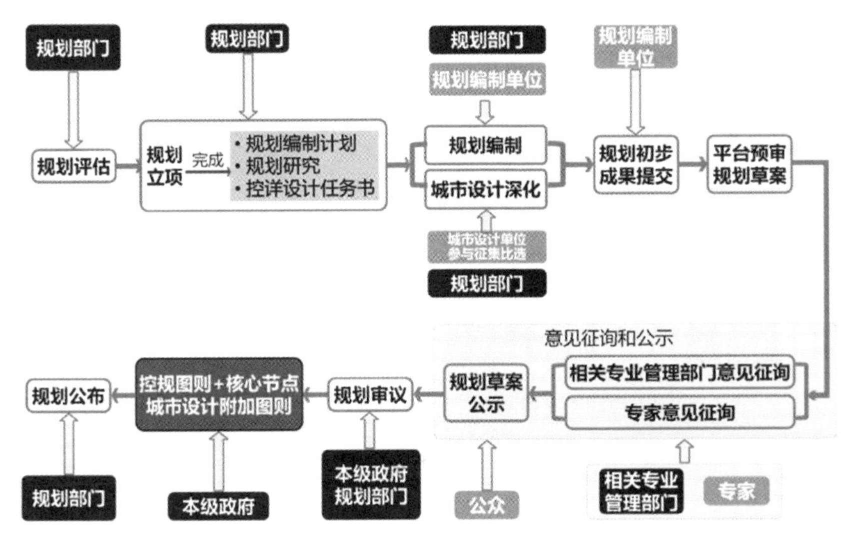

图 7-2 控规优化编制机制

7.1.2 开发建设导则编制

开发建设导则作为规划设计总控的核心工作之一，其编制分为两部分：一部分是开发建设导则通则的编制，另一部分是开发建设导则实施细则的编制。《通则》整合各类规划，统筹协调各类矛盾，从地块内部建设、公共部分建设、全流程管理三方面指导区域的整体开发；《实施细则》则是根据土地出让时序以及当时的周边条件、建设背景，对具体拟出让地块提出具体的建设要求。

其中，开发建设导则通则的编制，一般是在控规已经批复或控规即将编制完成的情况下开展的。此时，整体的用地布局空间形态已经基本定型，相关的专项规划、专业规划在编或已经编制完成。开发建设导则通则一般由管委会或一级开发商联合规划管理部门组织编制，通过建设指南及系统图纸等成果形式，作为区域开发建设的重要依据，上报同级政府审批后颁布实施，后续应根据相关规划及政策变化每两年修订一次。

开发建设导则实施细则的编制应该在土地出让前，由管委会或一级开发商联合规划管理部门编制，报同级政府审批后颁布实施。由管委会或一级开发商组织相关部门开展意见征询，涉及的重点地块应组织专家评审会后形成开发建设实施细则评估成果。

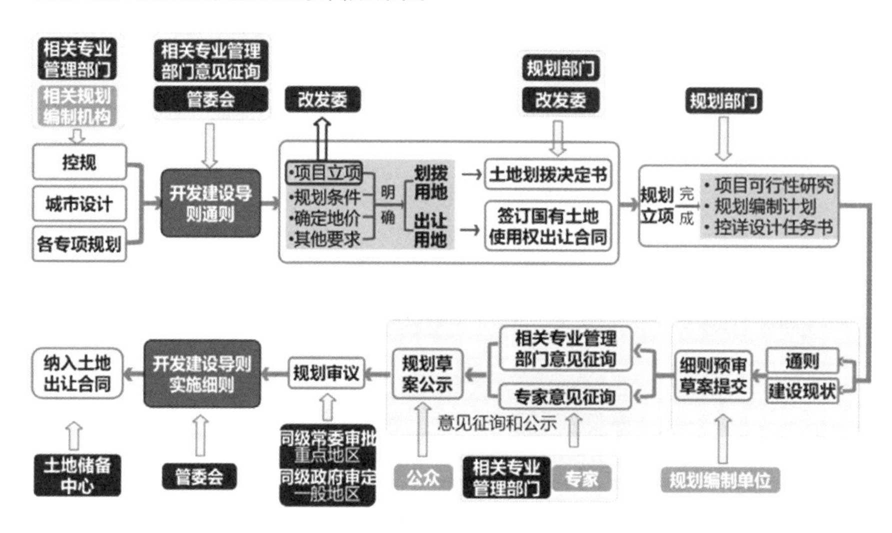

图 7-3　开发建设导则编制机制

7.2　实施机制

在土地出让阶段，相关意向受让单位应出具书面申请，向开发建设导则编制单位申请提供开发建设导则（通则 + 实施细则）。由编制单位按开发建设导则的建设控制要求及有关法律、法规、规范、合同、控规要求，协助各级政府相关职能部门对建设地块提出相关控制要求；协调相关建设单位、职能部门，解决项目建设遇到的问题和困难；协助主管部门进行施工监督、竣工验收、运维管理等事宜。

管委会或一级开发商按照导则相关要求，完成土地出让前规划意见征询单内的主要内容，包括地块相关功能管理、物业登记及持有、公益性服务设施等相关建设项目管理要求。

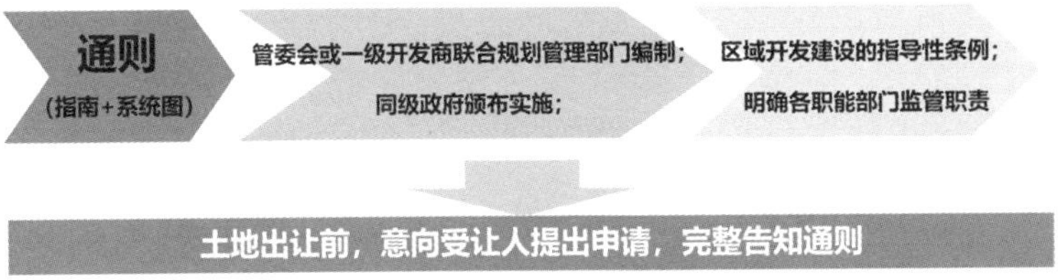

通则（指南+系统图）
管委会或一级开发商联合规划管理部门编制；同级政府颁布实施；
区域开发建设的指导性条例；明确各职能部门监管职责
土地出让前，意向受让人提出申请，完整告知通则

图 7-4　开发建设导则通则实施机制

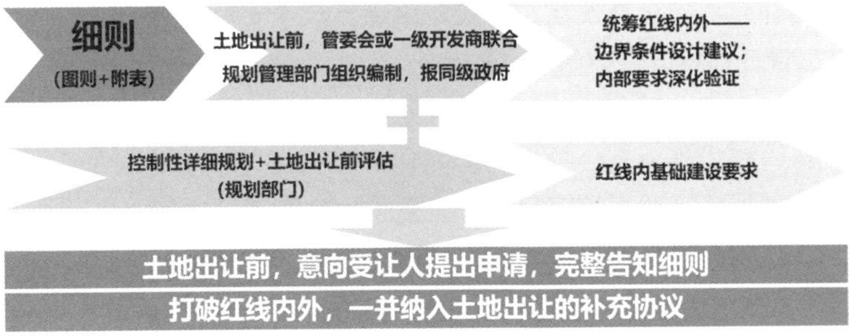

细则（图则+附表）
土地出让前，管委会或一级开发商联合规划管理部门组织编制，报同级政府
统筹红线内外——边界条件设计建议；内部要求深化验证
控制性详细规划+土地出让前评估（规划部门）
红线内基础建设要求
土地出让前，意向受让人提出申请，完整告知细则
打破红线内外，一并纳入土地出让的补充协议

图 7-5　开发建设导则实施细则机制

在开发建设导则编制时应理清开发建设导则与控规及目前部分地区正在开展的土地出让前规划实施评估的关系。

开发建设导则与控规的关系：开发建设导则的编制是以控制性详细规划为基础，整合各类专项规划，在开发建设导则编制时应基于建设实施性、管理可行性角度对控规进行技术性校正或部分控制内容补充，除此之外，控规没有涉及的相关指标应纳入地块开发建设导则。一定程度上可以认为，开发建设导则是建设实施要求和建设管理要求的前置，是在传统控规基础上，增加地块高品质开发的控制条件，提高区域精细化管理能力。

开发建设导则与土地出让前规划实施评估的关系：从对象上来讲，开发建设导则包含所有地块，土地出让前规划实施评估主要是针对住宅组团用地（Rr）、商业服务业用地（C2）、商务办公用地（C8）（含上述三类用地的混合用地）；从内容来讲，开发建设导则包含地块景观风貌、地下空间、绿色生态、功能物业、市政设施、智慧要求、交通设施等多样化指标，

基于建设实施和管理角度提出管控要求，土地出让前规划实施评估主要包含对公共环境和公共服务配套设施的评估，因此可以认为开发建设导则与土地出让前规划实施评估是并列补充关系。

在土地出让时，控制性详细规划、开发建设导则、土地出让前规划实施评估成果应共同纳入土地出让合同、转让协议等，作为地块建设实施的控制要求。

7.3 管理机制

规划设计总控除了相应的编制机制、实施机制之外，管理的模式也对城区建设品质的高低起到至关重要的作用。鼓励采用因地制宜的规划建设管理模式，建立政府机构部门、各级开发建设单位、第三方技术支持机构等互相联动的协调机制，推动区域开发建筑工作的推进。

根据行政管理主体权责不同，整片区的区域开发建设共有三种管理模式，包括：行政主导型管理模式分为充分授权的管委会主管模式，部分授权的管委会主导、部门协同模式等两种管理模式；企业主导型管理模式则以城市运营商模式为主。从实践的案例上分析，三林滨江南片区以及桃浦智创城项目属于行政主导型，宝山新顾城以及潍坊高铁南站项目属于企业主导型。

对于具有重大影响或与独立行政建制区域重叠的区域开发，推荐采用管委会主管模式为主，设置强有力的管理机构，保证开发建设的高效推进；对于比较重要的发展片区，难以设置充分授权的管委会机构时，推荐采用部分授权的管委会主导、部门协同模式。在政府管理能力相对较弱的区域及资金条件相对薄弱的区域时，城市运营商模式值得进一步尝试。[1]

管理模式分类　　表 7-1

类型	管理机构	管理模式	职能	优缺点
行政主导	管委会	管委会主管充分授权	政府派出组织依据法律授权，充分行使行政管理职能，下设部门职能综合、机构设置精简的管理部门共同负责各项行政审批和管理工作	管理效果好，但管理机构组织难度大

1　广东省住房和城乡建设厅等 . 广东省低碳生态城市规划建设指引 .2018.1

续表

类型	管理机构	管理模式	职能	优缺点
	管委会	管委会主导、部门协同部分授权	政府派出组织根据政府和有关部门部分受权，负责有关行政管理工作；下设机构依据授权灵活形式行政管理权，并配合有关部门协同进行管理服务	管理结构搭建容易，但管理效果一般，需要与各部门加强协同
企业主导	城市运营商	城市运营商主管运营	与政府合作开发，代行政府部分职能。在项目整个生命周期内对低碳生态城区主导开发运营，不允许转移的职能，则由政府实施	管理效果好，但需要城市运营商强力介入，需要政府加大监管力度与协调

7.3.1 “1+X”管理模式

从表 7-1 中不难发现，无论是行政主导型还是企业主导型，都会有一个机构负责区域开发的整体协调，包括进行区域建设的策划、规划、投资、开发、运营和管理等的综合性城市开发与管理行为。

因此，本书认为，在区域开发建设中应采用“1+X”的管理模式。其中“X”指区域开发建设所涉及的所有行政管理部门；“1”指落实区域开发建设的主导管理部门。“1+X”的管理模式是指成立一个专门的主导机构统筹区域开发建设事项，这个主导机构既可以是管委会，也可以是城市运营商协同建设管理部门，同时政府多部门进行配合协作的管理方式。

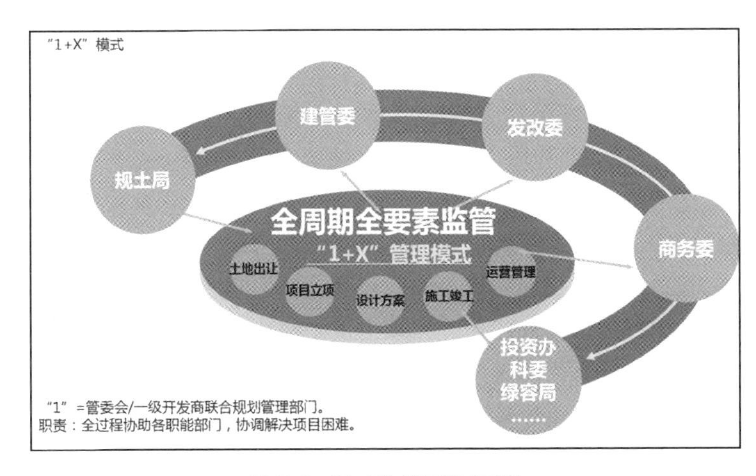

图 7-6 “1+X”管理模式示意

“1”：设置专门的组织机构是保障区域开发建设能够长效、有序发展的重要因素之一。其必然性在于当前城市规划管理体制下各行政管理部门“各自为政”的管理方式，主导部门的成立是为了有效地协调统筹各管理部门在同一主导框架下的协同一致。因此为了加快区域建设，各城市政府往往采用成立相应的管委会，或引入城投公司或房地产公司的形式进行土地的整理、投融资、一级开发。该机构不再仅仅负责区域的基础设施建设，完成“七通一平”等工作了事，该机构更需要保证区域的整体开发建设，以及后期的运营管理，实现区域发展的精细化。

如上海桃浦智创生态城成立了桃浦转型办为主导部门，规划局、建管委、发改委、商务委等相关部门配合的公共管理方式。桃浦转型办的职能包括了：（1）组织编制开发建设通则作为桃浦智创城开发建设的依据，上报区政府审批后颁布实施，后续根据相关规划及政策变化每两年修订一次；（2）按照区委区政府对桃浦智创城土地出让年度计划，由桃浦转型办会同区相关部门，提前组织编制拟出让地块的开发建设实施细则。土地出让前实施评估以地块为单位编制，明确相关控制指标及边界条件。由转型办组织相关部门开展意见征询，涉及的重点地块应组织专家评审会后形成开发建设实施细则评估成果；（3）在土地出让阶段，相关意向受让单位应出具书面申请，向转型办申请提供桃浦智创城开发建设导则（通则＋实施细则）。由桃浦转型办按本导则的建设控制要求及有关法律、法规、规范、合同、控规要求，协助区政府相关职能部门对建设地块提出相关控制要求；协调相关建设单位、职能部门，解决项目建设遇到的问题和困难；协助主管部门进行施工监督、竣工验收、运维管理等事宜；（4）转型办按照导则相关要求，完成土地出让前规划意见征询单内的主要内容，包括地块相关功能管理、物业登记及持有、公益性服务设施等相关建设项目管理要求。根据上述综合评估，将形成的相关要求上报区政府审定后，纳入土地出让合同。

“X”：区域的开发建设涉及土地利用、道路交通、建筑、生态环境、能源与资源、人文、产业经济等各个方面，涉及要素类型众多，管理部门涉及规土、建交、环保、绿容、发改、商务、经信、水务等部门，必然存在不同指标归属不同部门管理，同一指标归属多部门交叉管理的问题，如工业废气排放、污染场地治理等属环保部门管理，本土植物种植、节约型绿地建设等属绿容局管理，绿色建筑、本地建材等属建交委管理、低碳产业属发改委管理等。那么由一个部门主导编制的所有管控内容，难以保证各个指标可以在计划时间内落实，因此需要多部门配合，认领相关指标，配合主导部门共同实现区域建设的目标。以上海宝山新顾城开发建设为例，上海宝山新顾城以上海地产北部投资发展有限公司为主导部门，协调各职能部门。新顾城在开发建设导则编制时，便在图则中明确各指标的具体监管部门。在部门征询会议中，以“一个部门一张图”的方式，让各部门明晰涉及的管理指标，并听取意见，协调落实相关指标。

区域开发建设与管理归口部门对应示意表（以宝山新顾城项目为例） 表 7-2

部门		地块内		地块外
		强制性控制指标	引导性控制指标	
规土局	控规指标	用地面积（m^2）		共享单车集中点
		规划用地性质代码		自行车租赁点
		混合用地建筑面积比例		
		建筑高度高值（m）		
		标志性建筑高度（m）		
		容积率大值		
		住宅总套数（套）		
		开放空间面积（广场）（m^2）		
		开放空间面积（绿化）（m^2）		
		地上一层公共设施建筑面积(m^2）		
		配套设施		
		规划建设动态		
		备注		
	交通、地下、人防	地下使用功能	人行连通道	
		地下一层公共设施建筑面积(m^2）	车行连通道	
		下沉广场（m^2）		
	风貌	建筑退界	透明界面比例	
		贴线率		
		镂空围墙比例		
	生态	通风廊道构建（预留夏季通风廊道）	绿色建筑适宜技术选择	
		建筑合理朝向比例		
民防办	交通、地下、人防	地下使用功能		
交警支队	交通、地下、人防	机动车出入口		
建交委	交通、地下、人防	公共停车（m^2）	智慧指标	地铁出入口形式
		停车配建（辆）		过街设施
	生态	社会停车采用机械—地下立体形式		智慧路灯

续表

部门		地块内		地块外
		强制性控制指标	引导性控制指标	
		绿色建筑星级及其他多认证		道路诱导显示屏
		屋顶绿化		公交换乘点
		绿色建材比例		
		本地建材比例		
		全装修建筑		
		装配式建面积占新建建筑面积比例		
		无障碍设施覆盖率		
	市政管线			强电管线
				雨水管线
				污水管线
				给水管线
				供冷管线
				供热管线
				燃气管线
				规划基站
发改委	生态	低碳产业	核心区再生能源利用率	
环保局	生态	新能源停车位比例	建筑废弃物综合利用率	
		非传统水源利用率（室外杂用水采用河道水、雨水）		
		废弃物分类收集率		
		噪声达标率		
绿化市容局	生态	本地植物指数		滨水景观廊道
房管局	物业	中小户型比例		
		物业持有比例		
		持有年限		
		登记 / 销售最小单位		
		其他		
商务委	物业	公寓式办公 / 酒店式公寓		
经信委	智慧		智慧指标	
水务局				海面公园水质监测点
				步行桥

7.3.2 会签备案制

会签备案制是实现各管理部门意见一致、落实各指标管理责任主体的有效手段之一。会签是撰拟公文的过程中，主办单位主动与有关单位协商并核签的一种办文程序，在规划管理中采用会签备案制可以保障各个部门对开发建设导则审阅过后表示知悉，提出建议并最终认可，是让各管理部门明确在区域开发建设中自己应该承担的管理职责。

区域开发建设具有一定的灵活性，编制主体一定程度上缺乏对各个指标监管部门工作计划的了解，对于指标制定后具体能否落实了解度不足。一旦相关行政管理部门之间的行动不能协调、信息难以沟通、资金不能统筹、目标不能统一，那么规划设计也无法顺畅实施。因此，主导部门应建立沟通交流的平台，促进管理部门之间的沟通协调，其主要目的在于消除部门冲突，理顺各部门在同一个目标下的各项任务，通过相互沟通，达到多方协调。

在桃浦的开发建设导则编制中，采取了会签备案制，在规划编制过程中，由主导管理部门发文给各个管理部门，并组织区域开发建设涉及的各个管理部门进行会议讨论，明确告知各个部门需要监管实现的指标类型及实现目标，听取各个部门的意见，根据相关意见反馈修改调整指标体系，对开发建设导则中的各控制要素尤其是弹性指标进行审查，直至各部门意见达成一致，为后续指标落实奠定基础。

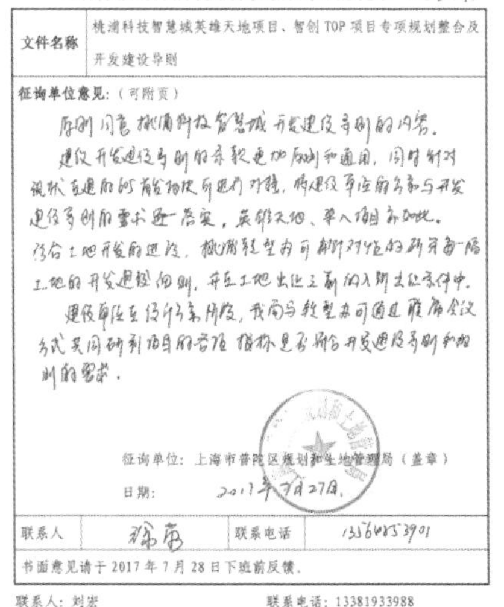

桃浦科技智慧城英雄天地项目、智创 TOP 项目
专项规划整合及开发建设导则成果征询意见单（建管科）

文件名称	桃浦科技智慧城英雄天地项目、智创 TOP 项目专项规划整合及开发建设导则

征询单位意见：（可附页）

原则同意桃浦科技智慧城开发建设导则的内容。

建议开发建设导则的条款更加刚性和通用，同时针对现状在建的所有地块开展对接，将建设单位的方案与开发建设导则的要求逐一落实，英雄天地、华入项目亦如此。结合土地开发的进度，桃浦转型办可制订对应的研究每一幅土地的开发建设细则，并在土地出让之前纳入附出让条件中。

建设单位在设计方案阶段，我局与转型办可通过联席会议方式共同研判项目的各项指标是否符合开发建设导则和细则的要求。

征询单位：上海市普陀区规划和土地管理局（盖章）

日期：2017年7月27日

联系人	[illegible]	联系电话	[illegible]

书面意见请于 2017 年 7 月 28 日下班前反馈。

联系人：刘宏　　联系电话：13381933988

规土局建管科

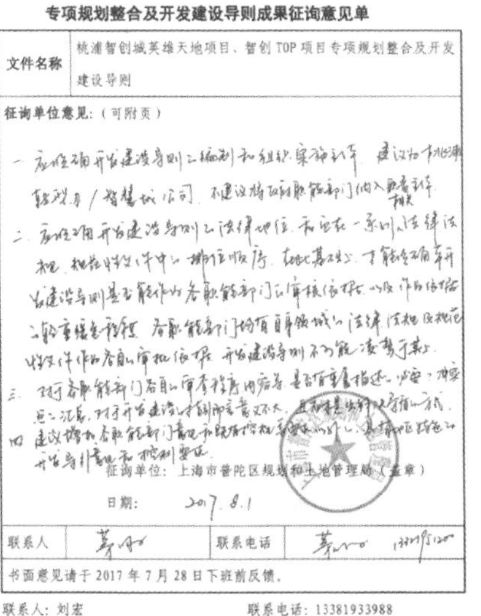

桃浦智创城英雄天地项目、智创 TOP 项目
专项规划整合及开发建设导则成果征询意见单

文件名称	桃浦智创城英雄天地项目、智创 TOP 项目专项规划整合及开发建设导则

征询单位意见：（可附页）

一、[illegible]

二、[illegible]

三、[illegible]

四、[illegible]

征询单位：上海市普陀区规划和土地管理局（盖章）

日期：2017.8.1

联系人	[illegible]	联系电话	[illegible]

书面意见请于 2017 年 7 月 28 日下班前反馈。

联系人：刘宏　　联系电话：13381933988

规土局规划科

桃浦科技智慧城英雄天地项目、智创 TOP 项目

专项规划整合及开发建设导则成果征询意见单（土地利用科）

文件名称	桃浦科技智慧城英雄天地项目、智创 TOP 项目专项规划整合及开发建设导则		
征询单位意见：（可附页） 一、总体原则第一章第十四条5. 项目单位纳税是否考虑相关联企业的纳税可否纳入对项目单位的纳税考核？ 二、总体原则第一章第十四条6. 固定资产投资含地价款含设备每亩1800万元折算为3.0容积率下每平方建筑面积9000元，过低。地价款按目前行情已达9000元左右，经目前市场上一般开发企业调查，甲级写字楼在行业内平均造价达20000元/m²以上。该指标远低于市场水平且[illegible]区招商投资准入门槛。（[illegible]门为15000元/m²不含地价款） 征询单位：上海市普陀区规划和土地管理局（盖章） 日期：			
联系人	[illegible]	联系电话	7517
书面意见请于 2017 年 7 月 28 日下班前反馈。			

联系人：刘宏　　联系电话：13381933988

规土局规土地利用科

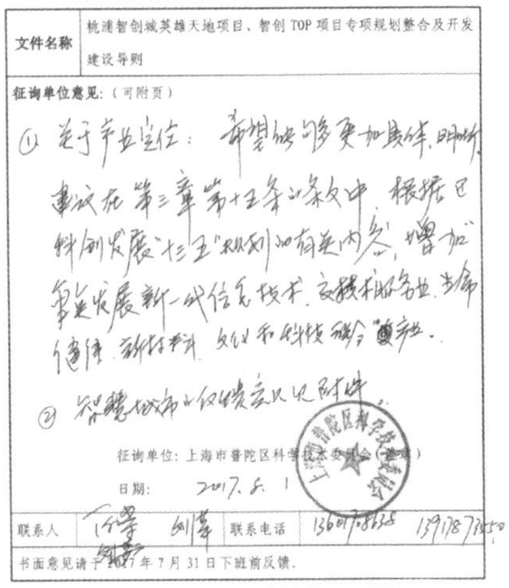

桃浦智创城英雄天地项目、智创 TOP 项目

专项规划整合及开发建设导则成果征询意见单

文件名称	桃浦智创城英雄天地项目、智创 TOP 项目专项规划整合及开发建设导则		
征询单位意见：（可附页） ① 关于产业定位：希望能够更加具体、明确，建议在第三章第十五条的条文中，根据已出台的《发展"十三五"规划》加相关内容，增加重点发展新一代信息技术、[illegible]、生命健康、新材料、文化和科技融合等产业。 ② 智慧城市的[illegible]意见见附件。 征询单位：上海市普陀区科学技术委员会（盖章） 日期：2017.8.1			
联系人	[illegible] 刘[illegible]	联系电话	[illegible]
书面意见请于 2017 年 7 月 31 日下班前反馈。			

联系人：刘宏　　联系电话：13381933988

科委

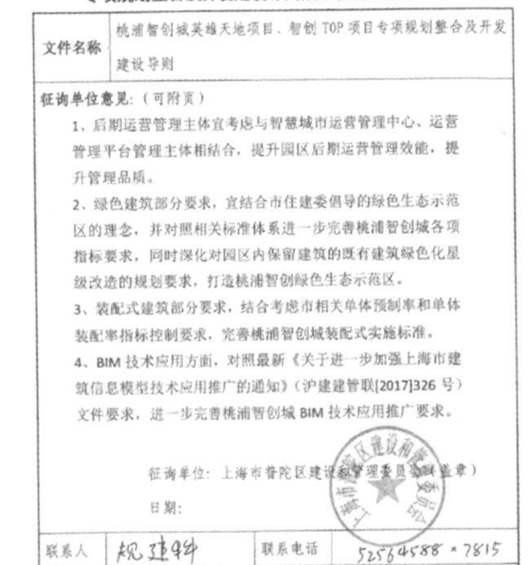

桃浦智创城英雄天地项目、智创 TOP 项目

专项规划整合及开发建设导则成果征询意见单

文件名称	桃浦智创城英雄天地项目、智创 TOP 项目专项规划整合及开发建设导则		
征询单位意见：（可附页） 1、后期运营管理主体宜考虑与智慧城市运营管理中心、运营管理平台管理主体相结合，提升园区后期运营管理效能，提升管理品质。 2、绿色建筑部分要求，宜结合市住建委倡导的绿色生态示范区的理念，并对照相关标准体系进一步完善桃浦智创城各项指标要求，同时深化对园区内保留建筑的既有建筑绿色化星级改造的规划要求，打造桃浦智创绿色生态示范区。 3、装配式建筑部分要求，结合考虑市相关单体预制率和单体装配率指标控制要求，完善桃浦智创城装配式实施标准。 4、BIM 技术应用方面，对照最新《关于进一步加强上海市建筑信息模型技术应用推广的通知》（沪建建管联[2017]326 号）文件要求，进一步完善桃浦智创城 BIM 技术应用推广要求。 征询单位：上海市普陀区建设和管理委员会（盖章） 日期：			
联系人	规建科	联系电话	52564588 * 7815
书面意见请于 2017 年 7 月 28 日下班前反馈。			

联系人：刘宏　　联系电话：13381933988

建管委规建科

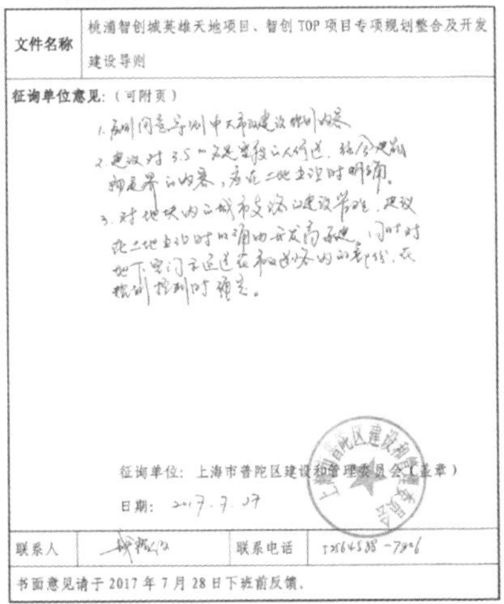

桃浦智创城英雄天地项目、智创 TOP 项目

专项规划整合及开发建设导则成果征询意见单

文件名称	桃浦智创城英雄天地项目、智创 TOP 项目专项规划整合及开发建设导则		
征询单位意见：（可附页） 1. 原则同意导则中关于建设的内容 2. 建议对3.5m[illegible]人行道，[illegible]，并在二地块出让时明确。 3. 对地块内的城市支路的建设管理，建议在二地块出让时明确开发商承建，同时对地下空间的连通通道和出入口的[illegible]，在规划控制时确定。 征询单位：上海市普陀区建设和管理委员会（盖章） 日期：2017.7.27			
联系人	[illegible]	联系电话	52564588-7816
书面意见请于 2017 年 7 月 28 日下班前反馈。			

联系人：刘宏　　联系电话：13381933988

建管委建管科

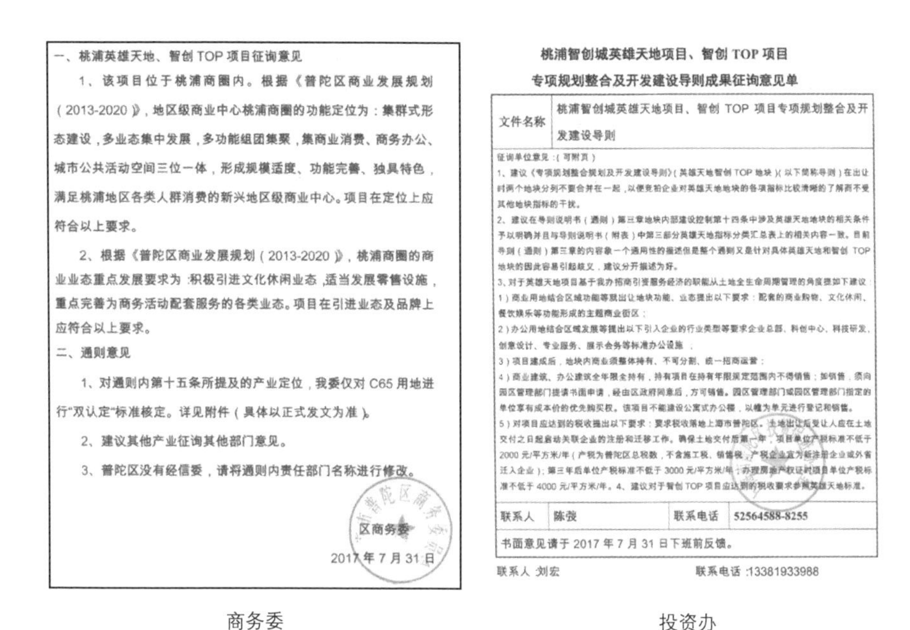

一、桃浦英雄天地、智创 TOP 项目征询意见

1、该项目位于桃浦商圈内。根据《普陀区商业发展规划（2013-2020）》，地区级商业中心桃浦商圈的功能定位为：集群式形态建设，多业态集中发展，多功能组团集聚，集商业消费、商务办公、城市公共活动空间三位一体，形成规模适度、功能完善、独具特色，满足桃浦地区各类人群消费的新兴地区级商业中心。项目在定位上应符合以上要求。

2、根据《普陀区商业发展规划（2013-2020）》，桃浦商圈的商业业态重点发展要求为：积极引进文化休闲业态，适当发展零售设施，重点完善为商务活动配套服务的各类业态。项目在引进业态及品牌上应符合以上要求。

二、通则意见

1、对通则内第十五条所提及的产业定位，我委仅对 C65 用地进行"双认定"标准核定。详见附件（具体以正式发文为准）。

2、建议其他产业征询其他部门意见。

3、普陀区没有经信委，请将通则内责任部门名称进行修改。

区商务委

2017 年 7 月 31 日

商务委

桃浦智创城英雄天地项目、智创 TOP 项目

专项规划整合及开发建设导则成果征询意见单

文件名称	桃浦智创城英雄天地项目、智创 TOP 项目专项规划整合及开发建设导则		
征询单位意见：（可附页） 1、建议《专项规划整合规划及开发建设导则》（英雄天地智创 TOP 地块）（以下简称导则）在出让时两个地块分别不要合并在一起，以便竞拍企业对英雄天地地块的各项指标比较清晰的了解而不受其他地块指标的干扰。 2、建议在导则说明书（通则）第三章地块内部建设控制第十四条中涉及英雄天地地块的相关条件予以明确并且与导则说明书（附表）中第三部分英雄天地指标分类汇总表上的相关内容一致。目前导则（通则）第三章的内容象一个通用性的描述但是整个通则又是针对具体英雄天地和智创 TOP 地块的因此容易引起歧义，建议分开描述为好。 3、对于英雄天地项目基于我办招商引资服务经济的职能从土地全生命周期管理的角度提如下建议： 1）商业用地结合区域功能等既出让地块功能、业态提出以下要求：配套的商业购物、文化休闲、餐饮娱乐等功能形成的主题商业街区； 2）办公用地结合区域发展等提出以下引入企业的行业类型等要求企业总部、科创中心、科技研发、创意设计、专业服务、展示会务等标准办公设施； 3）项目建成后，地块内商业须整体持有、不可分割、统一招商运营； 4）商业建筑、办公建筑全年限全持有，持有项目在持有年限规定范围内不得销售；如销售，须向园区管理部门提请书面申请，经由区政府同意后，方可销售。园区管理部门或园区管理部门指定的单位享有成本价的优先购买权。该项目不能建设公寓式办公楼，以幢为单元进行登记和销售。 5）对项目应达到的税收提出以下要求：要求税收落地上海市普陀区。土地出让后受让人应在土地交付之日起启动关联企业的注册和迁移工作。确保土地交付后第一年，项目单位产税标准不低于 2000 元/平方米/年（产税为普陀区总税数，不含施工税、销售税，产税企业宜为新注册企业或外省迁入企业）；第三年后单位产税标准不低于 3000 元/平方米/年；办理房地产权证时项目单位产税标准不低于 4000 元/平方米/年。4、建议对于智创 TOP 项目应达到的税收要求参照英雄天地标准。			
联系人	陈莜	联系电话	52564588-8255
书面意见请于 2017 年 7 月 31 日下班前反馈。			

联系人 刘宏　　　联系电话 :13381933988

投资办

图 7-7　桃浦智创生态城各部门征询意见稿

通过对区域开发建设要素的分解，落实相关管理主体责任，各管理主体之间相互协调、共同决策，制定相应的配套管理措施，并将其纳入城市管理体系，可以实现对区域开发建设的有效管理，确保城市建设管理满足各项管控要求。

7.3.3　公众参与机制

开发建设导则虽然是在政府主导之下制定的，但公众的参与也成为必要。开发建设导则实施过程中推行公众参与的意义在于能使规划设计方案具有民主性和科学性保障，降低实施过程中存在的风险。更为关键的是，开发建设导则直接或间接涉及社会各方利益主体，牵涉公共利益和私人利益的关系，作为利益相关者的社会公众理所当然有权利参与规划的制定过程。实践中，社会民众的参与不仅仅是让他们对开发建设导则进行全方位的了解，熟悉规划相关内容，还应当赋予公众平等的话语权，充分听取公众意见，使之参与开发建设导则编制制定的全过程，为后续规划的实施打下坚实的基础。

政府应为公众参与提供必要的参与途径。在开发建设导则编制的各个阶段，规划主体都需要为公民的参与提供必要的途径，使公民的参与，能够对各阶段的决策产生影响。首先，在开发建设导则通则编制的阶段，需要通过调查问卷，公示等方式，使公众对相关规划的计划有所了解，并调查收

集公众意见，使公众意见成为决策的参考；其次，在实施细则的编制阶段，也需通过多种方式，如举办听证会、向专家咨询、对开发建设导则进行公示等方式，继续收集公民的意见和建议，根据相应的公众、管理部门以及专家的意见，调整开发建设导则相关内容；最后，在开发建设导则的具体实施阶段，也应以公众的满意度，作为规划成果实施效果的一个衡量标准[2]。

7.4 实施审批流程

7.4.1 明确开发建设的实施主体

开发建设导则在具体实施过程中，又可细分为一级开发实施要求、二级开发实施要求、政府各部门管控要求。

其中一级开发是指由政府或其授权委托的企业，对一定区域范围内的城市国有土地（毛地）或乡村集体土地（生地）进行统一的征地、拆迁、安置、补偿，并进行适当的市政配套设施建设，使该区域范围内的土地达到“三通一平”、“五通一平”或“七通一平”的建设条件（熟地），再对熟地进行有偿出让或转让的过程。土地二级开发，即土地使用者将达到规定可以转让的土地通过流通领域进行交易的过程。包括土地使用权的转让、租赁、抵押等。以房地产为例，房地产二级市场，是土地使用者经过开发建设，将新建成的房地产进行出售和出租的市场，即一般指商品房首次进入流通领域进行交易而形成的市场。

通过对具体指标体系和管控要素的一级开发和二级开发的分类，可以明确所涉及的实施单位，从而实现区域开发建设中的管理和实施过程的权责分明。因此，在导则的编制时，同一区域应采取“红线外导则”+“红线内导则”的形式，这样的目的在于有利于更好地明确一级开发商和二级开发商的实施内容及目标。

同时，开发建设导则的落实，除了需要明确建设的主体，更需要明确管理的主体，明确各管控要素，各项指标内容在各管控阶段对应的成果内容，以及对应的监管部门。因此对于政府管理管控界面的明晰，各管控内容得到职能部门的认同，是实现规划涉及落实的重要一环。因此，在区域开发建设导则通则编制中，将整个规划设计分为了六个不同阶段，针对每个不同阶段，结合监督审批流程，明确各建设实施主体所应提供成果内容，

2　翟子清 . 区域规划实施机制研究 [D]. 东南大学，2017.

并以此确定各职能部门各阶段的具体审查要求和审查内容，将管理要求前置明确，实现精细化的管理要求。

7.4.2 实施审批

由于区域开发建设的管控要素涉及了多个专业，多个控制要素及控制指标，这些控制内容同时又涉及了多个不同部门，其复杂程度直接导致要真正落实这些控制要求需要大量的协调工作，明晰的工作界面，各个阶段确定的工作内容，保证管控内容在有具体控制要求的同时，更有具体的监管主体。

因此，预先明确各个部门在各个不同阶段应该审批哪些指标、监管哪些内容，成为规划控制要素落实的关键。根据上海桃浦智创城以及其他多个项目的实践经验，同时按照“并联申报，串联审批”的原则和“简化手续，优化流程，限时办结”的要求，对相关的审批流程，按照建设实施阶段，提出以下六点操作口径。

（1）项目立项阶段

由发改委负责，按照各项专项建设规划和储备根据建设计划，会同其他相关部门统一受理。

建设单位在项建书审批中，需增加相关控制内容，之后可办理报建手续和勘察设计招标。

项目立项阶段管理部门主要工作内容一览表　　表 7-3

分类	部门	一、二级开发商要求	监管要求
绿色海绵	发改委（会同建设管理部门）	项目可行性研究报告增加“绿色生态及海绵城市设计篇章”	● 审查可行性研究报告中“绿色生态及海绵城市设计篇章”的技术措施指标等 ● 投资估算增加相关新增成本内容 ● 应满足开发建设导则及图则对地块的相关要求
智慧BIM	发改委（会同建设管理部门）	项目可行性研究报告增加“智慧城市建设及BIM技术运用篇章”，明确应用阶段、内容、技术方案、目标和成效	● 审查可行性研究报告中“智慧城市建设及BIM技术运用篇章”的技术措施指标等（其中智慧城市满足控制到则相关要求；BIM应用部分应根据项目实际情况包含BIM+AR技术、BIM+既有建筑、BIM+智慧园区、BIM+智慧工地、BIM+综合管廊应用、BIM+装配式应用实践、BIM+绿色建筑应用实践等“BIM+”融合研究板块） ● 投资估算增加相关新增成本内容 ● 应满足开发建设导则及图则对地块的相关要求

续表

分类	部门	一、二级开发商要求	监管要求
产业引入	发改委	“市场预测分析”中明确产业构成	应满足开发建设导则及图则对地块的相关要求
功能风貌	发改委（会同规划国土部门）	“服务性工程与生活福利性设施”中明确相关功能设施构成	应满足开发建设导则及图则对地块的相关要求
道路交通	——	——	——
市政管线	发改委（会同规划国土部门）	“公用工程和辅助生产设施”中明确相关市政设施布局	应满足开发建设导则及图则对地块的相关要求
地下空间	——	——	——

（2）土地使用权取得和核定规划条件阶段

由规划土地部门负责，在征询其他相关部门的意见基础上，进行总体监管。

建设单位负责在项建书批复后同步开展环评审批，同时依据相关规划条件，进行后期具体规划设计。

土地使用权取得和核定规划条件阶段管理部门主要工作内容一览表　　表 7-4

分类	部门	一、二级开发商要求	监管要求
绿色海绵	规划国土部门（征询建设管理部门）	依据开发建设导则及细则，建设管理部门提出绿色海绵要求，纳入土地出让条件	绿色星级/既有星级/绿色运营，年单位面积一次能耗，年径流总量控制率/径流削减量/单位面积控制容积，预制率/全装修比例，屋顶绿化率，再生建材替代使用率，BIM 应用等指标满足相关要求；同时还应满足开发建设导则及图则的相关要求
智慧 BIM	规划国土部门（征询建设管理部门/科委/经信委）	● 依据开导则，科委/经信委/建设管理部门提出智慧城市要求，纳入土地出让条件 ● 建设管理部门提出 BIM 成果要求，纳入土地出让条件；建设单位按出让合同，组织开展实施 BIM 技术	● 智慧城市建设满足导则相关要求 ● 在设计、施工、运维阶段必须采用 BIM 技术，满足相关要求

续表

分类	部门	一、二级开发商要求	监管要求
产业引入	规划国土部门（征询商委/管委会）	依据开发建设导则，商委/管委会提出相关产业要求，纳入土地出让条件	产业类型和准入门槛满足开发建设导则及其他相关要求
功能风貌	规划国土部门（征询建设管理部门）	依据开发建设导则及细则、控制性详细规划等，纳入土地出让条件	依据图则，明确形态功能等，公益性设施建设/公共空间要求满足开发建设导则、控规以及土地出让前评估要求
道路交通	规划国土部门（征询建设管理部门/交警）	依据开发建设导则及细则，建管委与交警提出相关要求，纳入土地出让条件	● 道路交通（包括临界设计/转弯半径/主要公共通道宽度位置出入口）等满足开发建设导则要求 ● 主要机动车非机动车出入口/禁开口段/周边道路交通条件满足交警要求 ● 停车需求满足建管委要求
市政管线	规划国土部门（征询建设管理部门）	依据开发建设导则及细则，建设管理部门提出相关市政专项要求，纳入土地出让条件	确定设施/管线/管线接口等满足开发建设导则及相关设计规范要求
地下空间	规划国土部门（征询建设管理部门）	依据开发建设导则及细则，建设管理部门提出相关要求，明确地下通道宽度、位置、开放时间纳入出让条件	地下通道宽度位置、出入口、运营时间；地铁出入口；地下空间面积业态等满足开发建设导则及其他相关规范设计要求

（3）设计方案审核和用地规划许可证阶段

由规划国土部门、建设管理部门负责设计方案和初步设计方案并联审批，以开发建设导则的相关控制要求为基础，通过专题会议形式，听取环保、绿化市容、交警、卫计、消防、民防等审批职能部门及相关专家意见。

建设单位需以开发建设导则的相关内容为依据，在设计中回应相关指标的控制要求，并提交相关设计成果。

设计方案审核和用地规划许可证阶段管理部门主要工作内容一览表　　表 7-5

分类	部门	一、二级开发商要求	监管要求
绿色海绵	规划国土部门（征询建设管理部门的市政、园林部门并审查；成果抄报管委会）	● 设计方案文件中包括绿色生态及海绵城市设计内容 ● 明确目标 / 策略 / 采用绿色建设及海绵城市的增量成本	● 无绿色生态及海绵城市设计内容，规划国土部门不受理 ● 设计方案征询意见，建设管理部门的市政及园林部门对相关内容进行审查 ● 规划国土部门出具的设计方案审批意见书中增加绿色海绵设计专项要求，并满足开发建设导则及相关要求
智慧BIM	规划国土部门（征询建设管理部门 / 科委；成果抄报管委会）	● 应在设计、施工、监理（工程咨询）等招标文件或者承发包合同中明确设计、施工、监理单位实施 BIM 技术应用的要求，抽取 BIM 专家参评；采用设计施工一体化或工程总承包的，应在招标文件或承发包合同中一并明确设计和施工 BIM 技术应用要求 ● 方案设计增加“智慧城市建设及 BIM 技术运用篇章” ● 须提供土地规划设计方案及 BIM 相关模型成果 ● ifc 格式的三维地形图（用地界限；周边地形；各规划控制线；拟建位置；建筑间距、退界、层数、绿化、车位、道路交通等） ● ifc 格式的规划模型（规划、道路、地下综合管廊等）	● 设计方案征询意见，建设管理部门 / 科委 / 经信委对“智慧城市建设及BIM技术运用篇章”审查 ● 规划国土部门出具的设计方案审批意见书中增加智慧城市建设及 BIM 技术运用专项要求，并满足导则要求
产业引入	规划国土部门（征询商委 / 管委会；成果抄报管委会）	设计方案文件中包括产业相关专项内容	● 设计方案征询意见，商委 / 管委会对相关内容审查 ● 规划国土部门出具的设计方案审批意见书中增加产业准入相关要求，并满足开发建设导则及相关要求

续表

分类	部门	一、二级开发商要求	监管要求
功能风貌	规划国土部门（成果抄报管委会）	设计方案文件中包括功能形态相关专项内容，确定公益性设施位置面积等	功能类型 / 公益性设施公共空间面积位置 / 建筑风貌空间形态等符合开发建设导则及图则相关要求
道路交通	规划国土部门（征询交警 / 建设管理部门；成果抄报管委会）	设计方案文件中包括交通相关专项内容，进行必要交通量模拟分析	● 设计方案征询意见，交警 / 建设管理部门对相关内容审查 ● 主要出入口 / 禁开口段 / 周边道路交通条件 / 公共通道 / 退界设计 / 转弯半径 / 停车需求等符合开发建设导则及图则相关要求
市政管线	规划国土部门（征询建设管理部门；成果抄报管委会）	设计方案文件中包括市政相关专项内容	● 设计方案征询意见，建设管理部门对相关内容审查 ● 相关设施位置 / 市政接口 / 管径等符合开发建设导则及相关各专业设计要求、规范标准
地下空间	规划国土部门（征询建设管理部门；成果抄报管委会）	设计方案文件中包括地下空间相关专项内容	● 设计方案征询意见，建设管理部门对相关内容审查 ● 通道宽度位置；地铁出入口；面积业态等符合开发建设导则及规范标准

（4）设计文件审查和工程规划许可证、施工许可证审批阶段

由规划国土部门、建设管理部门负责，与其他各职能部门同步办理审查，并联合审批各设计内容是否符合开发建设导则相关要求，并分别核发建设工程规划许可证及施工许可证。

建设单位应回应开发建设导则中的相关控制要求，延续方案设计中的相关设计要点。

设计文件审查和工程规划许可证、施工许可证审批阶段管理部门主要工作内容一览表　表 7-6

分类	部门	一、二级开发商要求	监管要求
绿色海绵	规划国土地部门、建设管理部门、审图中心（对接环保、绿容等；成果抄报管委会）	● 总体设计（或初步设计）包含绿色海绵专项篇章 ● 施工图包含各专业绿色海绵设计内容及绿色海绵专项图纸说明书 ● 施工许可证申请时应提交绿色海绵规划设计审批意见书及施工组织设计（包含“绿色施工篇章”）	● 总体设计绿色海绵专项应明确设计目标/策略/采用绿色海绵技术增量成本，可由建筑专业汇总，并满足开发建设导则要求 ● 建设管理部门出具“总体设计征询意见联系单”或“初步设计审批意见书”增加绿色海绵专项要求 ● 施工图绿色海绵部分应明确总体及各专业的目标/指标/措施/选材/设备选项的技术指标等并满足开发建设导则要求 ● “绿色施工篇章”应明确环保节能目标、措施，并满足开发建设导则及绿色施工相关要求
智慧BIM	规划国土部门、建设管理部门、审图中心（成果抄报管委会）	● 总体设计（或初步设计）包含智慧城市建设及 BIM 技术运用专项 ● 施工图包含各专业智慧城市基础设施设计内容 ● 参照《上海市建筑信息模型技术应用指南（2017 版）》，不同阶段提供 BIM 相关成果（方案设计：场地模型及报告/专项分析模型及分析报告/方案比选报告/设计方案模型；初步设计：建筑结构模型及检查报告/面积明细表；施工图：各专业模型/碰撞监测及管线综合优化报告/竖向净空优化报告/虚拟仿真漫游动画/建筑专业施工图模型），辅助方案设计和施工图审查审批 ● 设计单位在建立 BIM 模型时，构件和设备的 BIM 模型应该采用类似实际产品的 BIM 模型 ● 审图时需给予审图中心各专业 BIM 整合模型（规划模型、消防模型、市政配套三维模型） ● 施工组织设计应包含“智慧施工及管理篇章”	● 总体设计及施工图须提供不同设计阶段的 BIM 相关成果，包括建筑及各专业 BIM 相关模型、整合模型等 ● 建设管理部门出具“总体设计征询意见联系单”或“初步设计审批意见书”增加智慧城市建设及 BIM 技术运用专项要求 ● 施工图智慧城市部分应明确各专业的目标/指标/措施/选材/设备选项的技术指标等并满足导则要求 ● 结合 BIM 相关成果，“智慧施工及管理篇章”应明确施工实施质量监督和技术管理措施

续表

分类	部门	一、二级开发商要求	监管要求
产业引入	—	—	—
功能风貌	规划国土部门、建设管理部门、审图中心（成果抄报管委会）	● 总体设计（或初步设计）包含功能形态相关专项内容 ● 施工图建筑专业落实各功能形态风貌要求	● 总体设计及施工图中明确功能类型/公益性设施公共空间面积位置/建筑风貌空间形态等符合开发建设导则及图则相关要求 ● 建设管理部门出具“总体设计征询意见联系单”或“初步设计审批意见书”
道路交通	规划国土部门、建设管理部门、审图中心（对接交警；成果抄报管委会）	● 总体设计（或初步设计）包含道路交通相关专项内容，进行必要交通量模拟分析 ● 施工图建筑专业落实场地道路要求以及市政道路建设要求	● 总体设计及施工图建筑总图设计中明确主要出入口/禁开口段/周边道路交通条件/公共通道/退界设计/转弯半径/停车需求等符合开发建设导则及图则相关要求 ● 市政道路断面及道路附属实施满足开发建设导则及图则要求 ● 建设管理部门出具“总体设计征询意见联系单”或“初步设计审批意见书”
市政管线	规划国土部门、建设管理部门、审图中心（对接消防、卫计、环保、绿容等；成果抄报管委会）	● 总体设计（或初步设计）包含市政相关专项内容 ● 施工图各市政专业落实市政管线要求以及大市政建设要求	● 总体设计包含市政总图，可由建筑汇总其他专业，符合开发建设导则及图则相关要求 ● 建设管理部门出具“总体设计征询意见联系单”或“初步设计审批意见书” ● 施工图包含各市政专业图纸，明确具体设施位置/市政接口/管径需求，符合开发建设导则及图则相关要求 ● 大市政满足开发建设导则及细则要求

续表

分类	部门	一、二级开发商要求	监管要求
地下空间	规划国土部门、建设管理部门、审图中心（对接申通、消防、环保、绿容、交警等；成果抄报管委会）	● 总体设计（或初步设计）包含地下空间相关专项内容 ● 施工图各专业包含地下空间要求	● 总体设计包含地下空间专项，可由建筑汇总其他专业，并与申通协调 ● 建设管理部门出具“总体设计征询意见联系单”或“初步设计审批意见书” ● 施工图包含地下空间，各专业编制，提出相关建设技术指标等，符合开发建设导则及图则相关要求 ● 通道宽度位置、地铁出入口、面积业态符合开发建设导则及细则，符合相关各专业设计要求及规范标准

（5）施工监督与工程验收阶段

由规划土地部门、建设管理部门负责，由管委会、一级开发商负责协调工作，依据开发建设导则的相关要求，进行成果审查报备。

施工监督与工程验收阶段管理部门主要工作内容一览表　　表 7-7

分类	部门	一、二级开发商要求	监管要求
绿色海绵	规划国土部门、建设管理部门（管委会负责协调）	● 建设工程应进行绿色建筑专项验收 ● 竣工验收后向建管委备案，验收报告应包含绿色建筑星级、预制率装配率、能源消耗量、径流总量控制率、屋顶绿化率、废弃混凝土再生建材替代了和 BIM 应用情况等	● 建设管理部门定期巡查，不符合绿色施工相关要求的责令改正，拒不改正的，责令停工 ● 结合本导则及图则控制指标要求，对工程项目完工后的实施效果进行合理评估 ● 建设管理部门市政、园林联合规划国土部门开展组织专项验收，发现未按照本导则要求进行建设的，责令改正，验收通过的，建管委出具相关验收意见书 ● 建设管理部门出具建设工程竣工验收备案表，注明绿色海绵相关指标

续表

分类	部门	一、二级开发商要求	监管要求
智慧BIM	规划国土部门、建设管理部门（管委会负责协调）	● 参照《上海市建筑信息模型技术应用指南（2017版）》，施工阶段提供BIM相关成果（施工准备：施工作业模型/深化施工图及节点图/施工过程演示模型/施工方案可行性报告/构件预装配模型/构件预制加工图；施工实施：施工进度管理模型/施工进度控制报告/工程量清单/施工设备与材料的物流信息/施工作业面设备与材料表/施工安全设施配置模型/施工质量检查与安全分析报告） ● 竣工验收阶段提交竣工BIM模型及其他配套BIM成果 ● 相关智慧城市建设验收专篇，竣工验收后向建设管理部门备案	● 规划国土部门规划竣工模型验收 ● 竣工模型验收向建管委备案 ● 建设管理部门对相关BIM技术应用监管、成果验收 ● 验收报告中应当增加BIM技术应用方面的验收意见，并在竣工验收备案中，填写BIM技术应用成果信息 ● 明确主要智慧城市建设指标实施建设，并符合导则要求
产业引入	—	—	—
功能风貌	规划国土部门、建设管理部门（管委会负责协调）	● 相关功能布局成果审查 ● 竣工验收后向建设管理部门备案	明确功能类型/公益性设施公共空间面积位置/建筑风貌空间形态等符合开发建设导则及细则相关要求
道路交通	规划国土部门、建设管理部门（管委会负责协调）	● 相关道路交通成果审查 ● 竣工验收后向建设管理部门备案	● 主要出入口/禁开口段/周边道路交通条件/公共通道/退界设计/转弯半径/停车需求等符合开发建设导则及细则相关要求 ● 市政道路断面及道路附属实施满足开发建设导则及细则要求
市政管线	规划国土部门、建设管理部门（管委会负责协调）	● 相关市政综合成果审查 ● 竣工验收后向建设管理部门备案	● 相关设施位置/市政接口/管径等符合开发建设导则及相关各专业设计要求及规范标准 ● 大市政满足开发建设导则及细则要求
地下空间	规划国土部门、建设管理部门（管委会负责协调）	● 相关地下空间成果审查 ● 竣工验收后向建设管理部门备案	通道宽度位置、地铁出入口、面积业态符合开发建设导则及图则，符合相关各专业设计要求及规范标准

（6）运营管理阶段

由本区域的一级开发商、管委会负责，联合各运营维护单位以及各相关主管部门，对区域后期的运营维护进行监管，同时组织开发建设主体与各职能部门的指标协调工作。

建设单位及开发商应就相关运营管理控制要求，通过月报或年报等形式，上报相关管理部门，同时抄送管委会的相关负责机构。

运营管理阶段管理部门主要工作内容一览表　　表 7-8

分类	部门	一、二级开发商要求	监管要求
绿色海绵	运营维保单位 / 房管局 / 建设管理部门 / 管委会	● 具有绿色运营管理经验的物业管理机构运作 ● 运行标识证书报建设管理部门 / 管委会备案	● 绿色运营管理指标包含节能 / 节水 / 节材 / 节地 / 绿化管理等 ● 实施合理运维，加强引导宣传 ● 既有建筑绿色与运营相关数据定期统计分析 ● 投入一年后，申请绿色运营标识 / 海绵城市绩效评价
智慧 BIM	运营维保单位 / 管委会	● 参照《上海市建筑信息模型技术应用指南（2017 版）》，利用 BIM 竣工模型信息，建立基于 BIM 模型的运营管理平台，实施智慧高效管理，提高运营管理水平 ● 运维单位必须具有运用 BIM 技术进行运维管理的能力 ● 运营数据收集存储整理分析	● 对运营情况进行监督 ● 对运营设备进行管理 ● 对运营数据进行反馈 ● 进行城市、建筑空间运行监管 ● 对资产进行信息化管理辅助决策
产业引入	商委 / 管委会	协助商委 / 管委会对产业进行后评估	满足开发建设导则产业及定位的相关要求
功能风貌	规划国土部门 / 管委会 / 其他相关部门	风貌控制监管 / 公益性设施	违章 / 影响风貌的违规建设由规划国土部门监管；相关公益性设施权属移交相关部门
道路交通	交警 / 管委会	协助交警对道路交通影响进行后评估	公共通道开放时间 / 对城市道路交通影响 / 出入口控制对周边交通影响，并提出整改意见
市政管线	建设管理部门 / 管委会	● 协助建设管理部门协调相关运营部门实施运营监管 ● 相关设施运营情况跟踪	相关设施运营情况，增加对相关市政设施如分布式供能的实时监管，提供相应政策保证
地下空间	建设管理部门 / 申通 / 管委会	协助管委会协调申通公司与地块开发商，保证地下空间及公共通道运营情况	● 满足地下空间功能 / 公共通道开放运营实践 ● 周边后续建设对接

7.4.3 内外管控

开发建设导则很重要的一个设计原则在于打破红线内外，实现区域规划设计统筹，提高区域建设的空间品质；同时，由于红线内外属于两个不同的建设主体，其建设管控需要明确区分。因此，红线内外的管控既需要事先统筹，又应该有明确的职责权限。

以宝山新顾城项目为例，在开发建设导则具体的落实中，通过红线外公共空间导则与红线内地块导则分别进行管控，形成具有特色，便于操作管理的管控内容和管控方式。

7.4.3.1 红线外公共空间开发建设导则

红线外公共空间开发建设导则管控范围不仅仅局限于红线之间，通过地块退界线之间的具体管控要求，进行红线内外统筹。地块外公共空间开发建设导则具体可以从三方面对现有规划进行整合，即：确定红线外的具体管控要素控制要求；确定公共部分地上与地下关系；确定红线内外的临界界面控制要求——

（1）街道设计控制引导，包括临界界面设计要求、地铁相关设施与地面关系、慢行空间、行道树种植等；

（2）市政设施建设建议，包括管线综合、建设时序、建设工程、与地面关系等；

（3）公共空间风貌控制，包括绿地、水系、桥梁、驳岸等相关设计要求等；

（4）智慧城市引导；

（5）水质治理要求。

7.4.3.2 红线内地块开发建设导则

红线内地块开发建设导则在对现有规划进行整合修正筛选补充的基础上，明确强控、引导的管控强度；确定功能物业、市政设施、智慧社区、绿色生态、交通设施、地下人防、风貌控制等控制要素——

（1）功能物业，包括整合控规，增加最新全生命周期控制要求；

（2）市政设施，包括整合各市政专项，修正调整，补充社区级以下、与建筑合建、绿色生态等三大类设施；

（3）智慧社区，包括整合智慧专项，并根据建设可行性分类控制；

（4）绿色生态，包括整合绿色专项，并筛选修正相关控制指标；

（5）交通设施，包括整合交通专项，并筛选修正相关控制指标；

（6）地下人防，包括整合地下专项，并筛选修正相关控制指标；

（7）风貌控制，包括整合风貌、控规、景观、城市设计等，深化控制要求。

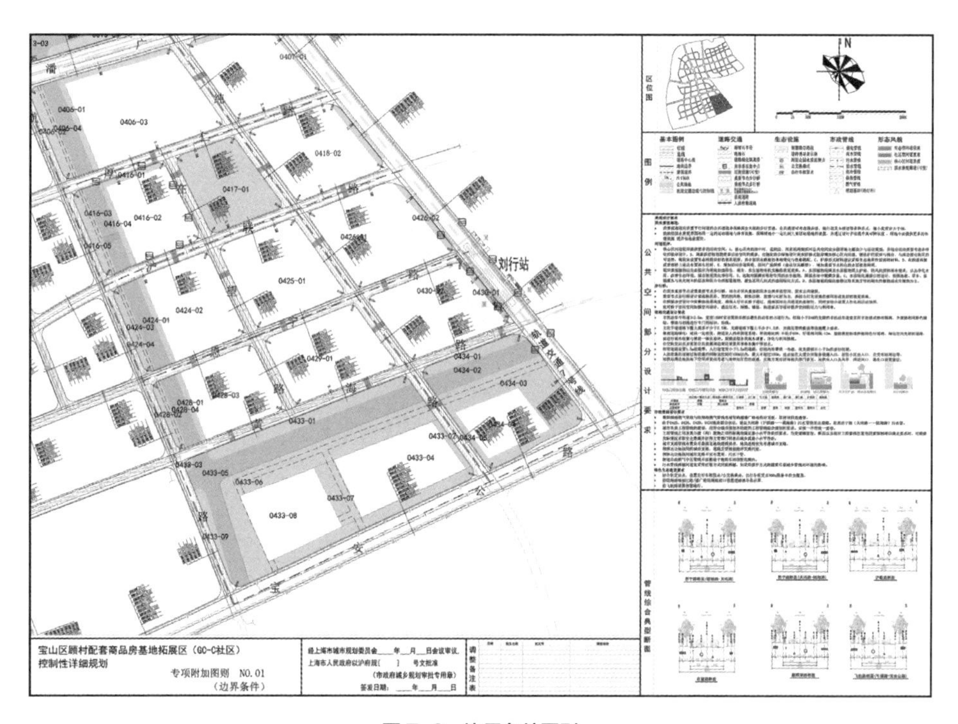

图 7-8　边界条件图则

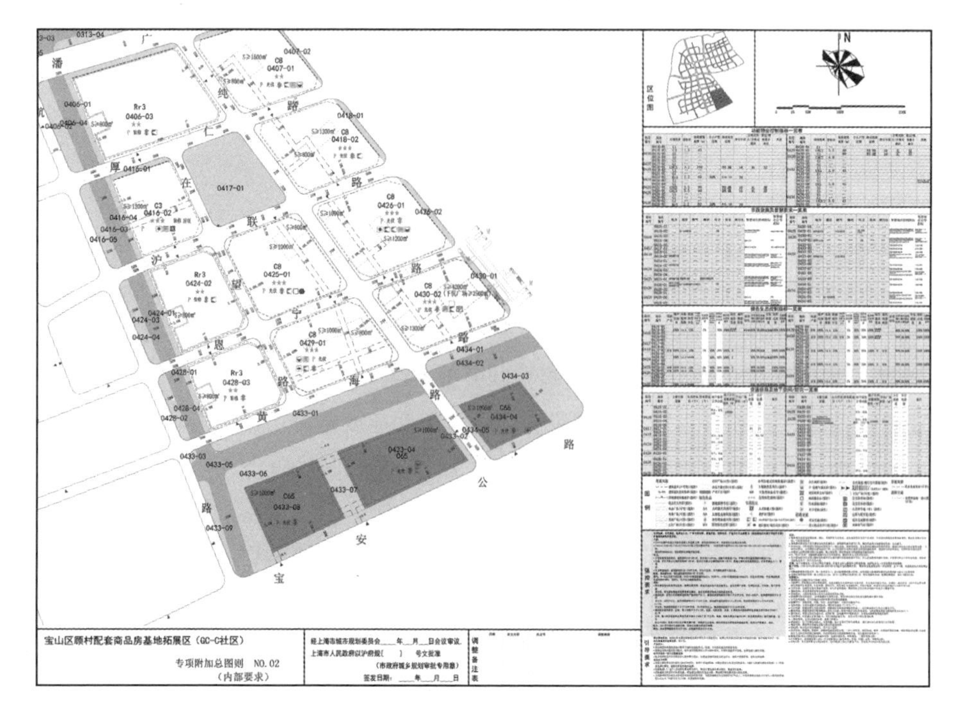

图 7-9　内部条件图则

8

技术平台及智慧营运

8 技术平台及智慧营运

8.1 技术平台支撑

区域开发建设涉及多个专业，除了需要建立完善的体制机制，通过第三方的专业技术团队，提供专业的技术支撑，把控相关弹性及引导指标，保证涉及的各个专业规划完整落实。

8.1.1 区域开发建设平台解决的主要问题

（1）技术力量不足

区域开发建设部门人少事多，面临建设任务多、时间紧，且涉及专业广，难以对区域建设任务面面俱到。同时，对于城区开发建设部门的人员结构、技术能力也提出了很高的要求，包括：

- 专业技术要求，由于区域建设涉及众多专业，管理人员难以面面俱到；
- 掌握行业市场情况有限，很难了解各专业设计院的基本水平和专长；
- 管理协调能力，花费大量时间进行多方沟通、协调、汇报，势必影响主体工作；
- 时间把控能力，项目紧任务重，但管理人员乙方工作经验不足，难准确判断工作进度，把控时间。

（2）规划研究周期长、工程推进压力大

区域开发建设，往往周期长，建设内容多，工程难度大，但同时又对于出形象的紧迫性要求高，亟需在这之间寻求解决途径。

- 规划周期长、建设多，城区开发建设是一个长期的、复杂巨系统，开发建设周期长，建设项目多，涉及内容庞杂。
- 工程进度掌控困难，工程进度紧，对设计管理团队的设计进度的统筹安排、进度预警能力要求极高。

（3）规划落地难，建设易走样

区域开发建设对于建设要求高，但由于其中的建设项目、建设难度、管理掣肘的问题，造成真正能完整规划落地的情况极少，中间的建设极易出现建设走样的问题。

- 管理界面协调复杂，作为区域一体化开发的复杂项目，涉及专业多，设计统筹管理难度大。

- 设计质量把控困难，高端的建筑品质需要全方位把控规划与设计成果质量，以确保设计成果的经济性与可实施性。
- 专项设计繁多，在规划、设计过程中存在相当数量的专项设计项目，主体设计与各专项设计工作界面交叉多。

8.1.2 区域开发建设平台的必要性

图 8-1 区域开发建设部门面临的普遍困难

针对区域开发建设部门技术力量不足、项目周期与规划周期不协调、管理界面协调复杂、相关专项数目众多等问题，通过引入第三方的建设管理机构，建设规划管理设计平台，成立专业管理团队提供全方位支撑，整合规划、建筑、市政等多方设计资源，制定全面工作计划、把控项目进度，通过建立统一的平台，协调整合各个专业，提供技术托底的服务支撑。

规划建设管理平台结合区域发展和国家政策解读，配合地方政府、大型甲方等建立规划技术管理平台，提供全天候（现场和后台结合）、全设计生命周期（战略研究、发展策划、规划设计、建筑设计、景观方案、施工控制一体化）、全方位（技术支撑和事务性工作结合）的技术定制服务。

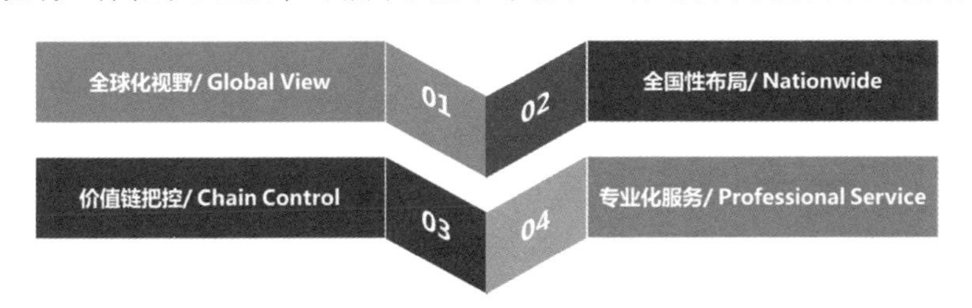

图 8-2 第三方的规划建设管理平台的竞争优势

8.1.3 区域开发建设平台的主要任务

规划建设管理平台的建立，为区域开发的规划建设落实提供了强有力的技术支撑，打造从前期策划、规划、建筑设计阶段到工程建设实施阶段以及后续运营维护使用阶段的项目开发全生命周期的“管理、技术、品质三位一体”的规划整合平台，对其进行全过程管控和技术托底。

（1）搭建系统平台

建立一个由开发部门、政府部门以及第三方专业机构组成的城区开发建设平台，运用科学有效的规划管理方法和手段，对规划设计工作在技术协调、沟通管理、进度控制、专项设计采购等各方面进行全方位、全过程的技术审查、综合控制、协调管理。

平台共包括了三个方面：

- 管理团队，负责总体的、日常事务的协调管理；
- 技术团队，包括规划、交通、市政、建筑、地下空间、超高层建筑、绿色低碳等专业团队，负责专项的整合管控，编制开发建设导则，与各利益主体对接协调，对各阶段的图纸及弹性内容进行审查建议；
- 支撑团队，负责技术支持，由外部合作单位、院内总师、上海专家、国际专家统一组成，涉及各个技术、社科专业。

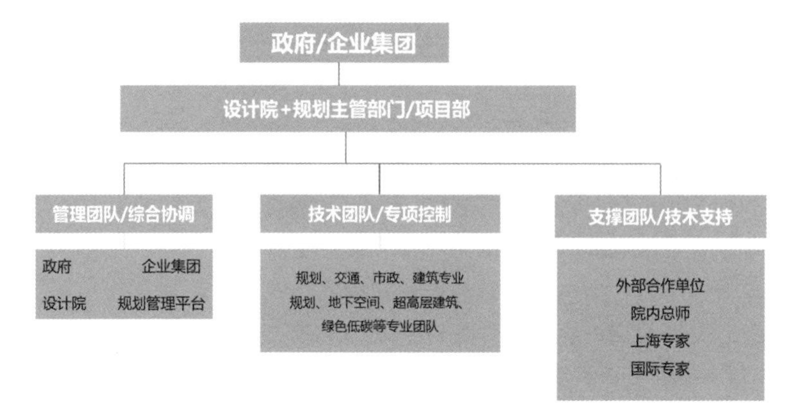

图 8-3　区域开发建设平台的团队组建模式

（2）制定全面工作计划，把控项目进度

平台负责开发建设过程中的组织协调，及各类规划计划、建筑设计的建设实施。其主要工作内容包括：

- 制定工作计划，细化工作清单、梳理工作包；同时制定节点计划表；
- 组织计划实施，编制设计任务书，并根据行业内部的专业度，推荐落实编制单位；
- 过程控制，对各类规划设计事项跟踪落实执行，同时对各规划设计进度进行落实跟进；
- 定期汇报，实行平台例会制度、工作营制度，定期汇报阶段成果。

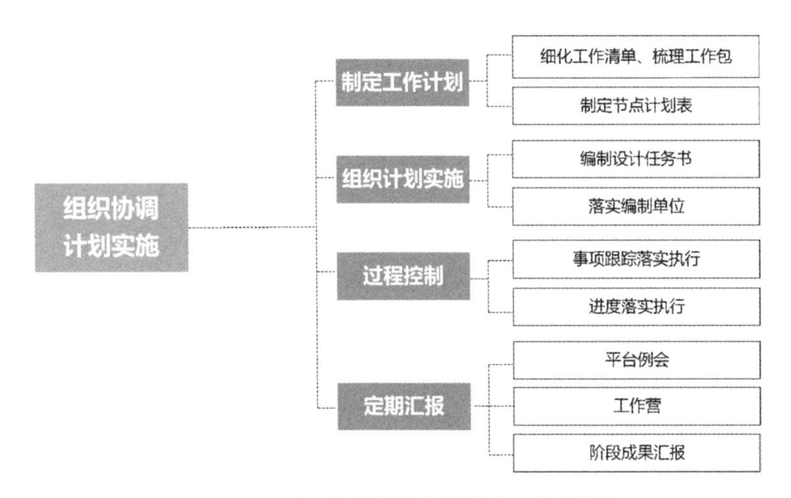

图 8-4 区域开发建设平台的计划组织工作示意图

（3）建立统一平台，协调各专业 / 单位

负责技术、整合把控是平台的基础性工作，也是平台建立的最重要工作，是保证规划设计落地的重要基础工作。平台的全过程管控和技术托底主要包括以下四方面的工作内容：

- 基础性规划研究，包括了国内外案例研究、外围交通体系研究、地下空间规划及内部交通组织研究、市政设施规划，保障基础条件的统一完善；
- 过程技术协调，包括了工作界面协调、技术接口协调、规划设计编制单位协调等；

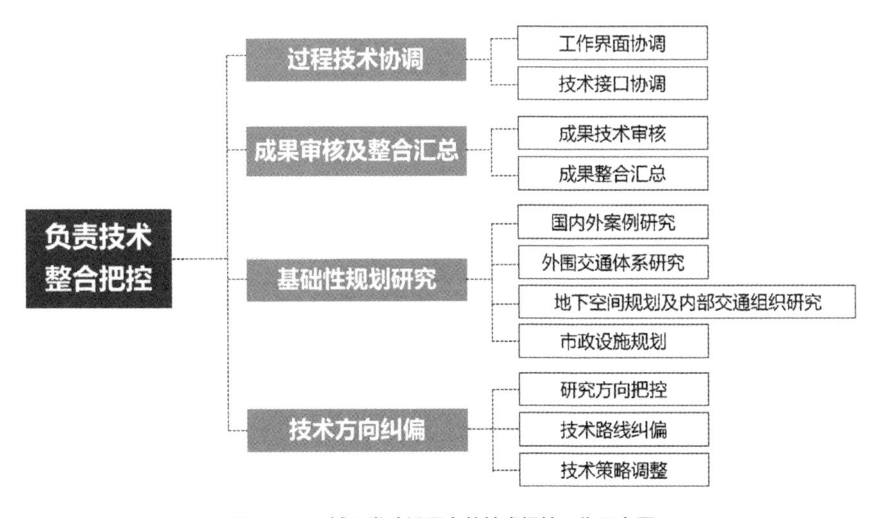

图 8-5 区域开发建设平台的技术把控工作示意图

- 技术方向管控，包括了研究方向把控、专项整合、技术路线纠偏、技术策略调整、开发建设导则编制；
- 成果审核及整合汇总，包括了各个阶段的成果技术审核、成果整合汇总。

8.2 智慧运营维护

区域开发建设中的管理、运营同样是一个投入、转化、产出的过程，在运营过程中实现区域价值的增值，体现各类规划设计提出的发展目标，保证各种建设实施的正常运营，使区域的经济效益、社会效益、环境效益得到长期实现。为保证区域开发的高效运营管理的整体可操作性和指标落地，提出运营管理路径，建立全过程动态的信息化管控机制，对包括规划设计的空间数据以及建设管理的非空间数据进行管控，保证运营管理的科学性和前瞻性。

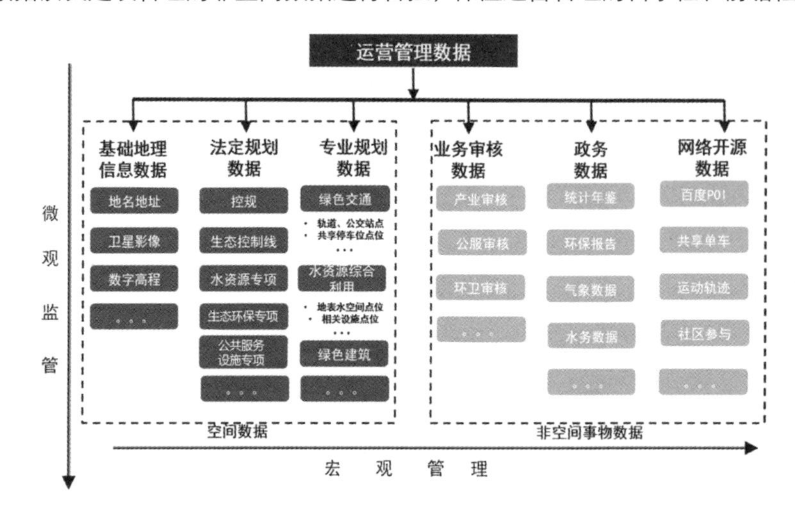

图 8-6 城区开发运营管理数据系统结构图

8.2.1 背景分析

从现行的区域开发建设的趋势和特征来看，其开发的复杂性，使得多专项多规划的编制成为提升区域建设品质的关键，各规划的多规合一不仅仅在总规层面，在区域建设层面的详细设计阶段，其重要性愈发凸显；同时，城市设计对于空间形态要求不断加强，规划的指标细化，使得对源头的规划管控程度亟待提高。现行的规划设计内容与城市管理之间的转译相脱节，无法完全体现规划意图。

另外，从当下的区域开发建设的现状情况来看，建设管理混乱、流程复杂，建筑方案在很长一个过程中往复修改，也基本与初期上会情况出现偏离。原先的规划设计与最后的建成落实不仅差别明显，更重要的是，其整体的开发周期没有保证，反复修改的方案、不断调整的报批流程，都严重拖后了整体开发建设的进程，而建设实施阶段又由于涉及多个主管部门、建设单位，建设过程中相互干扰，无法统筹统一管理、统一协调。

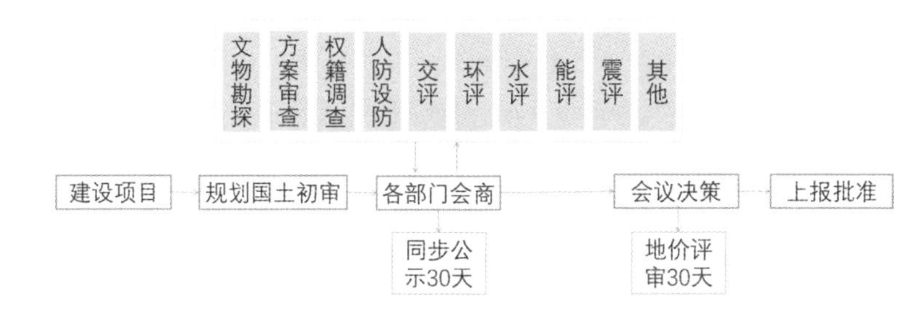

图 8-7　多规合一协同平台

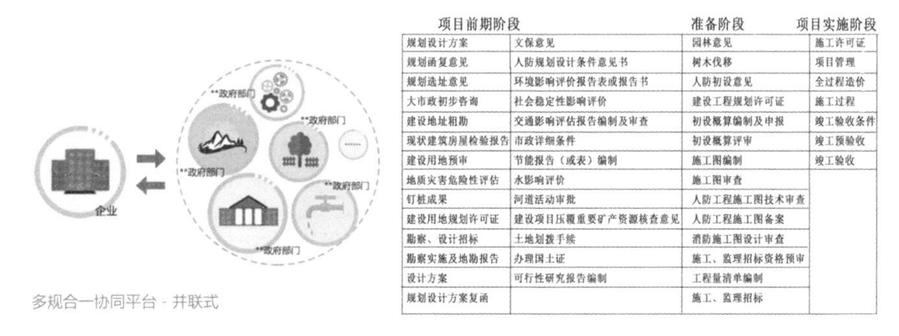

项目前期阶段		准备阶段	项目实施阶段
规划设计方案	文保意见	园林意见	施工许可证
规划函复意见	人防规划设计条件意见书	树木伐移	项目管理
规划选址意见	环境影响评价报告表或报告书	人防初设意见	全过程造价
大市政初步咨询	社会稳定性影响评价	建设工程规划许可证	施工过程
建设地址粗勘	交通影响评估报告编制及审查	初设概算编制及申报	竣工验收条件
现状建筑房屋检验报告	市政详细条件	初设概算评审	竣工预验收
建设用地预审	节能报告（或表）编制	施工图编制	竣工验收
地质灾害危险性评估	水影响评价	施工图审查	
钉桩成果	河道活动审批	人防工程施工图技术审查	
建设用地规划许可证	建设项目压覆重要矿产资源核查意见	人防工程施工图备案	
勘察、设计招标	土地划拨手续	消防施工图设计审查	
勘察实施及地勘报告	办理国土证	施工、监理招标资格预审	
设计方案	可行性研究报告编制	工程量清单编制	
规划设计方案复函		施工、监理招标	

图 8-8　建设流程复杂

关于征求在民用建筑工程中推进建筑师负责制指导意见（征求意见稿）意见的函

建市设函[2017]62号

各省、自治区住房城乡建设厅，直辖市建委，北京市规划国土委：

为贯彻落实中央城市工作会议精神和《国务院办公厅关于促进建筑业持续健康发展的意见》（国办发[2017]19号），在民用建筑工程中充分发挥建筑师主导作用，推进建筑师负责制，我们组织起草了《关于在民用建筑工程中推进建筑师负责制的指导意见（征求意见稿）》，现印送你单位征求意见，请于2017年12月25日前将书面意见函告我司勘察设计监管处。

电子邮箱：sjc5893@163.com

地　　址：北京市海淀区三里河路9号（邮编：100835）

中华人民共和国住房和城乡建设部建筑市场监管司

2017年12月11日

图 8-9　管理模式创新

正是基于目前复杂的区域开发现状和实际建设的需求，我国对区域开发建设中的管理模式的改变进行了多种模式的探索，包括提出了建筑师负责制等多个创新管理模式，其目的就在于希望能在设计前期融入区域管理的理念，将管理要求前置。

8.2.2 目标任务

智慧城市的运营管理建设，是我国数字化规划平台的升级之路，是城市区域管理的创新探索，是从数字城市 1.0 向 2.0 的过渡，其目标在于：

实现城市治理的新阶段，实现更加精细化的城市治理、更加定量化的规划决策、更加及时性的管控响应；

实现规划改革的新趋势，实现可量化传递的空间决策、城市规划 – 设计的一体化、规划 – 运营 – 评估闭环化。

传统的规划建设的运营管理采用的是控规结合规划设计的分区图则进行管控，这类规划管控主要从规划设计的角度去进行城市建设的整体管控。部分区域开发建设采用精细导则集合控规的区域管理方式，这个更多的是从管理者的角度进行规划管控。我们当下新近建设，尤其是区域开发建设更多地会从数字方法方面着手，去进行规划设计导则的数字化，为管理者的方便管控提供了必要的时间依据。

智慧城市的运营管理，以基础地理信息、规划审批信息和用地现状信息为基础，以控制性详细规划为核心，系统整合各层次、各项专项规划成果，具备动态更新机制的信息共享管理平台，实现三个方面任务：

实现信息查询决策——规划要点核提、规划要点生成——实现优化过程自适应。通过图形计算规则植入，全局联动模型链接，实现项目图形、指标提取和比对的自动化。

规划及建筑方案实施纠错审批——方案报批职能审查、建筑方案精细化审查、多方案比选——审查过程自动化。通过无纸化规划管理，无损化电子导则，实现城市建设规则对未来不确定性的自适应。

空间与数据的实时监测——规划实施实时监测——监测过程自响应。通过运营活数据监控，全周期评估优化，实现城市运营绩效预警及决策优化的自响应。

8.2.3 控制要素分类

区域开发建设过程中管控要素的内生性决定了其所对应的运营管理内容，并非都可与空间实体进行衔接对应，如报告、报表等非空间事物数据，超过了政府部门的单独控制管理，这些数据需要由政府部门与相关企业、组织等其他非政府主体进行协作应用及管理控制，可将其归为非空间事物要素。其中：空间要素包括基础地理信息数据、法定规划数据、专业规划数据三类；非空间事物数据分为：业务审核数据、政务数据、网络开源数据，运营管理，以这五类数据整合为基础进行宏观管理，并对每类数据的具体要素进行一对一的微观监管。

运营管理阶段的各管控要素的整合有助于将区域开发目标进行横向的宏观管理、纵向的逐级分解和实施监管，并为信息化管控机制奠定相应的管理基础。

8.2.4 建立信息化管控机制：信息查询决策

为落实运营管理阶段的目标，实现各管控要素的整合，需要建立信息化的管控机制，保障城市运营管理的有效有序进行，并且智慧地发现城市运行规律和人的需求，构建系统化的智慧城市平台，做到“规划一张图，数据一间库”，其信息化管控机制如下图。

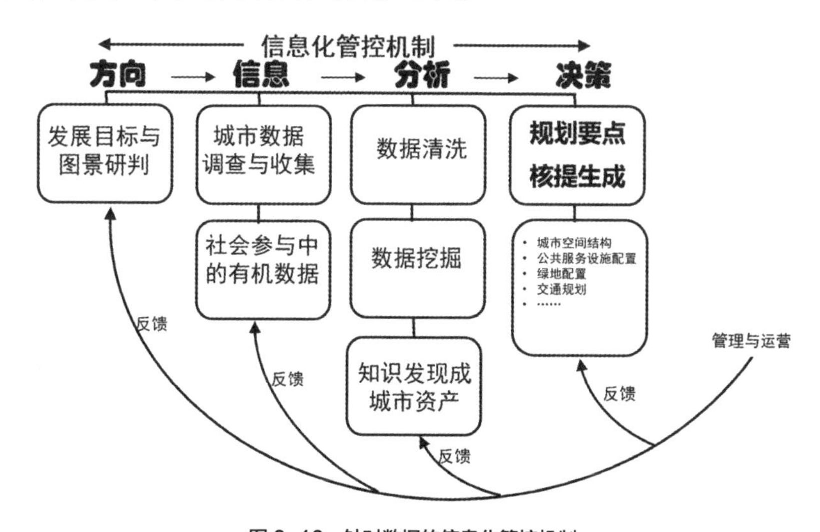

图 8-10　针对数据的信息化管控机制

在这样的机制下，运营管理可达到：信息高效化收集，提升城市运营的前瞻性；数据知识化发现，奠定城市规划基础的科学性；规划编制协同化开展，保障城乡资源配置和空间规划的战略性。

（1）信息高效化收集（前瞻性）

以往在编制城市规划的过程中，其数据信息受到技术的制约，编制一个方案所需要的时间较长，规划人员要花费几年的时间来收集数据、分析数据，进而导致城市规划与城市发展无法形成一致，规划缺乏权威性和可操作性。

（2）数据知识化发现（科学性）

在规划和布局城市交通网络的过程中，传统的布局和规划方式需要投入大量的物力、人力以及资金，收集相关交通数据，利用与数据预测和模型验算等方式，将数据提供给规划人员，规划人员在对交通信息进行有效分析后，对公交线路进行准确的安排。大数据的资源更加丰富，通过对航空数据和铁路班级等数据的分析与挖掘，对用户手机移动轨迹的分析，可以更加全面而直观地体现城市交通情况。

（3）规划编制协同化开展（战略性）

大数据具有信息长时段、信息多元化以及高精确度等特点，为城市规划实现协同性奠定了技术基础，通过大数据技术可以及时准确地获取生态环境、居民活动以及交通流量等数据，与土地经济、传统规划以及社会经济等相关数据充分结合，进而为编制规划提供精确、统一以及全面的数据基础，实现数据口径的协调，方便不同主体进行空间融合、信息共享以及协作配合，对城乡资源配置和空间规划提供战略性保障。（大数据时代下的城市规划响应）

8.2.5 建立信息化管控机制：智慧审查报批

规划审查智能化流程（权威性）

建设信息化管控机制，其核心的目标之一，就是实现规划管理的高效化，审查过程自动化，通过智慧平台搭建，整合现有各类规划信息、行业标准、

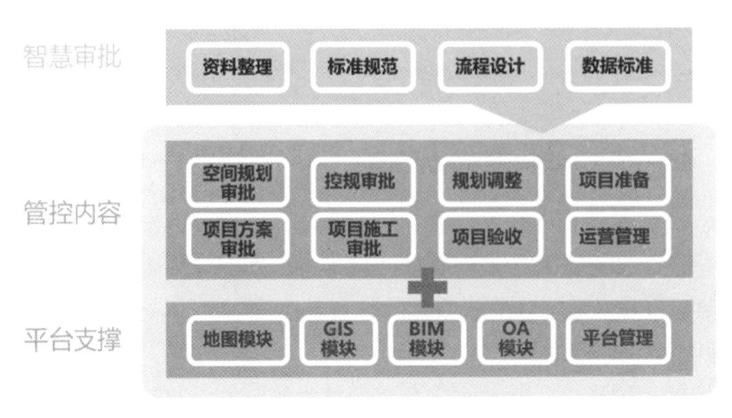

图 8-11　信息化管控机制

行政规范、相关的大数据研究等，对各阶段规划建设方案进行智能化审查报批，包括控规阶段、开发建设导则通则阶段以及实施细则阶段各规划方案的整合、方案的对比、方案成果的审批等，辅助实现后期城市管理的精细化建设，为其实施运营提供良好的数据基础和平台基础。

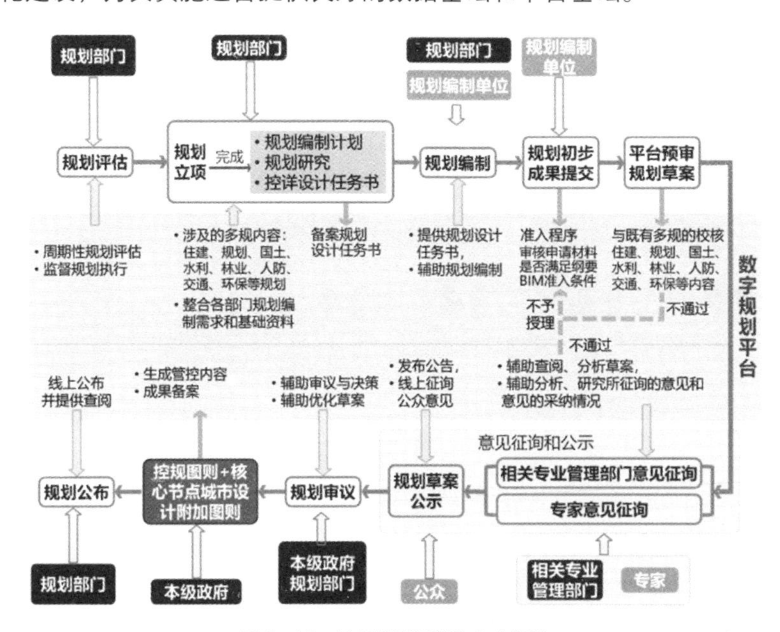

图 8-12 控规阶段智能化审查报批

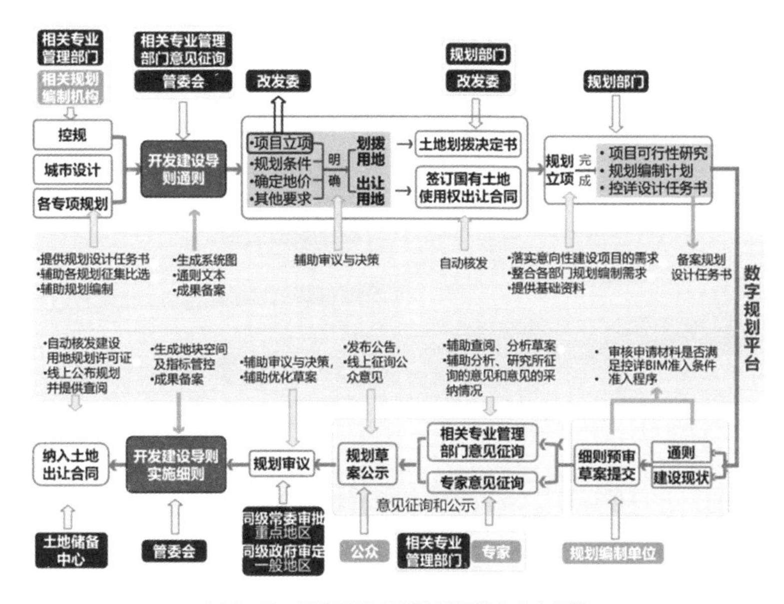

图 8-13 开发建设导则阶段智能化审查报批

8.2.6 建立信息化管控机制：实时监督管控

建设落地实时化监测（及时性）

数字化是智慧城市运营管理的核心优势与对外展示窗口。其中虚拟城市是核心亮点，同步更新物理世界变化，并将智慧应用内容反馈至物理世界。结合前两个阶段搭建的智慧城市操作平台以及各模型规划数据，通过物联网及各传感器的链接，对规划建设、城市运营进行实时监控，采集各类大数据信息，并将虚拟城市的各类数据信息，通过智能化的决策，反馈给现实的物理世界，实现职能化的决策。

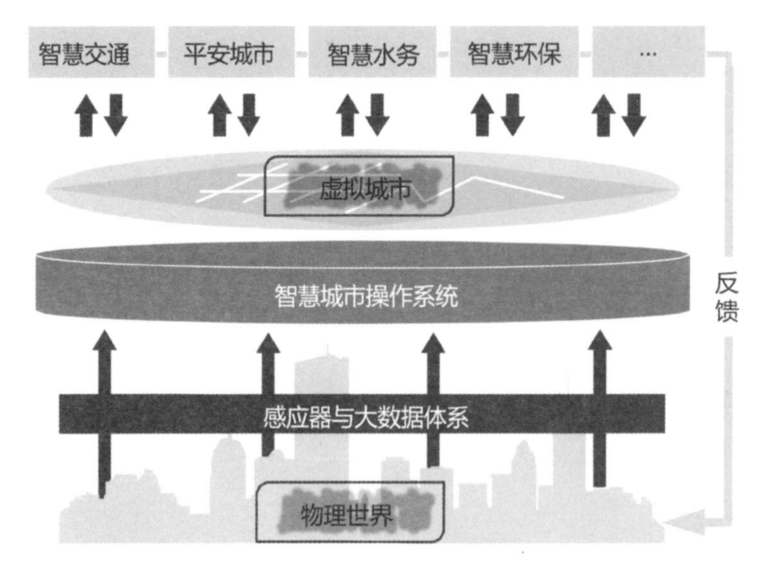

图 8-14 智慧城市操作系统

图 8-15 智慧城市服务类型

公众管理参与化提升（可操作性）

当前，在城市规划中，公众参与是城市发展谋划的重要途径。以往的公众参与途径主要有讲座、宣传及问卷调查，不仅效果微薄，同时回馈速度和质量也不理想。在大数据背景下，数据的处理、传播及分析速度明显提升，规划方案和成果，也可利用社交媒体及时公布给公众，方便公众参与和讨论。同时，公众也能够利用关键词搜索、问题提取、虚拟游戏平台等方式，被快速分析和整理，有助于政府、开发商与公众的互动交流。公众参与化的转变有助于城市规划更加具备操作性和针对性，通过对相关数据的整合与分析，通过网络进行反馈、分享和推广，可以保证公众及时参与到规划编制中，提升公众管理。

8.2.7 专门机构与平台保障：四大数据平台

大数据时代，城市居民被众多的数字网络包裹，从这些网络服务中获益的同时，也无意识地留下了自己生活的数字痕迹，如移动通信、数字银行、GPS 等，这些数字轨迹全面反映城市居民生活的实际，更深刻反映城市运行规律，而居民实际生活的数字数据，一旦与其他来源数据关联，如相关规划的空间数据，将更有助于推演城市运行和发展的动态规律，进而引导适应环境、面向未来的规划决策和城市发展，因此，需要专门的信息化平台保障。

（1）数据仓库平台建立

在数据获取的基础上，构建由规划现状数据库、规划成果数据库、规划管理数据库、相关现状数据库（业态使用、设施利用、交通流动、能源使用等）、相关规划成果数据库、相关公共事务管理数据库等关系型数据库组成的数据仓库。

（2）成果发布平台建立

向社会开放城市空间数据（清洗后的公共数据），可以让市民发现和收集特定空间数据层，并应用到自己的本地应用程序，收集市民大智慧，认识发现更多的城市运行规律，反馈规划编制与管理，实现全过程、动态的，良性循环的规划过程。

（3）社会参与平台建立（个人、企业、组织）

传统的公众参与，志愿式的，参与者有意识地为规划奉献信息，这种方式参与样本有限，主体特征有限，且获取的城市信息受限于参与者的个人素质、奉献精神和参与程度，不同于传统的公众参与，以非志愿式的城市居民参与方式，社会参与平台建立，基于规划成果发布平台，联动社交网络，获取社会参与有机数据。

对于政府主体，如从社区物业获取社区实时用水数据，通过与地区人均用水量对比，实时获取社区常住人口数据，可作为规划尤其是公共服务设施专项规划等的有力支撑数据，科学指导此类设施的空间配置，提高规划的前瞻性和科学性；

对于城市居民和企业、社会组织，诱发使用是社会参与平台的基本原则，诱使可分为利益诱使和兴趣诱使，相应地可以通过服务、游戏、论坛等形式构建规划的参与平台。可利用无线网、传感器等数据基础设施，构建包括气候信息发布、公共设施使用等内容的服务平台，诱使居民使用，方便且服务居民日常生活，而且，居民使用过程产生的数据，能激励发展商、中小企业、邻里组织等第三方利用使用，挖掘潜在市民需求、发现公众兴趣，改进服务策略、增加服务内容，进而获利。

（4）智慧决策平台建立

以决策支持为导向，利用数据综合技术（清洗、挖掘、分析等），将数据转化为城市资产，挖掘城市运行规律，发现居民使用的兴趣、习惯等知识，进而进行符合人性化原则的规划配置，在运营管理全过程中，享受城市海量数据转化为城市资产的数据红利。

8.2.8 智慧运营案例

当前，区域开发建设中的智慧平台建设仍处于探索阶段，需要借鉴不同尺度不同类型的城市发展案例，从四大平台建设的角度出发，构建信息化运营管理系统。

（1）数据仓库平台：广东省城市规划信息平台

为贯彻“一张蓝图干到底”的要求，实现对城乡空间的精准化、动态化管理，2017 年以来，广东省住房城乡建设厅加快推进部、省、市三级规划管理信息平台互联互通试点建设，整合调动全省城市规划信息化力量，全面对接城市规划改革“一张图、一张表、一报告、一公开、一督察”的核心思路，以“全域现状数字化、空间管控精准化、项目审批协同化、实施监督动态化、可感知可评估的广东城市规划‘一张图’平台”为目标，积极推进全省城市规划信息化建设，取得阶段性成果。

特点一：一张蓝图：支撑“编审督”一体化规划的信息蓝图

一体化的规划信息平台建设，讲求规划编制分级管理分区传递，规划审批区域协调，底线管控，而规划监督实行全过程的跟踪。

特点二：一张管理网：城市规划信息共享暨业务信息化办理

A、编制：分级管理、分区传递

B、审批：区域协调 + 底线管控

C、监督：全过程监督与跟踪

打破“信息孤岛”，统一明确各类规划信息共享的核心要素，有效推进部门信息互联互通，提高管理能力，并实现全省城市总体规划、控制性详细规划电子化备案，加强对各地城市规划编制的动态管理，实现动态的业务办理。

（2）成果发布平台：波特兰生态城市数字化建设

波特兰成为美国生态城市规划的模范，得益于地理信息系统（GIS）对规划的支持应用。波特兰大都会区的 GIS 规划支持系统是美国最先进和最复杂的规划信息系统。早在 1992 年，波特兰都会区政府和地方政府就制定了 50 年的城市增长边界。最为著名的波特兰区域土地信息系统（RLIS：Regional Land Information System）于 1998 年投入使用，在 GIS 技术支持下，集成了土地地块信息以及大量的公共信息，并加入了区域城市规划和城市发展战略规划内容。

特点一：规划发布、多元主体数字化参与

生态城市波特兰的成果发布数据库提供第一手的基础数据和地块尺度的区域地图，能够为新一轮规划提供支持，并且能够清晰地展示出城市增长边界对区域的影响，而且，都会区政府的职责包括区域的增长管理、土地利用和交通规划，同时还负责固体垃圾处理系统、区域绿色空间系统的管理，以及区域地理信息系统的维护管理。大都会政府使得区域范围的土地和交通规划及实施在波特兰地区成为可能。

特点二：数据共享、社会需求诱发供给

成果发布平台，为政府和商业用户提供跨区域的基础信息，方便数据的交换和维护。此外该系统还能够实时模拟土地利用政策产生的影响，从而方便普通居民理解规划政策，为公众参与提供了先决条件。在成果发布的数据平台上，方便市民下载使用，并反馈市民参与数据，支撑预测大都会区的就业和住房在未来的空间分布。不仅为大都会区的城市管理提供信息共享和服务，并在城市的长期规划中为决策者和规划师们提供未来土地利用、人口、住宅和就业等变化的空间需求预测，为相关规划结果和城市增长边界的必要和细微调整提供依据。

（3）社会参与平台：南宁五象新区智慧生态城区实践[1]

五象新区是南宁城市规划中一个全新的城区，五象新区处于南宁市沿邕江向东、向南发展的通道之上，北接南宁老城区，南连沿海港口，西与机场、空港经济区遥相呼应，区位优势显著。

特点一：智慧参与，框架搭建

五象新区以生态本底为依托，通过新一代信息技术的融合和应用，构建政府、企业和公众三大主体共同参与的交互、共享的社会参与平台，提升城区的管理效率，打造一个集约、智能、绿色、低碳的智慧生态城区。

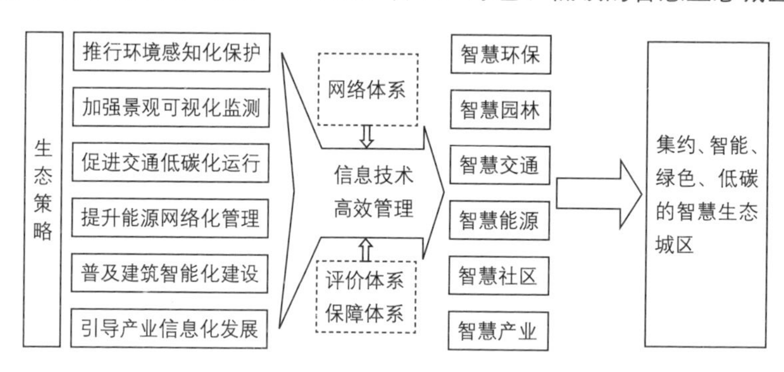

图 8-16　智慧小区服务网络架构

特点二：智慧小区，数据反馈

着力打造智慧社区（包含邻里中心）、智慧商业建筑（包含办公楼、写字楼、酒店和商业综合体等）及智慧公共建筑（包含学校、卫生服务中心、医院和公园等）三类智慧建筑体系群，并编制相应的建设标准；推行网格化社会管理，通过智慧小区服务平台，围绕终身教育、社区安全和环保节能等重点领域，应用移动物联网、三网融合等技术，开展“智慧家庭”应用示范建设活动，居民在享受智慧服务的同时反馈生活数据，支撑规划与设计，形成良好的活动循环机制。

（4）智慧决策平台：杭州市城市大脑

当前的智慧决策平台建设，各地组织机构均在积极探索，这方面，2018 年 7 月 6 日，阿里联合杭州市，城市大脑交通 V1.0 开始上线测试，在城市交通领域应用数据智慧决策平台——城市大脑，对整个城市交通进行全方位感知，然后通过数据分析并引导当局做决策；用智能化、AI 等手段反哺现有的智能交通系统。

---

[1] 王钧，李三奇，关聪聪，吴乐斌．基于生态策略的南宁五象新区智慧生态城区规划 [J]. 规划师，2016，32（11）：55-59.

特点一：全面感知、战略指导

全面分析并掌握整个城市交通流的时变、周变、月变等时间规律，发生、汇聚、消散等空间规律，通过时间和空间的关联找出交通的特点，提前预知信号配时方案，对非交通因素影响交通事件的关注。主要有拥堵指数、延误指数、快速路均速、主干道均速、安全风险等级、堵点乱点、社会舆情等 12 项指标，对城市交通有效运行提供战略性指导。

特点二：智能模仿、反哺系统

城市大脑平台与交通部门协作，利用多源数据，提取人工经验实施机器智能模仿，自动识别拥堵、机动车事故、非机动车违规行驶、行人乱穿马路等交通事件，不到 20 秒即可自动报警，发现交通事件治理乱点，并首创 AI 机器巡逻，交通事件 20 秒自动报警，通过模拟判断和经验积累，反哺系统，不断提升智慧决策能力。

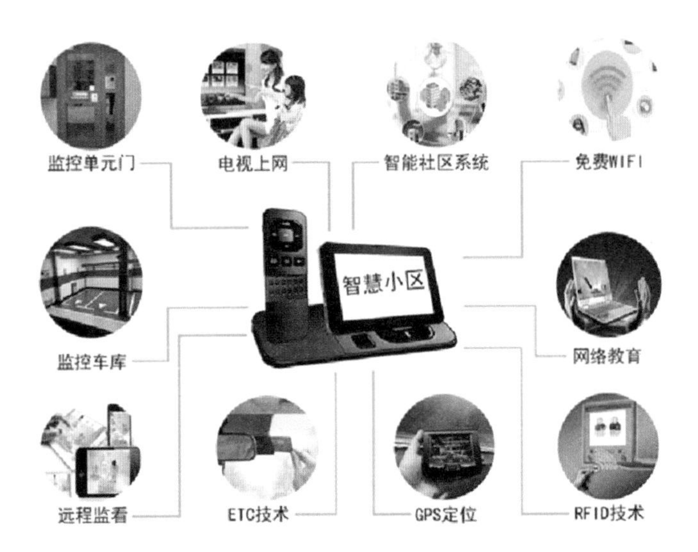

图 8-17 智慧小区服务网络架构

9

绿色城区
开发建设总控实践案例

9 绿色城区开发建设总控实践案例

本章节选取近两年在上海的三个实践项目对前文所讲述的区域开发过程中“规划设计总控”模式进行说明。其中桃浦智创城涉及了五大步骤中的后四步，从规划设计整合到智慧管理，在整合技术上，着重讲述开发建设导则细则的编制；宝山新顾城项目仅涉及专项梳理及规划设计整合，在整合技术上，着重讲述开发建设导则通则的编制；三林滨江南片区项目虽暂未完成，但由于介入时间较早，目前控规的附加图则仍未编制完成，因此在后续实践中会涉及总控模式的五大步骤。

9.1 上海桃浦智创城项目

9.1.1 项目建设背景

桃浦科技智慧城位于中心城边缘、沪宁发展轴上，上海市普陀区西北部的桃浦镇境内，是具有 40 多年历史的老工业基地。规划区离上海站约 9km，离虹桥火车站、虹桥国际机场约 10km，离陆家嘴约 15km。

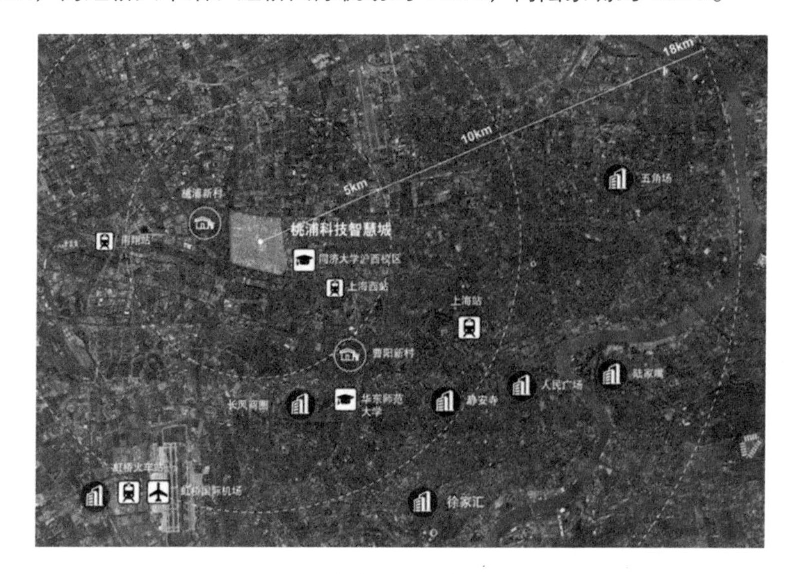

图 9-1 区位图

基地内存有大量近现代工业遗址、自然人文景观等，包括了近现代著名工业品牌企业遗存上海橡胶厂、英雄金笔厂；多处工业厂房、烟囱等特色工业遗存风貌；自然人文景观要素：绿杨桥和韩塔；上海橡胶厂内工业雕塑等，现状情况较为复杂。

为保障高品质的城区开发建设，桃浦智创城编制了 27 项专项规划，其中，除了《环境卫生专项规划》规划外，其他 26 项规划都在《控制性详细规划》完成之后审批通过，因此各专项内容大多没有纳入法定控规中。

已编制专项规划一览表 **表 9-1**

按类型分类	专项
市政（13）	配电网专项规划
	分布式供能专项规划
	供水专业规划修编
	雨水系统专业规划
	污水系统专业规划
	燃气系统专业规划修编
	水系调整规划
	信息基础设施专业规划
	直饮水系统规划
	市政综合规划
	综合管廊规划建设方案
	管线综合专项规划
	配网自动化专项规划
环卫防灾（3）	环境卫生专项规划
	民防工程建设专业规划
	综合防灾专项规划
交通（2）	综合交通专项规划
	智能交通专项规划
地下空间（1）	地下空间工程方案研究
公服设施（1）	文教体卫专项规划
产业功能（1）	产业规划
生态智慧（4）	BIM 应用规划
	绿色生态专业规划
	海绵城市建设实施方案
	智慧城市顶层设计专项规划
绿化景观（2）	绿化专项规划
	夜景照明系统专项规划

因为编制时间的问题，各个专项规划与法定控规之间存在一定的矛盾点，在这种情况下，鉴于控规属于法定规划，对于控规与专项的矛盾点，有两种处理方式：一是修编控规，编制专项总则图则作为对原控规的补充，这样可以避免专项规划与法定规划打架，同时保证刚性内容与弹性内容的分类管理，但缺点是控规修改审批流程十分复杂，周期较长，且部分内容，如海绵、生态等指标难以纳入控规；二是原控规不修编，编制独立于原控规、完整的专项规划总则与图则，采取一定的行政流程，使整合规划内容获得管理部门认可，具有管控效力，这种方式相比之前的审批流程比较简化、周期相对较短，且控规弹性较大。

基于这样的背景，才有了桃浦智创城的专项规划整合规划及地块开发建设导则的编制。

专项规划与控规的矛盾梳理　　表 9-2

控规图则	控规系统图	与控规没有对接
环境卫生专项规划（设施布点偏差）	供水专业规划修编	分布式供能专项规划（无管网，缺能源站）
文教体卫专项规划（文化设施布点、鼓励配建职业教育、鼓励社区体育设施、共享校园体育设施、重点工程策划）	雨污水系统专业规划	水系调整规划（蓝线范围偏差）
地下空间工程方案研究（综合管廊与综合管廊专项不合、退界、地下平面与附加图则、地下人行/车行通道宽度位置、机动车建议出入口、地下停车数量、缺少轨交资料、综合管廊控制中心位置、地下雨水调蓄池占地、直饮水位置、面积位置与民防/综合防灾不合）	综合交通专项规划（缺失加油站布点面积、公交枢纽停车位数量、公交枢纽条数、出租车候客站、公交站点；自行车车道及租赁与城市设计导则不合）	绿色生态专业规划（巴士线路与城市设计导则不合、公交站形式、步行与综合交通不合、慢行道与交叉连接、交叉口宁静化处理；绿色建筑分布及相关指标、健康建筑、低能耗建筑、绿色建筑改造、建筑预制、屋顶绿化；绿地主题、道路景观、历史建筑及街区；建筑节能、可再生能源、公建能耗管理；直饮水、节水器具等级、市政绿化灌溉、雨水和河道利用、节水试点示范、年径流总量；电子诱导信息、智能交通、自行车租赁与城市设计导则不合、环境监测）
	燃气系统专业规划修编（调压站、管网布局偏差）	市政综合规划（无管线综合）
	信息基础设施专业规划（缺少结合建筑设置的基础设施）	直饮水系统规划（无管网）

续表

控规图则	控规系统图	与控规没有对接
	配电网专项规划（管网布局偏差 / 缺少结合建筑设置的基础设施）	综合管廊规划建设方案（无管网 / 综合管廊控制中心偏差）
		民防工程建设专业规划（无布点、面积、与地下空间 / 综合防灾不合）
		BIM 应用规划（控规无涉及）
		绿化专项规划（地铁出入口、二层通廊与控规不衔接、步行自行车与绿色生态规划 / 城市设计导则 / 综合交通不合、相关指标及种植树种要求）
		综合防灾专项规划（控规无涉及、与民防 / 地下空间不合）
		海绵城市建设实施方案（控规无涉及、道路断面与地块指标）

9.1.2　开发建设规划

上文讲到，桃浦编制了 27 项专项规划以及法定控规，内容繁多，此处不一一介绍。

（1）城市设计及景观设计：为应对复杂的工业区转型升级，桃浦智创城组织城市设计国际方案征集，邀请多家国际知名设计公司提出规划设想，并在此基础上，对方案进行深化整合，以建设面向 21 世纪的城区为目标，创造一个融入网络、适宜慢行的空间环境，满足产业与工作者对环境品质的要求，通过慢行友好鼓励更多的交往和交流，形成有利创新的活力氛围。

图 9-2　城市设计开放式绿地

同时，为打破传统老工业基地缺乏公共的空间，尤其是缺乏景观绿地的固有印象，以塑造宜人的生态景观为目标，在整个基地中央，打造了一个占地 100hm^2，上海中心城区面积最大的丁字形开放式绿地，面积相当于两个大宁灵石公园，保证区域内的生态环境和景观环境。

（2）控规及附加图则：在城市设计整合深化的基础上，编制控制性详细规划普适图则及附加图则，突出生态低碳、活力宜人、智慧多元、弹性创新的规划原则，以建设 50hm^2 中央绿地为契机，聚焦“生态、业态、形态”三态合一的转型发展目标，实践产城深度融合、绿色低碳生态发展、人性化城市设计。

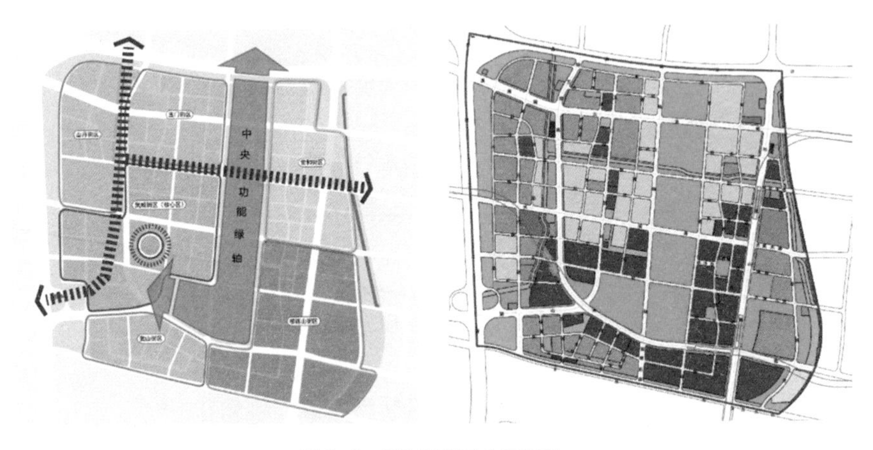

图 9-3　控规结构及土地利用

（3）生态专项规划：生态专项规划基于绿色生态城区的评价要求对控制性详细规划及海绵、地下、通信、交通、卫生、绿化、供水、雨污水、分质供水、分布能源、综合管廊、水系、再生中心、土壤与地下水、景观、智慧等专项规划进行了梳理整合，确定了相关控制要求的选取。同时生态专项还增补相关生态控制内容，完善了整体的控制要求和评价体系。

但生态专项规划的编制，更多是局限在指标体系的选取梳理，确定要实现绿色城区所需要达到的指标要求，对于指标的空间落实的可行性并没有过多的涉及，在规划深度统一、空间冲突解决、指标分解落实、管控机制建立、智慧平台搭建等方面存在一定的局限性。

（4）其他专项规划：在国际规划设计竞赛基础上，为了保证城市设计的落地性，桃浦规划编制了与之配套的 15 项各类专项规划。同时结合上海 2035 的城市发展方向以及国家最新的发展理念，并结合自身发展特点和规划特征，从创新实践角度出发，编制了包括综合管廊、海绵城市、BIM 应用、

一级	二级	序号	指标项	指标值	控制阶段			落实空间			落实主体			落实专项
					规划	建设	运营	区域	街区	地块	政府	企业	公众	
土地与空间利用	产业布局	1	第三产业增加值占地区生产总值的比重	≥55%										《控规》
	城区路网	2	城区路网密度	≥12km/km^2										《控规》、《交通专项规划》
	集约用地	3	多样化地下空间利用	合理开发利用城区地下空间，因地制宜，远近兼顾，全面规划，分步实施										《控规》、《地下空间专项规划》
		4	功能混合街坊比例	≥50%										《控规》、《城市设计导则》
	活力社区	5	公共开放空间 300m 范围覆盖率	≥95%										《控规》
		6	营造活力街区	街区开放便捷、尺度适宜、配套完善										《控规》
	综合管廊	7	地下综合管廊	合理规划与建设										《综合管廊专项规划》
绿色交通	公共交通	8	公交站点 500m 覆盖率	100%										《交通专项规划》
	新能源汽车	9	新能源公交车比例	≥50%										《绿色生态规划实施方案》
		10	新能源汽车分时租赁服务网点	≥2 个										《绿色生态规划实施方案》
	慢行交通	11	慢行系统连续、无障碍	构建连续、安全、舒适的慢行道路系统										《绿色生态规划实施方案》
	静态交通	12	预留充电设施的停车位比例	≥10%										《绿色生态规划实施方案》
	绿色出行	13	绿色出行比例	≥80%										《绿色生态规划实施方案》
绿色建筑	建筑品质	14	新建建筑中二星级及以上绿色建筑的比例	100%										《绿色建筑专项技术方案》
		15	新建建筑中绿色建筑的比例	≥60%										《绿色建筑专项技术方案》

图 9-4 绿色生态指标体系

绿色生态、智慧城市、智慧交通、产业规划等在内的 12 项专项规划。

总体而言，涉及的专项规划内容繁多，十分复杂，规划与规划之间冲突多，落地性差，且由于缺乏动态更新，各项规划基础条件不一，成果的可用性不强，导致管理难度大。

9.1.3 总控整体思路

（1）规划策略：针对规划类型多引起的问题，规划设计总控采取了针对性的规划策略，如下图所示。

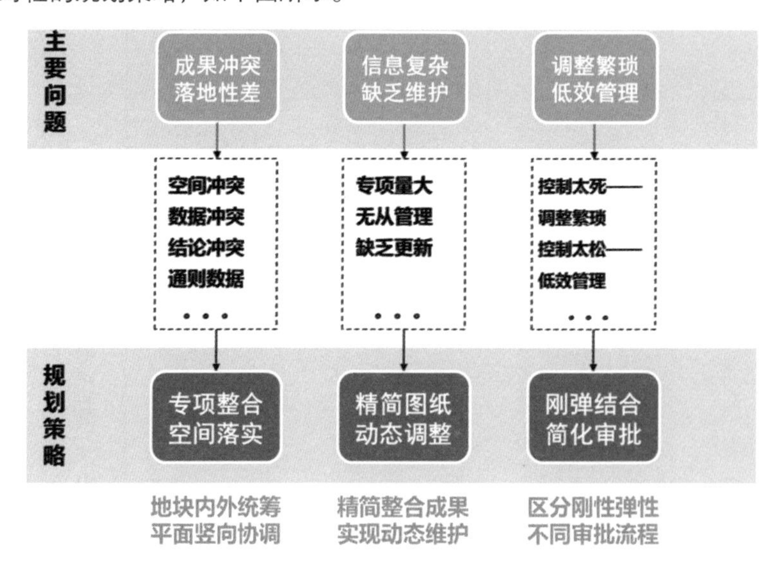

图 9-5　规划策略图示

（2）规划思路及总控步骤

1）规划深度解析：红线内外规划深度不同，各专项间深度不同，生态控制指标要求没有落实分解到每个地块，造成规划难以操作；同时现有的生态指标对于红线外缺乏控制引导，亟需一个统一的深度标准，有助于规划成果的整合落实。

专项规划深度一览表　　表 9-3

按深度分类	专项	主要内容
系统图纸（15）	配电网专项规划	系统总则图纸—— 总体空间布局，未落实各地块； 未落实社区级公服设施及与建筑合建的基础设施； 未统筹协调单个系统与其他专项内容

续表

按深度分类	专项	主要内容
	分布式供能专项规划	
	供水专业规划修编	
	雨污水系统专业规划	
	燃气系统专业规划修编	
	水系调整规划	
	信息基础设施专业规划	
	直饮水系统规划	
	市政综合规划	
	综合管廊规划建设方案	
	环境卫生专项规划	
	综合交通专项规划	
	文教体卫专项规划	
	地下空间工程方案研究	
指标或通则（4）	民防工程建设专业规划	专项主要控制指标或整体的设计控制原则——缺乏对各地块的明确控制要求
	BIM 应用规划	
	绿化专项规划	
	绿色生态专业规划	
系统图＋图则（2）	综合防灾专项规划	系统总则图纸和各地块图则——落实到各地块，对各地块有明确控制要求，但地块划分各不相同
	海绵城市建设实施方案	
未收集到（2）	智慧城市顶层设计专项规划	
	配网自动化专项规划	
未完成编制（4）	管线综合专项规划	
	产业规划	
	智能交通专项规划	
	夜景照明系统专项规划	

2）空间冲突：与绿色城区相关专项规划的各个指标在红线内外空间落实中，包括平面位置、竖向关系甚至与规范要求之间存在冲突。因此，在落实整合前期与专项规划的编制单位、政府职能部门的协调对接极其重要。桃浦英雄天地地块开发建设导则编制的 3 个月时间内组织了 13 次会议，与各编制单位、建设单位及管理单位进行对接，明确指标内容和成果。

会议协调内容记录 表 9-4

会议	主要内容	对接单位	主要成果
20170411 会议	对控规调整进行对接	上规院	永登路祁连山路调整； 绿地指标平衡； 保留建筑范围； 加油站合理性
20170414 会议	祁连山路线型调整	市规土、绿容、交通；区府办、发委、财政、建管、规局	保留历史风貌建筑； 祁连山路局部东偏移； 永登路局部收窄，一层后退 1.5~2m
20170418 会议	边界矛盾对接	各编制单位	各专项内容以专项规划为准； 智创 TOP 以已批的设计为准； 地下空间以新调整控规为准； 综合管管廊北移，110kV 走真南路，增加通信控制内容
20170421 会议	内部矛盾对接	各编制单位	绿色海绵智慧环卫增加指标针对性； 永登路突破规范 14m 路幅宽度，和建筑退界统一考虑
20170601 会议	建设情况及智慧城市对接	临港合资、仪电	导则的 CIM 城市与智慧城市专项平台结合； 605 地块建设中的相关问题希望能在英雄天地避免
20170609 会议	中期成果交流	智慧城 / 规土 / 建管	尽快与规土局 / 建管委对接； 明确最后的成果形式和内容
20170626/29 会议	控规调整 / 建设实施对接	规土 / 建管	控规修编刚完成，减少对控规修正； 建议不用把所有控制要素写入土地全生命周期中； 建议从全流程管理进行控制
20170630 会议	成果汇报会	智慧城 / 规土 / 建管 / 发改 / 临港合资	专项规划整合以控规为基础； 专项规划整合导则说明进行简化提炼； 与规划局土地科就规划条件内容进行对接
20170713 会议	内部成果交流会	华东院、智慧城公司	导则的形式修正； 增加管控机制说明； 汇报 ppt 的说法和内容
20170726 会议	各职能部门征询意见会	建管委、规土局	听取两部门相关科室对导则及通则的意见要求
20170728 会议	各职能部门征询意见会	商务、科委、投资办	听取三部门相关科室对导则及通则的意见要求

空间冲突主要包括以下三类：

A. 空间关系冲突。除了各规划之间在数值上以及结论上的不同之外，由于各专项没有进行有效的统筹捏合，使得各个规划成果在最终落实到空间上时存在空间冲突的问题，无法在竖向上或平面上满足各自规范所要求的空间要求，造成规划的调整、修编。例如：在方渠路永登路交叉口东南侧布置一处加油站，加油站用地南侧及东侧毗邻英雄钢笔厂地块。英雄钢笔厂地块由于上海市对于近代工业建筑的保护政策，将其划入工业遗产保护建筑范畴。考虑到加油站的安全防护距离要求以及道路红线的退界要求，加油站地块东西向进深最宽处仅 5m，难以进行有效的建设开发。同时，原本布置在地块内的 10kV 开关站，应考虑与建筑合建，保证用地的集约型。但由于建筑保留、没有新建建筑的原因，需要调整相应的位置。另外，由于永登路道路采用小红线的规划手法，造成永登路综合管廊、雨污水管线、行道树、路灯及其管线的布置受限，在实际的空间排布上，部分管网无法在道路红线内得以解决。

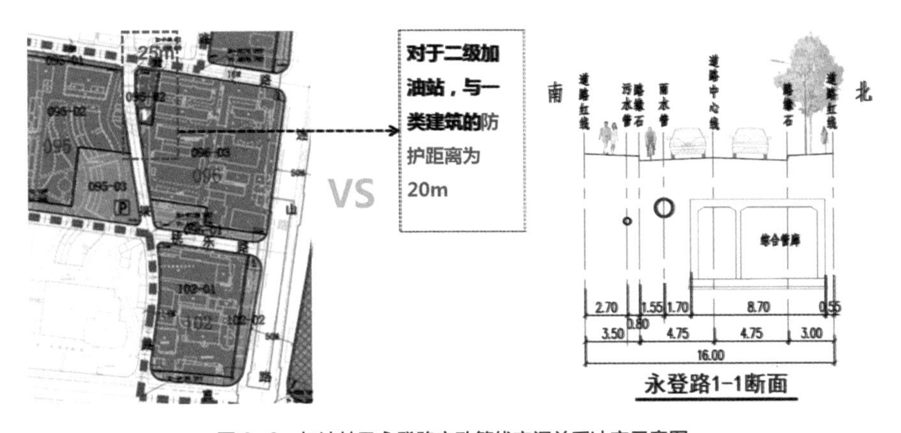

图 9-6 加油站及永登路市政管线空间关系冲突示意图

B. 建设时序矛盾。建设时序的影响，主要分析出让地块红线内外专项规划实施的先后顺序，及其与出让地块的建设时序关系。例如，地铁 26 号线在未来的总规中，将在祁连山路设有一站，并与现行的轨交 11 号线实现同站换乘。因此在控规落实中，要求临近该换乘站的地块结合轨交站点设置不少于 3000m^2 的地下商业。但从建设时序考虑，该地块即将出让建设，而地铁仍处于规划阶段，建设落实更是在十几年之后，因此从市场角度出发，其地下空间建设，必然难以满足规划要求。

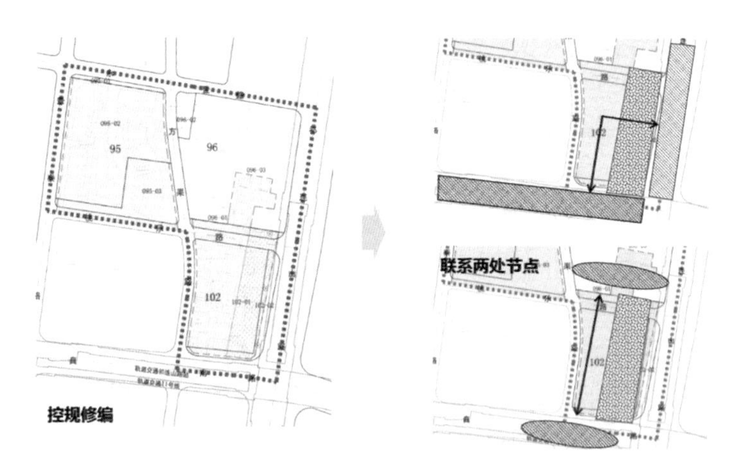

图 9-7　地铁换乘站建设时序冲突示意图

基础设施建设是地块开发建设以及运营的支撑。从开发建设时序上讲，区域开发应该是基础设施建设先行，地块开发建设在后。但常常因为基础设施建设计划、建设资金问题、基础设施建设土地征用问题，常会出现基础设施建设滞后的情况。例如对于英雄天地地块的燃气管线，在规划中由地块西侧接入，但地块西侧目前为近期保留的康健广场用地，因此该管线的走向涉及到与该用地业主方的协调，或者重新调整管线走向。

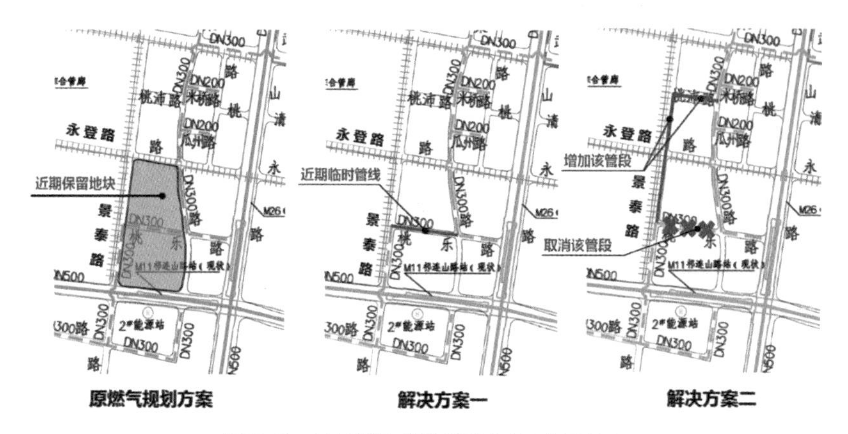

图 9-8　市政管线与地块建设时序冲突示意图

C. 实施工程问题。受制于规划阶段编制人员的专业知识的局限性，相当多的规划设计，极少考虑落地实施的可能性以及该规划所带来的诸多技术难题、经济压力等。例如在桃浦智创城项目中英雄天地项目是两个地块由一个开发商联合拿地统一开发。在跨越联合开发地块之间的市政道路进行地下空间开发，地库顶板标高确定过程中，由于对地面市政道路标高及坡度考虑不周全，导致地库顶板覆土不足，出现市政管线无法敷设的窘况。

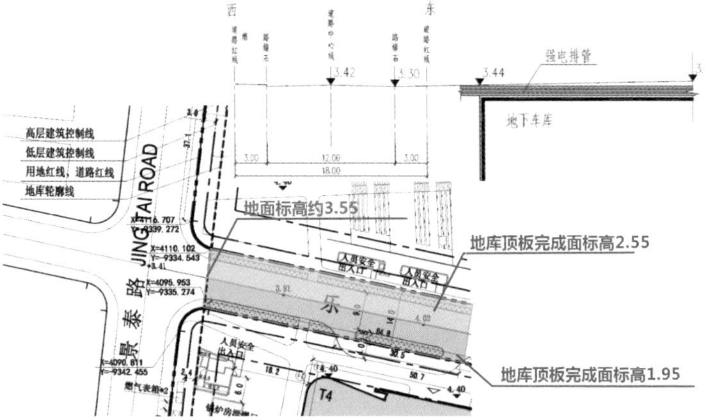

图 9-9 工程建设竖向标高冲突示意图

3）分解落实：从红线内外分别分解落实各指标。各专项明确了 BIM、智慧城市建设要求，但未细化各地块要求；产业规划明确了发展目标，但未对各地块产业类型作引导；确定了准入门槛，但对于不同功能地块产税要求、投资强度未作明确区分。这些都需要明确到各个开发地块，分解落实相关指标要求。

海绵城市建设实施方案表

街坊编号	地块编号	地块面积（m²）	径流削减量（m³/hm²）	单位面积控制容积（m³/hm²）	绿色屋顶（m²）	下凹绿地（m²）	透水铺装（m²）	雨水花园（m²）	植草沟（m²）	生态树池（m²）	雨水罐（m³）	生态驳岸（m²）	分散式蓄水池（m³）	备注
096	096-01	2277	33	—	—	700	—	—	—	—	—	—	—	
	096-02	1214	26.7	160.2	—	—	450	—	—	—	—	—	20	
	096-03	19090	24.2	—	1500	900	2700	700	—	4	30	—	50	可根据实际方案与096-01地块统筹
102	102-01	12296	24.2	145.2	4000	—	1850	600	—	1	5	—	—	
	102-02	2139	33	49.5	—	800	—	—	—	—	—	—	—	

地块绿色智慧/综合防灾控制表

街坊编号	地块编号	绿色建筑星级	既有建筑绿色改造星级	绿色建筑运营标志	地下空间利用	新能源汽车分时租赁服务网点	充电设施停车位比例	建筑单体预制率	全装修	健康建筑	屋顶绿化形式	节水器具用水效率
096	096-01	—	—	—	—		—	—	—	—	—	—
	096-02	—	—	—	—	—	—	—	—	—	—	—
	096-03	新建建筑：三星级	—	—	—	—	—	—	—	—	—	[illegible]级
102	102-01	二星级	—	二星级运营	引导利用	—	10%	40%	—	—	—	[illegible]级
	102-02	—	—	—	—	—	—	—	—	—	—	—

街坊编号	地块编号	市政绿化灌溉形式	非传统水源利用	节能建筑	区域能源系统	可再生能源利用	生活垃圾分类收集率	垃圾桶类型	建筑垃圾资源化率	公建能耗管理系统设置	智能停车场系统覆盖率	BIM技术运用
096	096-01	移动式接水灌溉	河道水回用	—	—	—	—	—	—	—	—	[illegible]
	096-02	—	—	—	—	—	—	—	—	—	—	
	096-03		分散式雨水回用	—	—	—	100%	—	100%	能耗管理	停车诱导	
102	102-01	—	分散式雨水回用	—	[illegible]能源站	—	100%	—	100%	能耗管理	停车诱导	
	102-02	移动式接水灌溉	河道水回用	—	—	—	—	—	—	—	—	

街坊编号	地块编号	智慧城市控制性指标						智慧城市引导性指标					
		居住类	商务办公类	商业服务类	科研办公类	市政基础设施	城市公共空间	居住类	商务办公类	商业服务类	科研办公类	市政基础设施	城市公共空间
096	096-01						[illegible]						[illegible]
	096-02						[illegible]						[illegible]
	096-03		[illegible]	客流分析；智慧导购		环境监测			[illegible]	[illegible]			
102	102-01												
	102-02						[illegible]						[illegible]

第十九条　（智慧及 BIM）

9. BIM 应该应满足《关于进一步加强上海市建筑信息模型技术推广应用的通知》沪建建管联[2017]326 号的要求，建设单位应从土地出让、项目立项或者工可、工程招标或者发包、方案设计、初步设计和施工图设计、竣工验收、运营各环节开展 BIM 技术应用 鼓励建设单位建立基于 BIM 的运营管理平台 在运营阶段应用 BIM 技术。BIM 技术的内容和深度要求符合《上海市建筑信息模型应用标准》（DG/TJ 08-2201-2016）、《上海市建筑信息模型应用指南（2017 版）》相关标准规定。（建管委、规土局）

第十八条　（绿色及海绵）

绿色生态：

1. 桃浦智创城全面参考《上海市绿色生态城区评价标准》（征求意见稿）进行绿色生态城区建设。（规土局、建管委、绿化市容局）
2. 按照《上海市绿色建筑"十三五"专项规划》、《上海市绿色建筑发展三年行动计划》的要求实施，新建建筑全部按照绿色建筑评价标识进行设计施工。新建建筑全部执行《绿色建筑评价标准》中的二星级及以上绿色建筑评价标识评价标准；既有建筑执行《既有建筑绿色改造评价标准》GB/T 51141 或符合上海市绿色更新改造要求，实施绿色改造比例达到 20%；新建建筑工程开展绿色施工（节约型工地）达标率 90%；新建建筑绿色建筑运营标识比例达到 60%，大型公共建筑全部达到绿色建筑运营标识二星及以上。（规土局、建管委）
3. 新建建筑全装修建筑比例达到 50%；其中，住宅、学校、医院、自持项目和远期开发的公共建筑项目全装修率 100%；（规土局、建管委）

图 9-10 指标落实

4）基于土地出让现状的修正：整体层面规划指标整合、校正后，在具体地块出让时，应基于土地出让现状再次进行修正。规划是以最终的蓝图为目的编制，很少考虑也无法预料到建设的时序问题，而这个在开发建设中又至关重要，因此在地块拟出让前，应基于时序等进行指标修正，在桃浦智创城实践中我们针对英雄天地地块和智创 TOP 地块进行了开发建设导则细则的编制。

5）机制创新：针对生态城区开发建设过程中，专项规划缺失法律效力，规划缺乏动态更新维护等问题，造成规划可用性低，落实性差，从规划管理及建设管理的角度，建立一套完善的编制机制和实施机制，实现全生命周期的管控，有效保证开发建设指标体系的落实。

6）全周期智慧平台：打破传统的规划实施管理中，以规划控制导则为主的一般建设管理模式，桃浦的规划实施管理，采用“开发建设导则 + 智慧城市综合管理云平台”的模式，真正实现规划实施阶段的“一张图”——整合红线内外各个要素，实现规划管理动态更新。

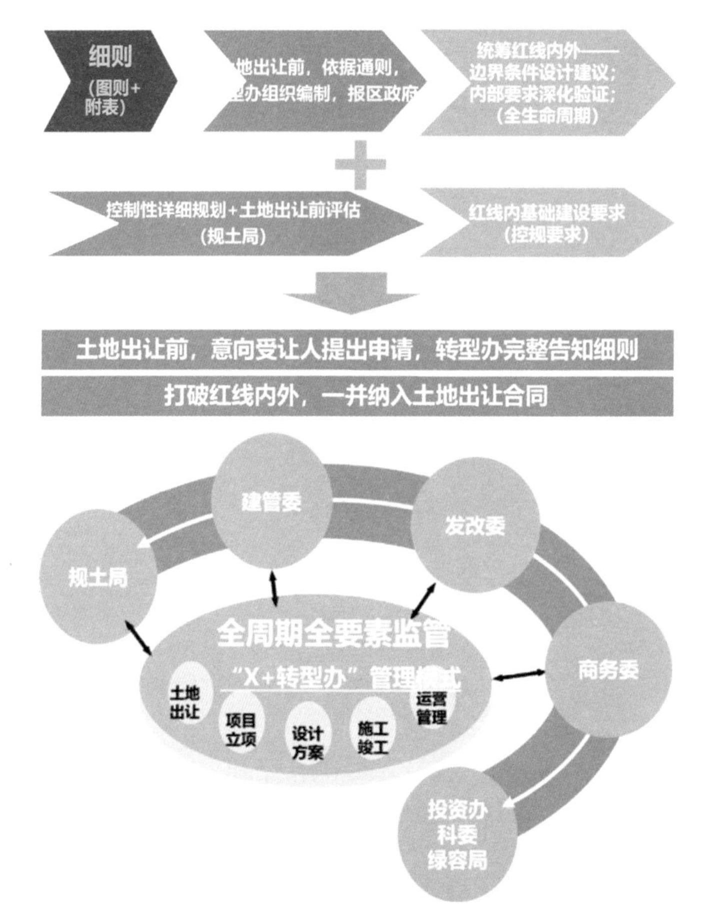

图 9-11　编制机制与管理机制的建立

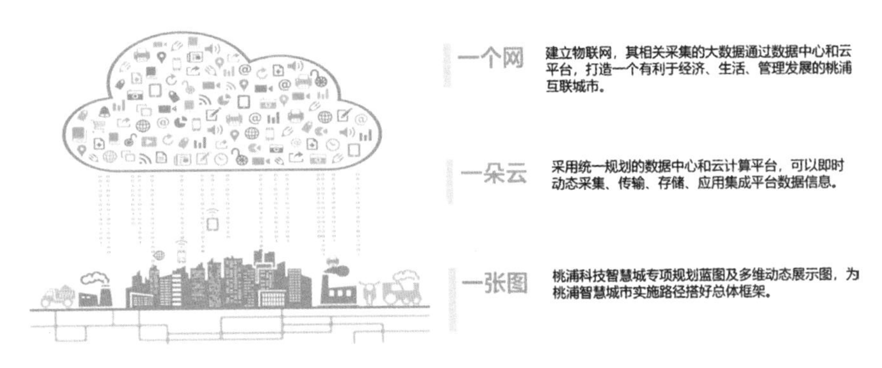

图 9-12　智慧管理

9.1.4　总控设计成果

（1）整体范围内规划整合通则：从地块内部建设、公共部分建设、全流程管理三方面指导桃浦智创城地区的整体开发。桃浦智创城的开发建设导则通则部分包含了总体原则、专项梳理、地块内部建设控制、公共空间建设控制、规划管理等内容。

上海市普陀区桃浦智创城

开发建设导则

（征求意见稿）

通则

2017 年 9 月

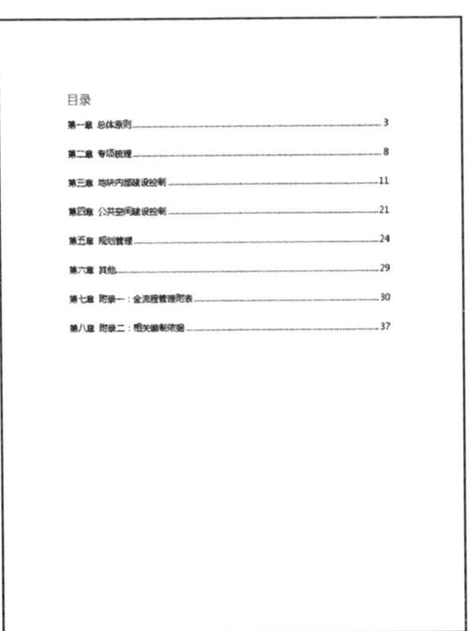

目录

图 9-13　开发建设导则通则

（2）拟出让地块开发建设导则细则：对英雄天地及智创 TOP 地块提出具体的建设要求，由指标及图则组成。

1）管控指标：分为刚性指标和弹性指标，其中刚性指标应写入土地出让合同；弹性指标根据需要统筹考虑，不强制性要求写入土地出让合同。

控制性详细规划指标											海绵城市指标			综合防灾指标							综合交通			
街坊编号	地块编号	地块面积（㎡）	用地代码	混合用地建筑量比例	容积率	建筑高度（米）	住宅套数（数）	配套设施	规划动态	备注	径流消减量（mm）	单位面积控制容积（m³/hm²）	备注	避难场地(m²)	避难建筑(m²)	避难场所等级	防灾公服设施	防灾工程设施	防灾基础设施	防灾控制要求	交通设施	用地面积（㎡）	建筑面积（㎡）	设置形式
096	096-01	2277	G1		--	--	--	含噪声环境监测点一处	规划	绿地内保留建筑占地约381㎡，建筑面局452㎡（以实测为准），仅作公益性设施使用，产权移交政府	33	--									独立地铁出入口			
	096-02	1214	S9		--	--	--	公共厕所一处，建筑面积100㎡	规划	加油站	26.7	160.2									含加油站一处	1214		独立新增
	096-03	20915	C8 C2	C8≤60%；C2≥40%	1.3	30	--		规划	含保留建筑面积19824㎡（以实测为准）	24.2	--	可根据实际方案与096-01地块统筹											
102	102-01	12296	C8 C2	C8≤80%；C2≥20%	5.5	150	--	垃圾分类收集间一处，建筑面积20㎡，含10kV开关站一处	规划	标志性建筑不超过150m，开关站与建筑合建	24.2	145.2												
	102-02	2139	G1		--	--	--		规划		33	49.5									独立地铁出入口与建筑合建；预留地铁出入口与建筑合建			

	绿色生态					土地出让要求							智慧城市控制性指标						BIM
地块编号	绿色建筑星级	绿色建筑运营标志	既有建筑绿色改造	建筑单体预制率	全装修	保障房比例	中小套型比例	物业持有比例	持有年限	公寓式办公/公寓式酒店	登记最小单位	销售最小单位	居住类	商务办公类	商业服务类	科研办公类	市政基础设施	城市公共空间	BIM
096-01																		监控覆盖；智慧景观照明	从初步设计阶段、施工图设计阶段、施工准备阶段、施工实施阶段开展BIM技术应用，同时为运维阶段BIM技术应用开展基础工作
096-02																		监控覆盖；智慧景观照明	
096-03								商业：100%办公：100%	40（全年限持有）	无公寓式办公；无公寓式酒店	保留建筑商业、办公：幢新建建筑商业、办公：层	保留建筑商业、办公：幢新建建筑商业、办公：层		智慧物业；能耗监控；远程抄表；智慧停车；建筑设备监控；公共充电设施；信息发布；访客管理；BIM应用；新能源汽车充电桩；智能照明；智慧路灯；新能源汽车租赁网点；智慧园区服务平台；招商平台；企业桌面	客流分析；智慧导购		环境监测		
102-01	二星级	二星运营		装配式建筑面积比例100%；单体预制率40%				商业：100%办公：100%	40（全年限持有）	无公寓式办公；无公寓式酒店	商业：层办公：层	商业：层办公：层		智慧物业；能耗监控；远程抄表；智慧停车；建筑设备监控；公共充电设施；信息发布；智慧访客管理；BIM应用；新能源汽车充电桩；智能照明；智慧路灯；新能源汽车租赁网点；智慧园区服务平台；招商平台	客流分析；智慧导购				
102-02																		监控覆盖；智慧景观照明	

图 9-14　英雄天地地块开发建设指标管控——刚性指标

街坊编号	地块编号	地块面积（m²）	用地代码	海绵城市				绿化				城市设计导则
				透水铺装率（%）	绿色屋顶率（h≤50m 的建筑面积）（%）	下沉绿地率（%）	备注	广场绿化率（±15%）	广场硬地比（±15%）	绿地绿化率（±15%）	绿地硬地比（±15%）	通透率（±10%）
096	096-01	2277	G1	50	50	10		—	—	—	—	—
	096-02	1214	S9	—	—	—		—	—	—	—	—
	096-03	19390	C8C2	50	10	10	可根据实际方案与096-01 地块统筹	—	—	—	—	永登路、桃乐路 50%
102	102-01	12296	C8C2	50	30	10		—	—	—	—	方渠路、桃乐路 50%
	102-02	2139	G1	50	50	10		—	—	—	—	—

图 9-15　英雄天地地块开发建设指标管控——弹性指标

2）图则：在控规图则基础上，增加专项规划附加图则，附加图则图量可以根据需要管控的内容灵活处理，一般来讲应包含内部条件图则和边界条件图则。

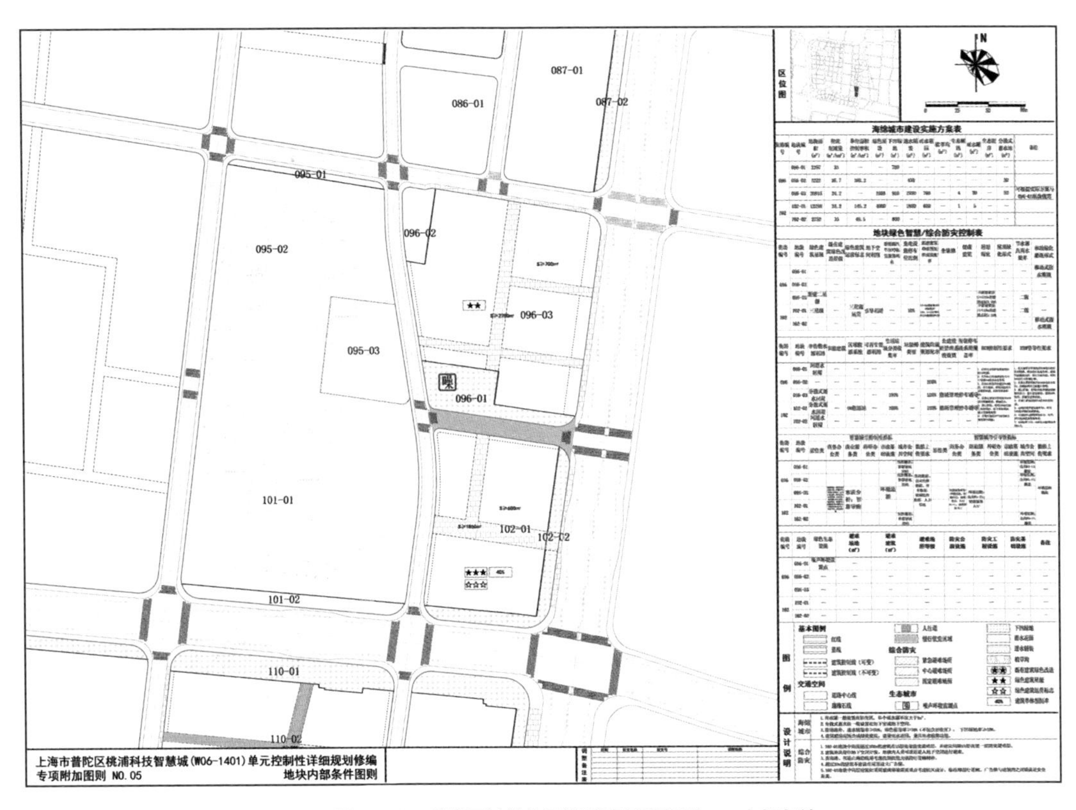

图 9-16　英雄天地地块开发建设导则细则——内部条件

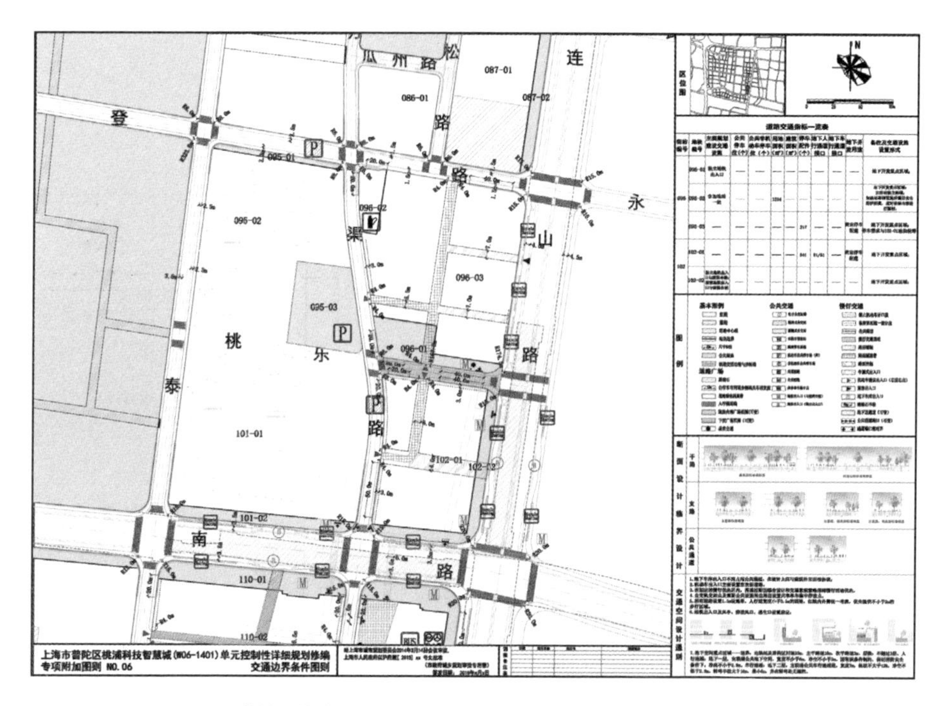

图 9-17a　英雄天地地块开发建设导则细则——边界条件（交通 + 市政）（一）

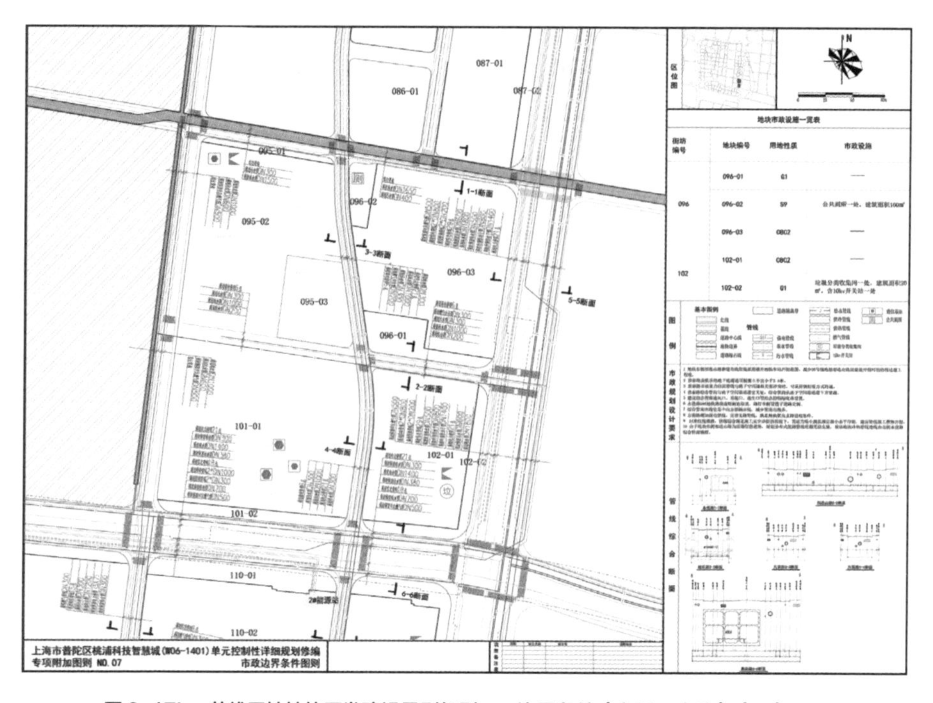

图 9-17b　英雄天地地块开发建设导则细则——边界条件（交通 + 市政）（二）

9.2　上海宝山新顾城项目

目前，宝山新顾城的开发建设还未全面铺开，仍属于规划设计阶段，因此新顾城的实践核心点在于总控的第二步，进行专项规划梳理与整合，形成开发建设导则通则。

9.2.1　项目建设背景

宝山新顾城项目已经规划编制完成控规、11 项市政规划以及 6 项非法定专项规划，其中：

控规明确了打造配套高标准、功能有特色、宜居多元化、产城相融合，引领北部上海城市发展的“北上海之心”的总体目标，突出了生态之城、智慧之城、活力之城三大战略，以及产城融合、密窄弯、10 分钟生活圈的三重原则。

11 项市政综合规划中，供水、雨水、污水、水系、供电、通信 6 项为专业规划修编，燃气、邮政、环卫、公交、道路交通等 5 项结合控规梳理和优化。

在控规基础上，为提升整体建设品质，编制了 6 项非法定专项规划，包括城市设计、景观规划、风貌引导规划、绿色生态规划、地下空间人防规划、智慧社区规划等。

已编制的各类规划统计汇总　　表 9-5

<table>
<tr><th>类型</th><th colspan="2">专项</th><th>时间</th><th>编制单位</th><th>备注</th></tr>
<tr><td rowspan="2">控规</td><td colspan="2">控制性详细规划普适图则</td><td>2015</td><td>上规院</td><td>取得行业主管部门批复</td></tr>
<tr><td colspan="2">核心区附加图则</td><td>2016-2017</td><td>上规院</td><td>附加图则上报阶段</td></tr>
<tr><td rowspan="6">市政专业规划</td><td rowspan="6">专业修编</td><td>供水专项规划</td><td>2015</td><td>上海市水务规划设计研究院</td><td>取得行业主管部门批复</td></tr>
<tr><td>雨水专项规划</td><td>2015</td><td>上海市水务规划设计研究院</td><td>取得行业主管部门批复</td></tr>
<tr><td>污水专业规划</td><td>2015</td><td>上海市水务规划设计研究院</td><td>取得行业主管部门批复</td></tr>
<tr><td>水系规划</td><td>2015</td><td>上海市水务规划设计研究院</td><td>取得行业主管部门批复</td></tr>
<tr><td>供电系统规划</td><td>2015</td><td>上海合泽电力工程设计咨询有限公司</td><td>取得行业主管部门批复</td></tr>
<tr><td>通信系统规划</td><td>2016</td><td>邮电院</td><td>取得行业主管部门批复</td></tr>
</table>

续表

<table>
<tr><th>类型</th><th colspan="2">专项</th><th>时间</th><th>编制单位</th><th>备注</th></tr>
<tr><td rowspan="11">非法定专项规划</td><td rowspan="5">纳入控规</td><td>燃气系统规划</td><td>2015</td><td>上规院整合</td><td>已纳入控规</td></tr>
<tr><td>邮政系统规划</td><td>2015</td><td>上规院整合</td><td>已纳入控规</td></tr>
<tr><td>环卫系统规划</td><td>2015</td><td>上规院整合</td><td>已纳入控规</td></tr>
<tr><td>公交系统规划</td><td>2015</td><td>上规院整合</td><td>已纳入控规</td></tr>
<tr><td>道路系统规划</td><td>2015</td><td>上规院整合</td><td>已纳入控规</td></tr>
<tr><td colspan="2">城市设计</td><td>2016</td><td>SBA</td><td>纳入附加图则</td></tr>
<tr><td colspan="2">景观绿化设计</td><td>2017</td><td>SWA</td><td>专家评审</td></tr>
<tr><td colspan="2">地区风貌引导操作手册</td><td>2017</td><td>上规院</td><td>专家评审</td></tr>
<tr><td colspan="2">绿色生态规划设计</td><td>2015</td><td>建科院</td><td>专家评审</td></tr>
<tr><td colspan="2">地下空间（人防）专项规划</td><td>2016</td><td>城建院、地下院</td><td>专家评审</td></tr>
<tr><td colspan="2">智慧社区建设导则</td><td>2016.12</td><td>上海英智瑞科技有限公司</td><td>专家评审</td></tr>
</table>

17 项专项规划内容大多在控规编制之后编制，除 6 项市政专业规划纳入控规外，其余 11 项专项规划内容均未纳入法定规划体系，相关内容难以纳入规划管理体系，在这种背景下有了宝山新顾城的专项规划整合规划。

9.2.2 总控整体思路

（1）规划指标梳理：对现有规划的核心管控内容进行梳理，初步筛选重要指标：

控规：以强控指标为主。主要控制指标为：用地面积、用地性质、建筑面积、高度、容积率、开放空间面积、建筑合建市政设施等；

交通 / 地下空间 / 人防：以强控指标为主。主要控制指标为：机动车出入口、公共通道、核心区地下使用功能、地下一层建筑面积、下沉式广场面积、地下停车、人防等。

绿色生态：以强控指标为主。主要控制指标为：绿色建筑星级及建筑多认证、建筑采用屋顶绿化、噪声达标率、绿色建材使用比例、全装修建筑、装配整体装配式建筑、本地植物指数等 18 项。

风貌（风貌、控规、景观、城市设计等，深化控制要求）：以引导内容为主。主要控制指标为：核心区围墙退界、核心区贴线率、镂空围墙比例等。

智慧：以引导指标为主。提出功能性要求。

市政：市政管线走向、设计要求、市政设施等。

（2）规划间矛盾协调：针对同一成果内容各专项结论不一致，造成规划冲突矛盾，亟需与规划编制单位，同时根据各编制单位的回复意见，从专业角度，由第三方设计机构进行梳理整合，确定指标选取。

在结合各编制单位意见的基础上，按以下原则研判。

1）强调控规的法定效力：各专项内容与控规内容矛盾时，原则上以控规为准，参考并整合相关专项规划导则内容。

矛盾协调原则一：以控规为准示意　　表 9-6

	风貌导则	控规	风貌导则编制单位意见	研判结果
贴线路	天纯路 70%；沪联路 / 厚仁路 / 黄海路 / 恩宁路 / 在望路 60%	天纯路 60%；无控制	控规附加图则给予更大弹性	按照控规
退界	按道路等级退 3m，5m，80m；滨水绿地 5~7m	3m，滨水绿地 0m	《普适图则》强调建筑退界下限值的底线控制，各地块建筑退界不得小于 3m。《风貌导则》对接《城市设计》空间形态方案，深化建筑退界要求，提出临滨河绿地地块局部可设置景观绿化，建筑退界距离宜在 5~7m；核心区除天纯路外临居住地块、商业界面的地块可控制退界宜在 5m，与《普适图则》的相关要求不产生矛盾	按照控规，修正风貌导则中阳湖路、沪联路、恩宁路、黄海路等与控规矛盾的部分
转弯半径	统一 5m、10m	各不相同	《普适图则》规定了道路红线转弯半径，为强制性指标；《风貌导则》在遵循其要求基础上，对道路缘石线的转弯半径提出了深化要求，两者不存在矛盾	按照控规，对风貌导则中不适合实际操作实施的内容进行修正
活力界面透明材质比例	商业街 60%；邻里中心 30%	30%	附加图则给予更大弹性，风貌建议 60%，附加图则不小于 30%	参考风貌导则，对于天纯路活力界面控制 60% 通透率，其他采用 30% 的控制标准
围墙镂空比例	80%	70%	现阶段附加图则说明书及文本中已落实；同时增加了滨水街道的围墙透绿率，指标采用 70%	按照控规
0416-02 广场面积	1500 ㎡	1200 ㎡	附加图则给予更大弹性，风貌建议 1500m^2，附加图则不小于 1200 m^2	核心区按照控规内容进行整合，外围以风貌导则为准

2）根据专项规划的编制深度：市政专项内容以相对应的市政专项规划为准。

矛盾协调原则二：市政专项内容以相应的市政专项规划为准示意　　表 9-7

	市政综合专项	控规	市政综合专项编制单位回复	研判结果
水系微调	水系规划 CAD 附图为老图纸，与专项文本不符	水系专项附图为老图，部分微调内容无法做对比	以控规为准	按照控规
给水管径不一致	宝安公路 DN500-DN700	宝安公路 DN500	以通信专项规划为准	按照通信专项
	在望路 / 天纯路均为 DN200	所有道路管径均不小于 DN300	以通信专项规划为准	按照通信专项
雨水管径不一致	DN1000-DN1650	DN800-DN1800	以通信专项规划为准	按照通信专项

3）专项规划的编制时间：景观风貌类型专项规划以后编制的为准，新顾城的相关专项中涉及景观、风貌的专项是风貌导则与景观设计专项，其中风貌导则成果较新，包含了景观设计的相关内容，因此选取风貌导则为准。

4）指标的系统性：由于绿色生态城区专项规划指标是一套完整的评价指标，任何一个调整都会对其他指标产生影响，因此当绿色生态城区指标与其他专项矛盾时，宜以绿色生态专项规划为准。

矛盾协调原则三：以后编制的成果内容为准示意　　表 9-8

	景观设计	风貌导则	控规	风貌导则编制单位意见	研判结果
道路断面	潘广路 / 联洋路 / 尚北路 / 天纯路 / 鄱阳湖路 / 优环路机动车道、非机动车道、绿化隔离带、人行道等			《普适图则》对道路的强制性控制要求主要为红线线型及宽度，其道路断面为引导性的设计建议；《景观设计》涉及核心区的道路断面设计为陆翔路、尚北路两条，行道树种植均提出一侧各三排的设计引导；《风貌导则》延续陆翔路、尚北路两条道路的断面设计及景观种植要求，并扩展了研究对象，对核心区其余道路深化了设计要求；在参考了《上海市街道设计导则》《景观设计》的相关要求下，深化了道路断面的建议要求，建议在尊重控规线型及宽度强制性要求的前提下，在断面形式上以《风貌导则》的引导要求为参考	按照控规内容，增加风貌导则、景观设计的相关要求
	道路景观植树及行道树的数量、排数				

矛盾协调原则四：以系统性更强的专项规划为准示意　　表 9-9

	绿色生态	智慧城市	绿色生态专项编制单位回复	智慧城市专项编制单位回复	研判结果
新能源车停车比例	15%	10%	上海市要求新能源停车位不低于 10%，上海市生态城区建设导则 15% 是更高要求，为了体现示范性，生态规划选择了 15%	导则中规定是“不低于”，10% 是最低的配置标准	按照绿色生态
居住区商办产业区能与利用	可再生能源	新能源	智慧规划中仅仅是提及相关内容，生态规划进行了详细的指标值的分解，利用方式的规划等；建议以生态规划为准	这在导则中是引导性规定，是鼓励	按照绿色生态
新能源利用	未涉及	风能利用	生态规划中风能并不是主要的利用形式，已在说明书中建议：风能则主要推广风光互补路灯的建设	—	按照绿色生态
新能源车分是租赁比例	未涉及	30%	智慧中提出的 30% 和 50% 的指标目标均无法在实际建设中实践，为了保证项目的可操作性，因此未涉及	—	按照绿色生态

（3）地块内指标调整修正：结合控规及各专项规划，对各控制要素进行整合修正补充，并分解落实到各个地块，修正空间落实冲突指标，新顾城的地块内指标修正包含了对机动车出入口要求的修正、对公共通道要求的修正、对积极界面、临界界面、围墙透绿要求的补充、对广场绿地布点要求的补充，对重要公共服务设施建筑论证的补充等，下面以几点为例进行说明。

1）技术修正：核实地块出入口数量，对出入口有困难的地块借助周边地块，以公共通道的形式进行设置，并与交警支队以及相关部门进行协商，寻求合适的解决方式。如宝安公路以北的产业用地，为保证至少两个不同方向的出入口，同时减少宝安公路开口，通过与绿容局和交警支队的沟通，采取了在公园绿地里面设置公共通道的形式，使宝安公路上右进右出，地块之间可以共享出入口。

着重对公共服务设施用地出入口进行校核，对出入口不满足要求的地块提出解决方式，确保公共利益的落实。除此之外，还包含将相关专项中提取出来的管控要素落实到具体地块上。

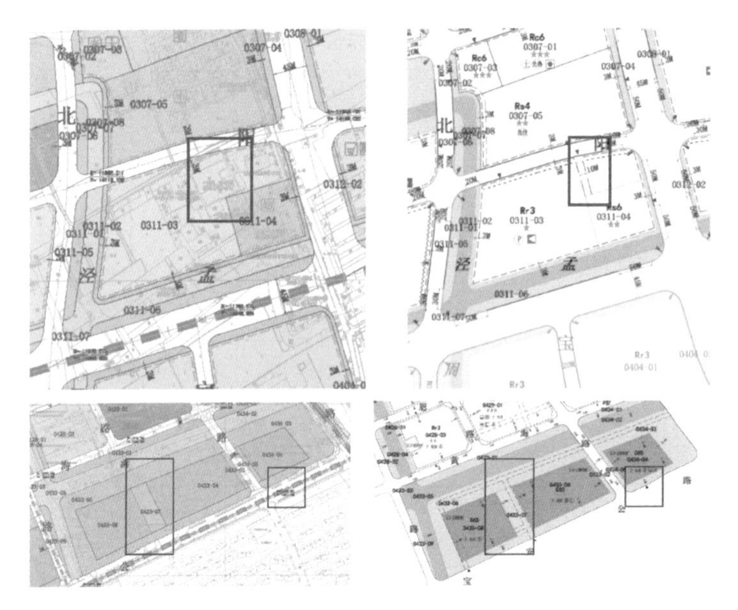

图 9-18　技术修正示意

2）时序修正：对公共服务设施用地进行日照验证，其中一处幼儿园由于南侧为高层住区，地块限高 50m，验证发现若居住地块先建，且居住地块靠近北侧第一排建筑高度达到 50m，则幼儿园用地在后期建设中无法满足日照要求。因此，提出了两种解决方式，一是幼儿园地块先行建设；二是若南侧的居住地块先行建设，则要求地块北侧的第一排建筑不得高于 35m，保证后建设的幼儿园地块可以满足日照规范。

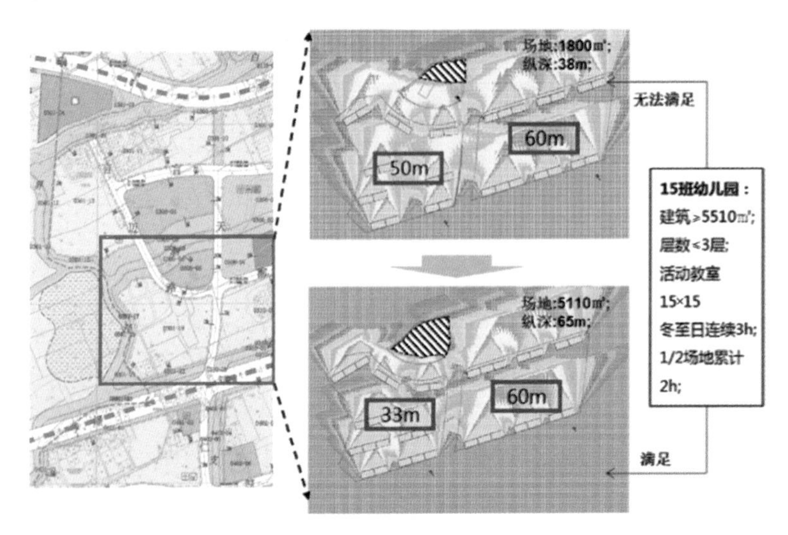

图 9-19　时序修正示意

（4）地块外指标调整修正：对于红线外建设条件进行梳理，统筹考虑红线内外，作为外部建设指引，同时作为内部建设的边界条件。新顾城地块外指标调整增加共享单车、自行车租赁点、增加整合的综合管线断面、对市政管线走向进行修正等内容，下面选取一点进行说明。

对联合开发地块污水管线的调整。如下图所示，425-1、426-1、429-1 及 430-2 地块为联合出让地块，地下空间连通开发。潘广路、飞航路、宝安公路及陆翔路围合区域为一个污水排放区。该区污水干管（黄色管道）位于天纯路，会导致天纯路下地下空间顶板覆土较厚，顶板标高降板较多，地下空间竖向衔接困难。因此我们建议该区污水干管走向调整，将该区天纯路（厚仁路 – 黄海路）污水干管调整至在望路。425-1、426-1、429-1 及 430-2 地块市政道路仅设置污水支管（绿色管道），建议联合出让地块之间市政设施由开发商代建，可根据地块需要考虑污水支管（绿色管道）是否取消，以更加合理的确定地上地下竖向关系。

（5）指标增补：对各专项规划的指标体系进行整合，区分强控和引导，增加最新的政策法规相关的控制要求。

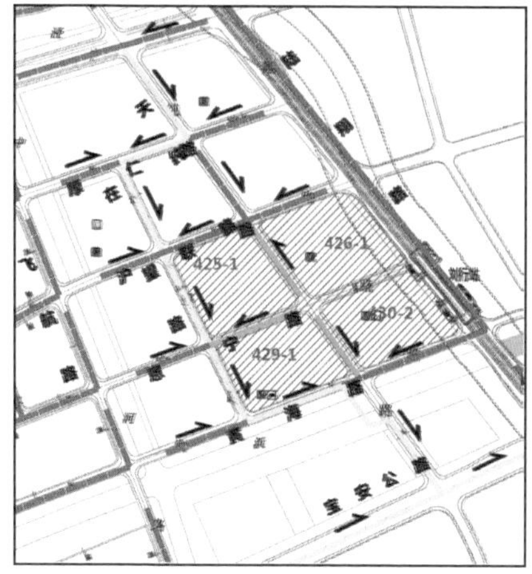

图 9–20　公共空间技术修正示意

根据上海市《关于进一步优化本市土地和住房供应结构的实施意见》：上海郊区中小套型住房供应比例不低于 60%；轨道交通站周边区域（郊区的覆盖范围为 1500m）商品住房用地的中小套型住房供应比例提高到 80% 以上；保障型住房的中小套型供应比例郊区不低于 80%；各类商务区、产业社区周边 1km 范围内，新增商品住宅用地中，用于社会租赁的商品住房比例不低于 15%。以最新上海相关政策为依据，结合实际确定相关物业产权要求。如核心区及临近产业片区，住宅自持选取 15%、中小套型比例提高到 80% 等。

9.2.3 总控设计成果

（1）建设指南：以文字的形式对开发建设导则通则的编制进行说明，明确具体的管控要素，要素管控要求以及全过程管控流程。

（2）系统图纸：整合前面梳理的相关指标，最终形成内部图则及边界图则。其中内部图则与控规图则，作为未来土地出让的关键要素；边界图则用以指导一级开发公共空间部分的建设，同时作为土地出让的边界条件。

1）内部图则：功能物业控制指标：中小户型比例、物业持有比例、持有年限、是否包含公寓式办公 / 公寓式酒店、登记 / 销售最小单位以及其他要求；市政设施要求：电力、通信、燃气、邮政、环卫、给水、雨污水等设施要求；智慧城市要求；绿色生态控制指标：低碳产业、噪声达标率等；交通设施及地下空间 / 防灾控制：交通设施、公共停车位、地下建筑主导功能、地下公共设施建筑面积、下沉广场面积等。

2）边界条件图则：边界条件包含了道路交通、红线外生态设施布局、市政管线走向以及公共空间景观设计要求等内容。

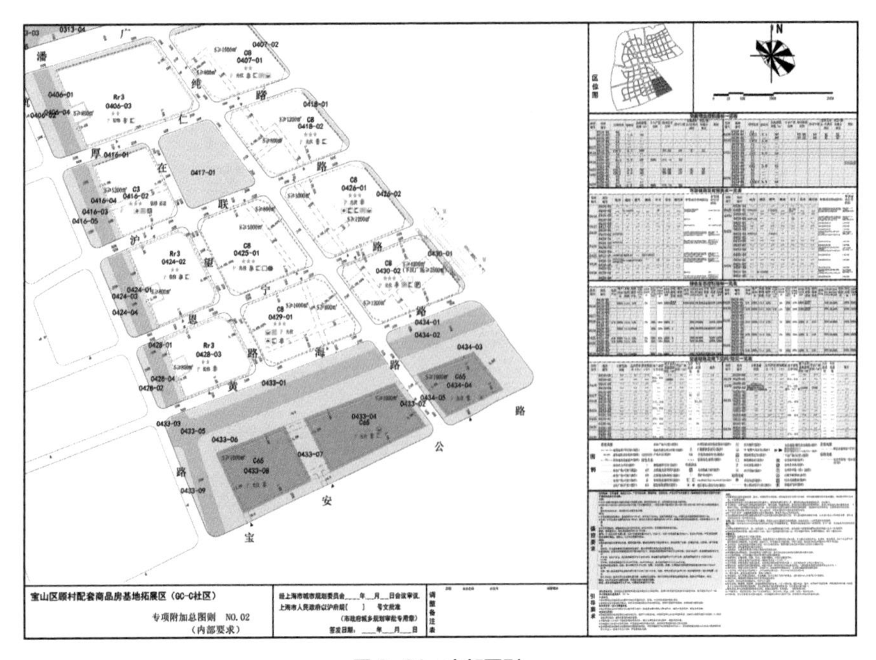

图 9-21 内部图则

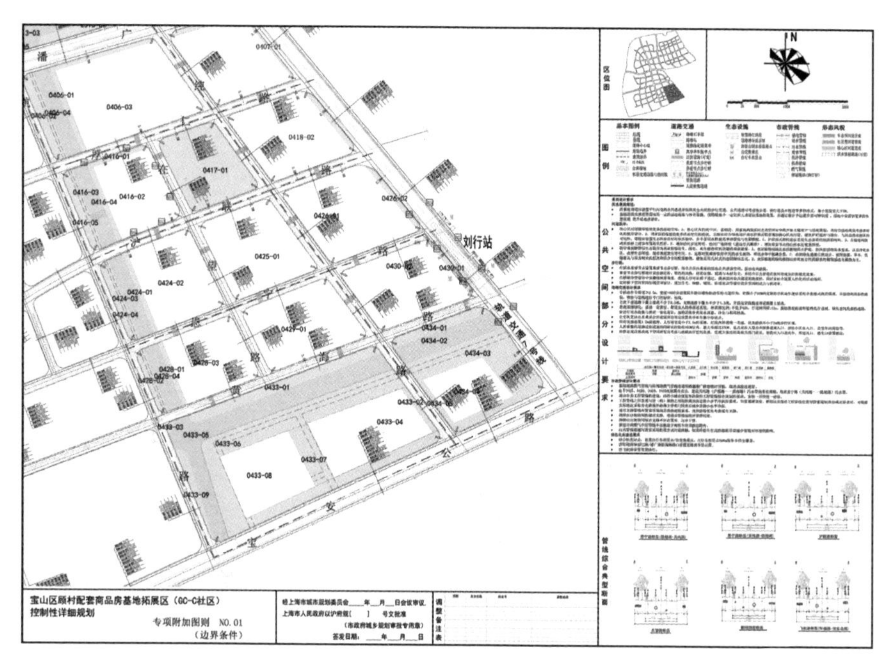

图 9-22 边界条件图则

9.3 上海三林滨江南片区项目

9.3.1 项目建设背景

位于上海中心城南部，黄浦江下游段的起点，距人民广场仅 9km，中环与外环线之间，是上海市中心城楔形绿地之一。西临黄浦江，北邻前滩，东为成熟社区；南为外环绿带，未来规划有地铁 19 号线、地铁 26 号线、机场快线、过江隧道等。

作为上海中环以外、外环以内大片契形绿地中，三林湾小镇地理位置好，生态环境佳，且属于外环内难得的新开发用地，因此受到多方关注。三林湾小镇在规划阶段提出了“世界看三林、三林看世界”的发展愿景，以建设上海中心城南部的楔形绿地，未来生态建设的标杆地区为契机，打造成为以生态体验、文化艺术、健康宜居为主导的多元复合滨江绿地，同时也是最生态、最海派、最未来的 21 世纪海派生活实践区。

9.3.2 前期规划概况

三林滨江南片地区相关规划工作自 2014 年启动以来，已经完成了整片区城市设计和生态景观绿地设计的国际方案征集，最终 AECOM 和 SOM 两家单位的城市设计方案以及 TLS 的生态景观绿地方案胜出，作为下阶段工作的基础。目前该区域的功能定位和城市公共特征已趋于稳定，结合前期大量的相关专题研究工作的基础上，项目正有序推进后续的城市设计深化、附加图则编制，并补充重要的专项研究，以指导后续的建设和管理。

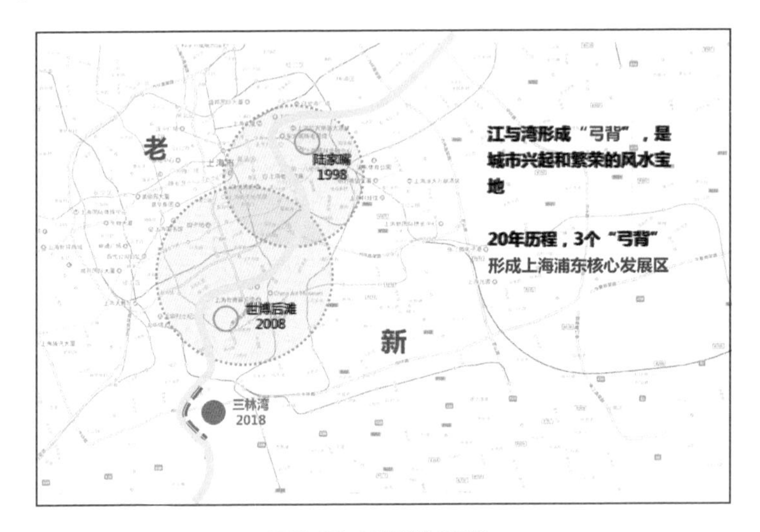

图 9-23　三林湾小镇区位

图 9-24　AECOM 优胜方案

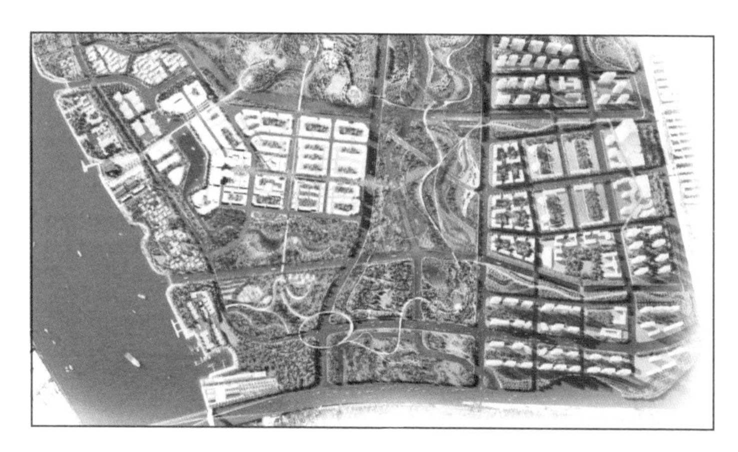

图 9-25 TLS 优胜方案

因此，当下是三林湾小镇开发建设从城市设计阶段向落地实施阶段推进的过渡时期，是“塑造三林特色，建设海派小镇”的空间品质以及实现“世界看三林，三林看世界”的规划愿景的重要节点。

9.3.3 总控整体思路

目前三林湾小镇暂未进行具体的建设。已经规划编制完成法定规划；城市设计、景观设计、建筑风貌，以及市政规划等各类专项规划；完成智慧综合管廊分布能源等专项研究。但由于相关专项编制时间过早，且大多为总体规划层面的专项规划，规划基础资料与控规不符合，导致相关的专项规划无法使用。同时，对建设高品质空间环境、打造海派特色小镇的目标和理念，目前在规划层面仍然缺乏相关研究的支撑。基于这样的背景，为保证城市设计的完整落地，项目建立了“规划设计总控”平台，全方位、全周期的把控区域开发及建设实施。

1）全周期管控，建立多维协作的“规划设计总控”平台。

由三林湾小镇的开发建设主体上海地产三林滨江生态建设有限公司牵头，组织华东总院搭建由规划、建筑、景观、市政、交通、机电、结构、策划、公共艺术、活动运营等组成的“规划设计总控”平台，从前期的项目策划，到规划条件补充验证，再到建设方案的技术审查进行全生命周期的管控协调。

通过第三方设计机构的全程把控，保证了规划设计在后期的落实阶段有技术支撑和技术托底，保证了规划设计的理念要求在各开发商设计建设中能有效完整的落地。

2）跨专业协同，增补前期研究不足及整合各专项规划。

针对建设海派小镇这一目标，从空间形态风貌、生活方式、交通组织、竖向关系、事件及品牌策划等角度，增加专项内容，并对于各专项内容进行梳理整合。

已编制的各类规划统计表　　表 9-10

序号	控规及专项研究	编制单位	编制时间
1	黄浦江南延伸段三林滨江南片地区西区控制性详细规划	上海市城市规划设计研究院	2017
2	三林谷生态景观设计	TLS	2017
3	上海市浦东新区三林滨江南片地区结构规划	上海市城市规划设计研究院	2014
4	专题1三林滨江南片地区超高压电力设施搬迁改造专题研究		2014
5	专题2三林滨江南片地区风貌研究报告		2014
6	专题3三林滨江南片区功能定位研究		2014
7	专题4三林滨江南片区道路交通研究		2014
8	三林滨江南片中、西部区海绵城市规划咨询研究	上海市城市规划设计研究院	2016
9	三林滨江南片地区智慧社区咨询研究		2016
10	三林滨江南片地区分布式功能应用专题研究		2016
11	三林滨江南片地区综合管廊规划研究		2016
12	三林滨江南片地区西区建筑方案设计与管控要素研究		2017
13	西片区中区（28/29/30号地块）总体概念方案	华东建筑设计研究总院	2017
14	东片区中区总体概念方案	华东建筑设计研究总院	2017
15	浦东三林楔形绿地高中压配电网络规划		
16	上海市浦东新区三林滨江南片地区供水规划	上海市水务规划设计研究院	2015
17	三林滨江南片地区环境卫生专项规划	上海环境卫生工程设计院	2015
18	上海市浦东新区三林滨江南片地区燃气专业规划	上海燃气工程设计研究院有限公司	2015
19	浦东新区三林滨江南片地区（ES6单元）水利专业规划（2014-2020）	上海市水务规划设计研究院	2015
20	上海市浦东新区三林滨江南片地区信息基础设施专业规划	上海邮电设计咨询研究院有限公司	2015
21	黄浦江南延伸段三林滨江南片区(Z00801单元)污水排水专业规划	上海市城市建设设计研究总院	2014
22	上海市浦东新区三林滨江南片地区邮政系统专业规划	上海邮政工程设计研究院	2015
23	黄浦江南延伸段三林滨江南片区（Z00801单元）雨水排水专业规划	上海市城市建设设计研究总院	2014

同时由于三林湾小镇具有明显的小街密路特征，面对后期建设可能面临各种指标难以落实的问题，在专项规划增补中增加了规划设计技术验证的部分，以确保相关管控要求可以在实际建设中落实。

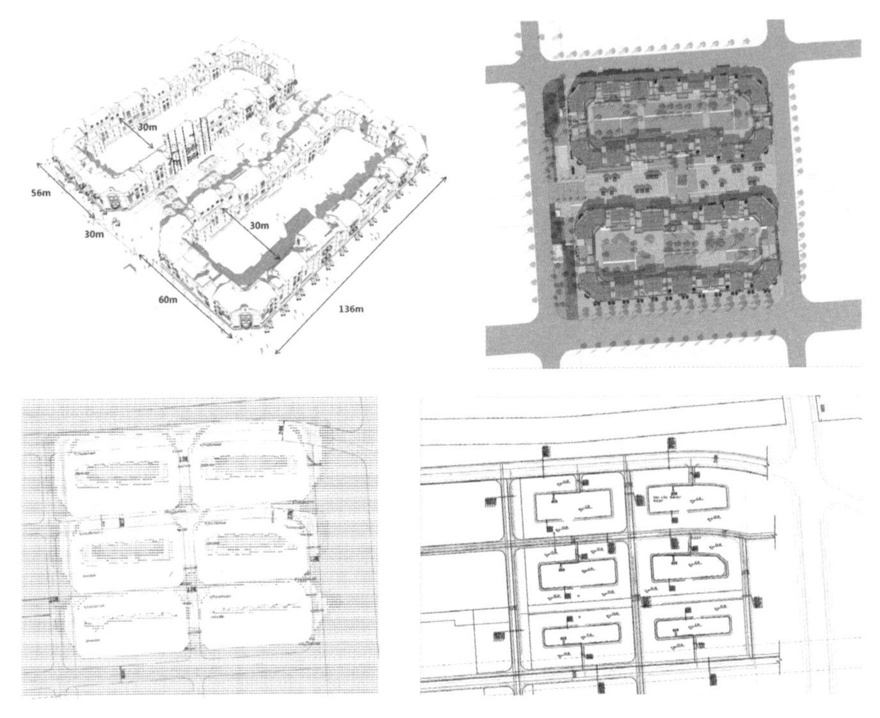

图 9-26　建设实施及工程可行性验证

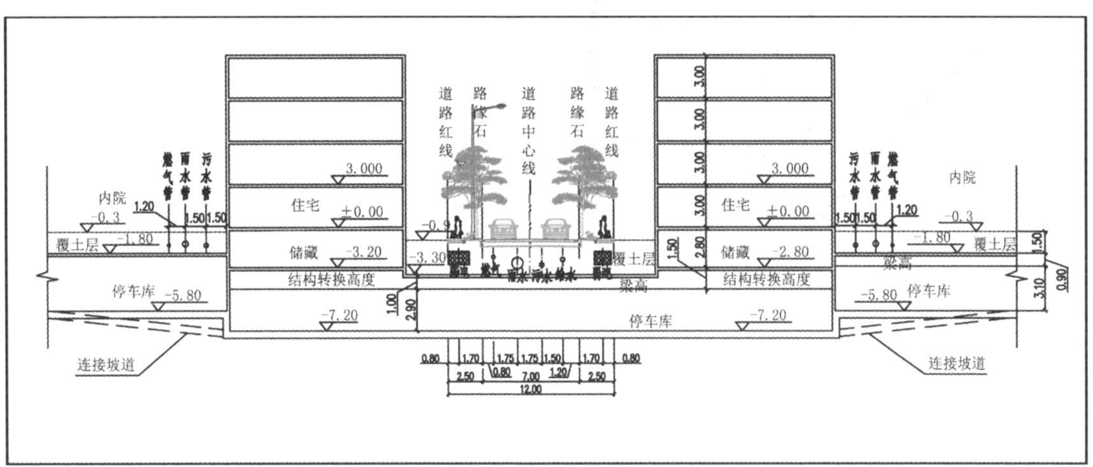

图 9-26 建设实施及工程可行性验证（续）

在对各专项内容进行梳理整合的同时，明确控制要求及控制内容，从要素层面，形成指导后续开发建设的通则性文件——建设设计指南。同时，从地块层面，分解各要素指标要求，编制形成直接指导地块建设的建设实施细则。

3）红线内外统筹，从工程落实角度提出规划预警。

针对现有规划内容进行梳理整合，对相关规划中可能遇到的后续实施建设问题事先提出预警，并给予专业解决方案，保证高品质的开发建设。

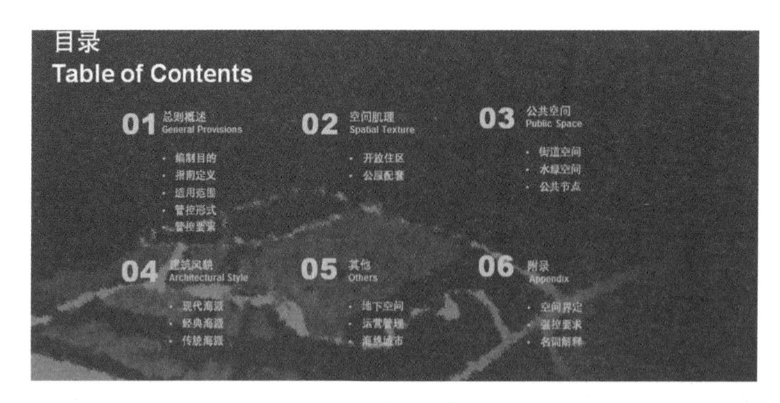

图 9-27　开发建设指南编制内容

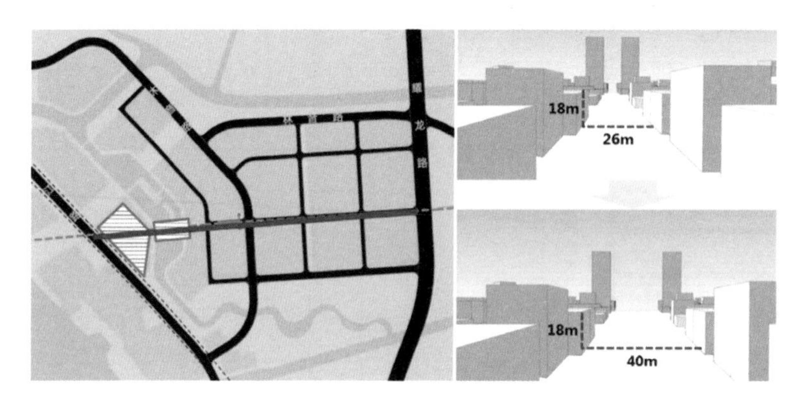

图 9-28　街道空间尺度失衡预警

例如，由于未来轨交线路的预留造成原有街道尺度的失衡，建筑实施困难，桥梁结构复杂等问题，在规划编制前期即提出相应预警。

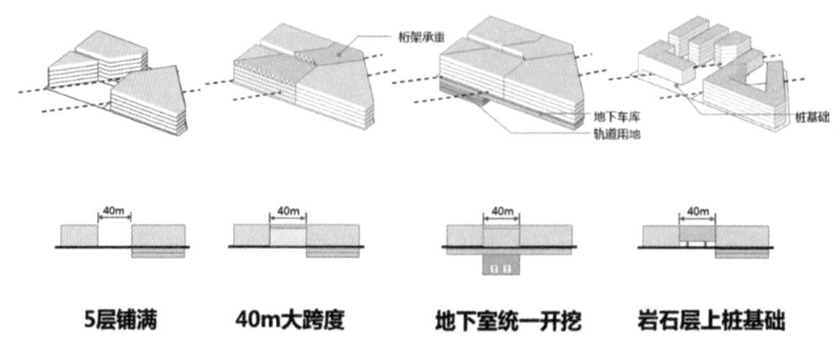

图 9-29　地块建筑实施预警

4）动态更新机制，通过协调审查实现技术托底。

基于整合的各类专项及编制的开发建设导则，对后期的一二级开发建设方案进行技术审查，保证生态城区相关控制指标在设计阶段的完全落实。包括了红线内品质控制审查以及红线外规划、技术托底管控。

红线内品质控制审查：鉴于地块内部弹性控制要素落实的灵活性以及公共空间外部建设条件的复杂性，后期红线内建筑方案品质设计审查极为重要，是落实规划理念及规划目标的重要一环。

红线外规划、技术托底管控：对于城市中地块开发而言，市政工程相当于支持一片现代化新城区的基础设施全部内容。其内容涉及专业专项众多，在设计阶段需进行有效的技术管控，从而减少实施过程中因专项要素间的空间关系矛盾而增加建设周期。

9.3.4 总控设计成果

目前整个项目还在进行之中，已经大致完成专项增补研究及建设指南的编制。三林湾小镇总控的核心目的在于从规划实施角度切入，从多方面提出“海派小镇”建设的管控体系，并从技术层面进行规划控制验证。

9.4 小结

本章节对选取的 3 个实践项目的建设背景、总控思路及设计成果进行了简要说明，在具体的实践项目中，总控模式的实施步骤是固定的，每个步骤的细节设计会根据项目的建设背景进行灵活处理。通过实际案例将本书所构建的“规划设计总控模式”理论与实践相结合，实证其可操作性。

10

结语

10 结语

绿色城区开发设计指南的应用展望

规划层面设计成果在实际开发建设过程中难以落实一直以来是规划设计的一个痛点，被广为诟病。随着绿色城区开发建设规模越来越大以及对区域开发建设空间品质要求越来越高，开发难度也随之变大，这就对规划设计与规划管理提出了更高的要求。本指南的编写是在上海市绿色建筑协会的大力支持下，建立在华东建筑设计研究院等行业领军企业在本市多年项目积累与经验总结基础之上的，同时得到高校、政府、行业智库和广大专家群体的鼎力支持，因而是一项真正集体智慧的结晶。

作为一本落地指导手册，本书按照“绪论－操作准备－理论体系－操作指南－实践检验－总结展望”的结构脉络进行编写。基于项目实践与理论探索，指南提出了目前规划技术、规划管理与规划体制等方面现实问题的解决方案：“以落地实施、管控高效、制度创新为导向”为主线，提出了绿色城区或其他综合性区域开发设计“七原则”的理论基础，并以此构建综合设计管控体系——“从法定规划优化、专项规划整合、开发建设导则、管控方式创新、体制机制建立五个方面，形成区域开发全流程操作模式”。本书分五章深入解读了各个环节的操作重点与流程，形成了一份完整的区域持续开发建设指南，并结合华东建筑设计研究院近年来应用该模式的实践案例，对构建的区域开发全流程操作模式进行验证，使指南所提出的理论与应用和现实相结合，确保本书的可操作性。

尽管部分实践案例仍在进行中，但以“专项规划整合、开发建设导则、管控方式创新、体制机制建”为核心的绿色城区开发全流程规划设计操作模式已经显现了良好的实际效果，得到政府部门、兄弟规划机构、二级开发商等各个参与主体的高度肯定和一致认同。经过案例的实践检验，本指南在实际应用中将为区域开发建设实践起到相当积极的指导作用。

在此研究和实践过程中，深感区域开发建设的综合性与复杂性，本书是基于近几年大量实践项目所总结出来的一套区域开发全流程操作模式，其中不免会有疏漏和偏差，希望读者谅解，并欢迎读者进行批评与指教。

参考引用

[1] 周茂琅 . 浅析我国城市规划的现状及发展趋势 [J]. 商情（教育经济研究），2008（07）：186–187.

[2] 傅克诚等 . 综述集约型城市三要素紧凑度 便捷度 安全度 [M]. 上海：上海大学出版社，2016.

[3]《河北雄安新区规划纲要》

[4] 张占斌 . 中国经济新常态的六大特征及理念 . 光明网 – 经济频道 http：//economy.gmw.cn/2016-01/11/content_18447411.htm，2016–01–11

[5] “一带一路”与经济新常态的出路 .http：//blog.sina.com.cn/s/blog_62085b810102wyut.html

[6] 2017 年中国建筑设计行业发展现状分析及未来发展前景预测 . http：//www.chyxx.com/industry/201712/598096.html

[7] 2016 年城市规划行业分析 . https：//wenku.baidu.com/view/a691c31c0c22590103029d75.html

[8] 赵星烁，高中卫，杨滔，石春晖 . 城市设计与现有规划管理体系衔接研究 [J]. 城市发展研究，2017，24（07）：25–31.

[9] 邱强 . 城乡专项规划编制特点探讨 [J]. 现代城市研究，2009，24（05）：42–45.

[10] 陈有川，李健 . 城市专项规划中的几个问题 [J]. 大连理工大学学报（社会科学版），2000（01）：52–54.

[11] 崔博 . 城市专项规划编制、管理与实施问题研究——以厦门市海沧区环卫专项规划为例 [J]. 城市发展研究，2013，21（08）：12–14+20.

[12] 张溱等 . 城市更新中的规划创新——汉堡港口新城规划编制与项目建设的衔接与互动 [J]. 上海城市规划，2015（06）.

[13] 扈万泰，王剑锋，易德琴 . 提高城市用地规划条件管控科学性探索 [J]. 城市规划，2014，38（04）：40–45.

[14] 张舰 . 土地使用权出让规划管理中“规划条件”问题研究 [J]. 城市规划，2012，36（03）：65–70.

[15] 何子张 . 控规与土地出让条件的“硬捆绑”与“软捆绑”——兼评厦门土地“招拍挂”规划咨询 [J]. 规划师，2009，25（11）：76–81.

[16] 周智能 . 初探城乡规划管理中“规划条件”的革新 [A]. 中国城市规划学会、贵

阳市人民政府．新常态：传承与变革——2015 中国城市规划年会论文集（11 规划实施与管理）[C]. 中国城市规划学会、贵阳市人民政府：，2015：8.
[17] 扈万泰，王剑锋，易德琴．提高城市用地规划条件管控科学性探索 [J]. 城市规划，2014，38（04）：40-45
[18] 俞滨洋．必须提高控规的科学性和严肃性 [J]. 城市规划，2015，39（01）：103-104.
[19] 刘宏燕，张培刚．控制性详细规划控制体系演变与展望——基于国家法规与地方实践的思考 [J]. 现代城市研究，2016（04）：10-15.
[20] 蔡震．我国控制性详细规划的发展趋势与方向 [D]. 清华大学，2004
[21] 王建国，城市设计 [M]：第 2 版，南京：东南大学出版社，2004
[22] 张晓莉．北京市城市设计导则运作机制思辨 [J]. 规划师，2013，29（08）：27-32.
[23] 王科，张晓莉．北京城市设计导则运作机制健全思路与对策 [J]. 规划师，2012，28（08）：55-58
[24] 宋宜全，张文亮，蒋悦然，张恒，李刚．基于一控规两导则的城市规划方案智能审查与决策 [J]. 天津师范大学学报（自然科学版），2014，34（04）：37-41
[25] 杨嘉，项顺子，郑宸．面向规划管理的城市设计导则编制思路与实践——以山东省威海市东部滨海新城为例 [J]. 规划师，2016，32（07）：58-63.
[26] 崔博．城市专项规划编制、管理与实施问题研究——以厦门市海沧区环卫专项规划为例 [J]. 城市发展研究，2013，21（08）：12-14+20
[27] 何子张．时空整合理念下控规与土地出让的有机衔接——厦门的实践与思考 [J]. 现代城市研究，2011，26（08）：35-39.
[28] 林隽．面向管理的城市设计导控实践研究 [D]. 华南理工大学，2015
[29] 姜涛，李延新，姜梅．控制性详细规划阶段的城市设计管控要素体系研究 [J]. 城市规划学刊，2017（04）：65-73
[30] 司马晓，杨华．城市设计的地方化、整体化与规范化、法制化 [J]. 城市规划，2003（3）：63-66
[31] 刘代云．市场经济下城市设计的空间配置研究 [D]. 哈尔滨工业大学，2008.
[32] 罗江帆．从设计空间到设计机制——由城市设计实施评价看城市设计运行机制改革 [J]. 城市规划，2009，33（11）：79-82.
[33] 唐凌超．轨道交通枢纽周边地区容积率奖励政策研究——以东京云雀丘地区为例 [C]. 中国城市规划学会、东莞市人民政府：，2017：11.
[34] 邱跃．北京中心城控规动态维护的实践与探索 [J]. 城市规划，2009，33（05）：

22-29
[35] 广东省住房和城乡建设厅等 . 广东省低碳生态城市规划建设指引 .2018.1
[36] 翟子清 . 区域规划实施机制研究 [D]. 东南大学，2017.
[37] 佘义勇，段云龙 . 大数据时代下企业管理模式创新研究 [J]. 技术与创新管理，2016，37（03）：302-307.
[38] 王钧，李三奇，关聪聪，吴乐斌 . 基于生态策略的南宁五象新区智慧生态城区规划 [J]. 规划师，2016，32（11）：55-59.